堰塞坝险情特征与应急处置

范天印 汪小刚 编著

中国水利水电出版社
www.waterpub.com.cn
·北京·

内 容 提 要

本书重点分析了堰塞坝的形成条件与机理、险情特征，以及险情勘察、分析、研判与应急处置。主要内容包括：堰塞湖与堰塞坝的概念与分类，不同类型的堰塞坝形成条件、机理与可能性判断，堰塞坝的特点、险情特征与灾变过程，堰塞坝险情勘察与监测预警系统建立、险情研判、溃决洪水计算、坝体稳定分析，堰塞坝的应急处置工程、非工程措施与组织实施，堰塞坝险情的应急管理，最后，通过国内外堰塞坝险情的应急处置案例分析，系统介绍了堰塞坝险情应急处置各方面的内容。

本书立足于武警水电部队应急救援力量建设需要，提升武警水电部队应急技术研究及实战水平，为服务广大官兵而编写的培训教材，也可作为防灾减灾相关研究、管理人员的参考书。

图书在版编目（CIP）数据

堰塞坝险情特征与应急处置 / 范天印，汪小刚编著. -- 北京 : 中国水利水电出版社，2016.7
ISBN 978-7-5170-4595-3

Ⅰ. ①堰… Ⅱ. ①范… ②汪… Ⅲ. ①土坝－堤防抢险 Ⅳ. ①TV641.2②TV871.3

中国版本图书馆CIP数据核字(2016)第180659号

书　　名	**堰塞坝险情特征与应急处置** YANSEBA XIANQING TEZHENG YU YINGJI CHUZHI
作　　者	范天印　汪小刚　编著
出版发行	中国水利水电出版社 （北京市海淀区玉渊潭南路1号D座　100038） 网址：www.waterpub.com.cn E-mail：sales@waterpub.com.cn 电话：(010) 68367658（营销中心）
经　　售	北京科水图书销售中心（零售） 电话：(010) 88383994、63202643、68545874 全国各地新华书店和相关出版物销售网点
排　　版	中国水利水电出版社微机排版中心
印　　刷	三河市鑫金马印装有限公司
规　　格	170mm×240mm　16开本　19.5印张　272千字
版　　次	2016年7月第1版　2016年7月第1次印刷
印　　数	0001—2500册
定　　价	**49.00**元

《堰塞坝险情特征与应急处置》编委会名单

主　　编：范天印　汪小刚

参编人员：庞林祥　程兴军　于　旭

孙东亚　崔亦昊　解家毕

前言

堰塞坝险情是地震、强降雨等自然灾害引发的较为严重的次生灾害之一，近年来越来越受到社会的普遍关注，如何科学、高效地应急处置，关乎社会民生。武警水电部队作为国家应急救援专业队，是堰塞坝险情处置的先头部队、主力部队，先后参与了西藏易贡、四川唐家山、云南鲁甸等多起堰塞坝的成功处置，当前正处于加速应急处置力量建设阶段。堰塞坝险情特征与应急处置是加速提升武警水电部队应急救援能力的重要研究课题，是自然灾害作用下的堤坝险情特征与应急处置的重要内容。

本书以堰塞坝险情产生、险情研判、险情处置三方面为主线，在总结武警水电部队堰塞坝险情应急处置经验的基础之上，系统分析了滑坡型堰塞坝、崩塌型堰塞坝、泥石流型堰塞坝、碎屑流型堰塞坝的形成条件、机理、工程地质特点、常见险情及可能造成的危害，对堰塞坝险情的勘察内容与方法、坝体水体监测预警、险情研判、坝体稳定以及一旦溃决可能产生的洪水计算方法进行了全面的阐述。同时，对堰塞坝险情的应急处置原则、流程、方法、组织实施、开发利用进行了阐述。既有理论基础，又有较强的实用性，对堰塞坝险情的应急处置具有指导作用。不仅弥补我国目前关于堰塞坝险情处置出版文献的空白，还能提升武警水电部队的应急力量建设水平，促进部队的力量生成、力量融合，保证部队关键时侯拉得出、打得赢。

本书是为适应水电部队应急救援力量建设需要，经武警水电第一总队与中国水利水电科学研究院合作编著完成的《堰塞坝险情特征与应急处置》《土堤险情特征与应急处置》《土石坝险情特征与应急处置》《混凝土坝险情特征与应急处置》等系列图书之一。本书不仅可以作为武警水电部队官兵的应急救援教学课本、读本，还可作为研究堰塞坝险情的参考资料。

在系列丛书的编写过程中，得到了武警水电部队、中国水利水电科学研究院、中国电建集团昆明勘测设计研究院有限公司的大力支持。水利部防汛抗旱减灾工程技术研究中心主任丁留谦、副主任郭良等专家对书稿的编写提出了大量宝贵意见和建议。武警水电部队原总工程师梅锦煜将军对本书的定题、定稿提出了宝贵建议。此外，还参考了很多文献。在此，我们一并谨向以上单位、个人和相关作者表示衷心的感谢和致以崇高的敬意。

由于编写时间紧迫，限于作者水平，书中难免存在疏漏之处，恳请读者批评指正。

作者

2016 年 6 月

目　　录

第1章　概　　述

随着人类社会的发展，全球气候变暖、地震频发、人类活动加剧，自然灾害愈发频发。伴随着自然灾害的产生，特别是地震、强降雨、冰川融化等影响地层运动与含水情况的地质灾害作用，形成了大量堰塞坝，在世界各国尤其是瑞士、意大利、美国、新西兰等山区较多的国家广泛发育，时有发生，是非常严重的灾害。我国也是世界上堰塞坝形成较为活跃的地区，尤其西南山区与青藏高原。堰塞坝的形成在我国由来已久，远在地质历史时期，就曾在岷江因滑坡形成了大量、多级的堰塞坝。我国也是世界上最早记录堰塞坝的国家，早在一千多年前就有滑坡堵塞长江和疏浚航道的历史记载。

堰塞坝形成与消失有着自己的规律，且一旦形成总是会引起极大的惶恐，威胁着上下游人民的生命财产安全。但是这个带着些生僻“面相”的名词，真正进入国人视野并引起国人的广泛关注，是在2008年5月12日四川汶川特大地震后。当时任国务院总理温家宝亲自登上唐家山堰塞坝坝顶的时候，当武警水电部队成功处置唐家山堰塞坝险情的时候，堰塞坝这个陌生的名词，成了大家关注的焦点——什么是堰塞坝？有什么危险危害？如何处置？什么时候处置？唐家山堰塞坝处置成功了吗？一时之间，成为整个社会乃至国外广泛谈论的话题。

因此，基于堰塞坝的形成条件、险情特征、溃坝机理等分析，开展应急处置、开发利用等方面的研究，具有重要的理论和现实价值，如何有效防止堰塞坝造成的二次灾害更是目前相关防灾减灾单位研究的重要方向。世界各国的地质、环境、水利水电、航运、旅游等部门对此高度重视，各国的地质学家，特别是工程地质学家围绕此类地质自然灾害开展了广泛而深入的研究，研究成果对于评价某些流域的堵江发育程度和危险状况、为国民经济的发展提供有关的资料具有现实意义。本书将基于前人的研究成果，对堰塞坝的分类与特点、险情特征、应急处置进行综合阐述。

1.1 定 义

堰塞坝属天然坝（natural dam）类，关于其定义国内外并没有统一的界定，有称之为天然堆石坝，也有称之为天然土石坝。本书认为堰塞坝的说法更为合理，其不仅仅包括了地震、降雨等引起的崩塌、滑坡等形成的堰塞坝（landslide dam），还包括冰川运动、冰湖形成的冰碛坝（glacier dam/moraine dam），火山喷发形成的火山湖天然坝（volcanic dam）等。本书将堰塞坝定义为在一定的地质与地貌条件下，斜坡或者边坡上的岩土体因地震、降雨或火山喷发等原因引发山崩、滑坡、冰碛物、泥石流或火山熔岩和碎屑物截断山谷、堵塞江河、上游壅水，形成的不完全或完全堵水堆积体。

堰塞坝是未经人力作用而自然形成的起拦蓄水作用的天然挡水构筑物，属于土石坝，但与人工修筑的碾压土石坝相比较而言，工作条件、坝体几何特征以及坝体物质组成和内部结构等都存在明显差别，稳定性、均质性、整体性和坝体结构等都明显低于人工坝类，险情特征更加复杂。其险情主要来源于蓄水形成的不稳定堰塞湖对下游人民生命财产的威胁。一般来说，先有堰塞坝，后有堰塞湖。

堰塞湖（landslide dammed lake，四川人叫“海子”）来源于地质学，是一种较为常见的、经常发生的自然现象和次生灾害，随着堰塞坝的形成应运而生，没有堰塞坝的形成，也就不会拦河成湖，不拦河成湖也就无坝可言。关于堰塞湖的定义，指在一定的地质与地貌条件下，由于地震、强降雨、火山喷发等原因，引发滑坡、崩塌、泥石流、火山熔岩及冰水堆积等形成横向堤坝堵塞河道，造成河流上游壅水形成的湖泊。根据成因的不同，可分为由山岳沿地面运动的巨大冰块、极地或大陆沿地面运动的冰块堵江（河），以及冰碛堵江（河）形成的冰川堰塞湖；火山活动液体喷出冷凝堵江（河）、火山固体喷出物诸如火山弹、火山砾、火山砂和火山灰等集结或成层堵江形成的火山堰塞湖，由生物型灰华堵江、结晶型灰华堵江形成的沉积堰塞湖，以及由山谷滑坡、崩塌或者支流的泥石流堵江形成的滑坡（崩塌）堰塞湖、泥石流堰塞湖等。世界上影响较大的几个堰塞湖有1987年形成的意大利ValPola滑坡堵江堰塞湖，1993年形成的厄瓜多尔La Josephina堰塞湖，1999年形成的台湾南投堰塞湖，2005年8月形成的巴基斯坦Hattian Bala堰塞湖。

地震堰塞湖是直接由地震将山体位移堵江（河）、地震导致山崩堵江（河）、滑坡堵江（河）、泥石流堵江（河）等形成的堰塞湖，是地震诱发的较为常见的，且最为严重的次生灾害之一，在世界各国的历史地震事件中较为常见，特别是山区。形成的数量的多少与地震震级、次数存在正相关，但是造成的次生水害与堰塞湖的数量并不直接相关，而是同堰塞湖蓄水量的多少、下游地区人口经济密度正相关。目前，世界上存在规模最大的地震堰塞湖是位于塔吉克斯坦东部的帕米尔高原穆尔加布河上的萨雷兹堰塞湖。自然灾害专家比尔·麦圭尔于2007年9月在英国《焦点》月刊发表文章，把萨雷兹堰塞湖列为全球十大潜伏自然灾害之一。

1.2　堰塞坝与堰塞湖分类

1.2.1　堰塞坝分类

堰塞坝的分类方法有多种，有按照成因、物质组成、几何形态进行分类的，也有按照斜坡几何形态、破坏机制、风险程度分类的。本节主要介绍按照成因、物质组成、几何尺寸、堆积形态和风险程度等几种主要的分类方法。

1.2.1.1　按成因分类

根据堰塞坝的成因不同，将堰塞坝分为滑坡型堰塞坝、崩塌型堰塞坝，以及滑坡、崩塌运动过程中形成的泥石流型堰塞坝。参考

147 座典型堰塞坝统计资料，滑坡型堰塞坝发育最多，崩塌型堰塞坝次之，泥石流型堰塞坝形成最少。三种不同成因的堰塞坝所占比例见表 1.1。不同成因形成的堰塞坝具有不同的破坏机制，具体内容将在第 2 章中进行阐述。

表 1.1 按成因进行堰塞坝分类

分类类型	滑坡型堰塞坝	崩塌型堰塞坝	泥石流型堰塞坝
数量	98	24	18
所占比例/%	70	17.1	12.9

滑坡型堰塞坝在各种地形、地貌、地层中均有发现，尤其在易滑地层中较为常见。其透水性和强度受原滑地层特性的影响和控制，材料强度、渗透与抗渗性与原岩土体密切相关，材料的异质性较大。该类堰塞坝在我国的岷江上游较为常见。

崩塌型堰塞坝，多发育于高山峡谷地区。该地区山谷陡峭、地形复杂、岩层碎裂，新构造运动强烈，易于形成各种堵江崩塌与大规模的山崩。崩塌型堰塞坝一般规模较小，受原地质结构条件的影响，材料差别也较大、透水性强、强度高。

在强降雨或冰雪融化的情况下，滑坡或者崩塌形成的岩土体在运动过程中随着水流的掺加，逐渐转化成泥石流，堵塞河谷，或者大量物质被搬运到溪流沟口堵塞干流，形成泥石流型堰塞坝。泥石流形成的堰塞坝的透水性与强度跟原岩土地的地质、水文条件密切相关，坝体材料总体较均匀，细粒含量较高，含水量较大，透水性差，强度较低，抗渗性差。

1.2.1.2 按物质组成分类

根据滑坡的主要物质组成分为土质滑坡、岩质滑坡。滑坡堵江成坝，堰塞坝相应地分为土质堰塞坝和岩质堰塞坝，其中岩质堰塞坝是堰塞坝的主要形式。

土质堰塞坝主要由黄土滑坡、红土滑坡、半成岩滑坡、大断裂带的糜棱岩体滑坡，以及各种古滑坡的复活形成，颗粒组成相对均匀，块石等大颗粒较少，渗透性较低，强度指标较小，主要由破碎的土体材料或强风化岩体组成。该类堰塞坝在我国西北的黄土地区易于形成，但是最后成坝的坝高都比较小，危险性不高。

岩质堰塞坝涉及的岩质材料复杂多样，一般软弱岩层或含有软弱夹层的岩层以滑坡的形式形成堰塞坝，坚硬岩石多以崩塌和大型山崩的形式形成堰塞坝。岩质堰塞坝多以硬岩为主，粒径变幅较大，往往含有大量的粗粒石块，细颗粒含量少，物质粗细分布不均，水平或垂直方向分异明显，一般规模都比较大，透水性强，强度高。该类堰塞坝在我国的金沙江上游较为常见，尤其以石灰岩山崩、灰岩山崩、板岩山崩与普福玄武岩山崩形成的岩质堰塞坝最为常见。对于岩质堰塞坝的稳定而言，其中粒径大于 1m 以上的块体含量是影响堰塞坝稳定的关键因素之一。

1.2.1.3 按几何尺寸分类

根据堰塞坝的几何尺寸，包括坝高、坝长、坝宽，以及相互之间的比例关系对堰塞坝进行分类，具体分类结果见表 1.2。该分类方法主要用于后续的研究与治理，而在应急处置阶段，由于不具备详细测量分析的条件，较少按照该分类方法进行应急期的堰塞坝类型划分。

表 1.2 按几何尺寸进行堰塞坝分类

分类依据	分类标准	分类类型
坝长/坝高 (L/H)	$L/H \leqslant 3$	高短坝
	$3 < L/H \leqslant 10$	矮长坝
	$L/H > 10$	河道型堰塞坝
坝宽/坝高 (W/H)	$W/H \leqslant 2$	窄坝
	$2 < W/H \leqslant 10$	中窄坝
	$W/H > 10$	宽坝
坝长/坝宽 (L/W)	$L/W \leqslant 1$	短坝
	$1 < L/W \leqslant 5$	中长坝
	$L/W > 5$	长坝

注 L 为坝长，H 为坝高，W 为坝宽。

1.2.1.4 按堆积形态分类

堰塞坝的堆积形态，不仅与崩滑体在坡面上的运动形式有关，还与崩滑体体积及河道纵横剖面形状有关。通过堰塞坝的堆积形态分析，发现堰塞坝的堆积特征呈现以下6种表象：①坝体和山谷宽度相比较小，堆积物无法到达河谷的另一边；②坝体体积足够大，不仅能到达河谷的另一边，甚至有些情况下在河谷另一边形成很高的堆积体；③坝体不仅能达河谷的另一边，而且还会沿着河流的上下游形成一定长度的堆积体；④坝体是由山谷两侧的崩滑体在河道中相汇而成，有的是头碰头，也有的是相错交汇；⑤崩滑体从山谷一侧滑下，形成两座或两座以上的坝体；⑥滑坡体的滑动面从河谷的下面经过一直到河谷的另一边形成堰塞坝。

综合以上6种表象，将堰塞坝按照堆积形态分为整体冲击型、滑动分散型、两岸汇流型、分股多坝型、地震隆起型五类堰塞坝。

（1）整体冲击型。整体冲击、完全堵江、一次成坝。滑坡、崩塌体或泥石流滑动面剪出口位于河床堆积层之上或者稍下，河床堆积层不足以或者无法阻挡滑体的急剧下滑，滑坡、崩塌体或泥石流以较高的速度，经过较大水平位移，受摩擦阻力和对岸斜坡的阻挡停下或抛出一部分物质，停积于河床上形成堰塞坝。其主要特征为滑坡、崩塌体或泥石流以较高的速度越过河床冲向对岸斜坡，并爬高至一定高度后再折回原河床，典型平面、剖面示意见图1.1。雅砻江上游的唐古栋堰塞坝、岷江上游的公棚海子堰塞坝都是典型的整体冲击型堰塞坝。

（2）滑动分散型。堰塞坝的滑体剪出口远远高于原有河床，滑坡、崩塌体或泥石流以较高的速度，经过较大水平位移，受阻停下或抛出一部分物质堵塞河道，或以整体或碎层流的形式滑动和一定的速度冲入河床，沿河谷向上游、下游流动一段距离，形成宽厚的堰塞坝，典型平面、剖面示意见图1.2。此类堰塞坝以台湾九份二山地区的崁斗山为代表。崁斗山的大量滑动土石，因受限于狭窄山

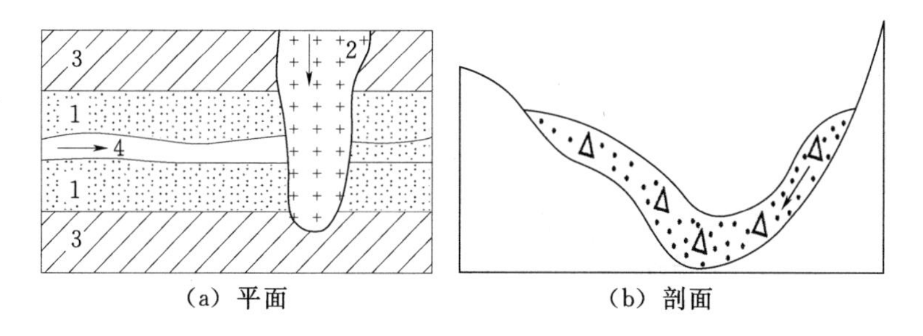

图 1.1 整体冲击型堰塞坝的典型平面、剖面示意图

1—河床；2—滑坡、崩塌体或泥石流滑体及运动方向；

3—两岸岸坡；4—河流及水流方向

谷，大部分崩落土石沿溪谷向下滑动，小部分往上游面推挤，于汇流口处形成堰塞坝；四川的扣山滑坡、云南巧家禄劝滑坡形成的堰塞坝也都为滑动分散型堰塞坝。

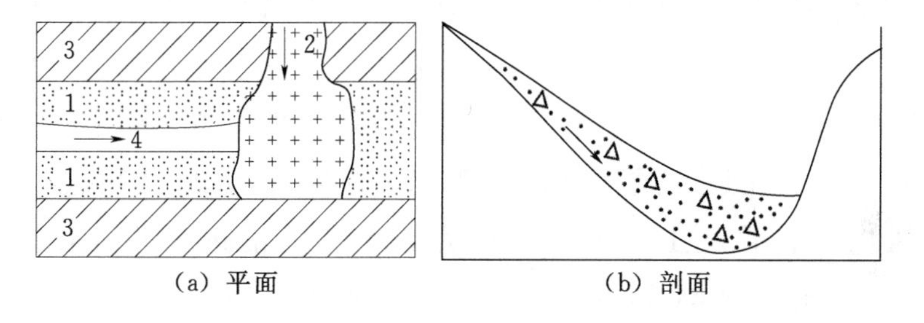

图 1.2 滑动分散型堰塞坝的典型平面、剖面示意图

1—河床；2—滑坡、崩塌体或泥石流滑体及运动方向；

3—两岸岸坡；4—河流及水流方向

（3）两岸汇流型。这是比较特殊的一种类型，特征是两岸相对的斜坡体同时发生破坏失稳，向河谷流动，头碰头相接堵塞河床，典型平面、剖面示意见图 1.3。这种两侧同时发生山崩的情况很少见，较著名的例子为四川岷江上游的大海子堰塞坝。该堰塞坝是由对峙于岷江两岸的观音岩、银屏岩于 1933 年叠溪地震时同时发生山崩，两岸崩塌物在岷江中相接而成。

（4）分股多坝型。这也是比较特殊的一种类型，滑坡、崩塌体

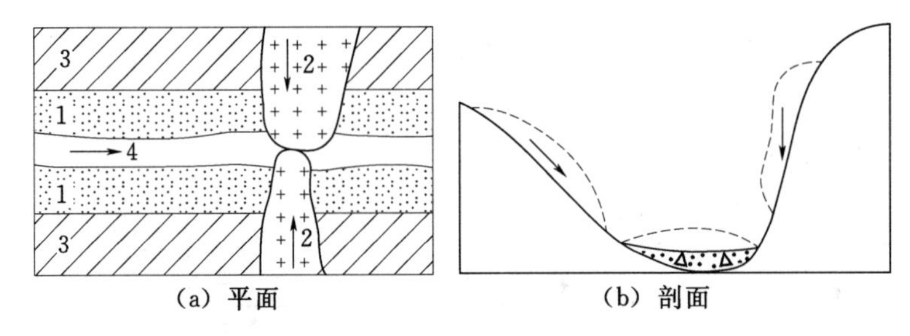

图 1.3 两岸汇流型堰塞坝的典型平面、剖面示意图

1—河床；2—滑坡、崩塌体或泥石流滑体及运动方向；

3—两岸岸坡；4—河流及水流方向

或泥石流分股进入河床，形成两座或两座以上堰塞坝，其中至少有一座堰塞坝完全堵塞河道，典型平面、剖面示意见图 1.4。典型的例子如武隆县的鸡冠岭堰塞坝。1994 年 4 月 30 日，长江支流乌江下游边滩峡左岸武隆县鸡冠岭发生巨型岩崩，崩塌体体积约 390 万 m^3，岩体崩塌后分成两股向坡下运动，之后以龙冠岭为砥柱，分成两股向南、向北运动，其中向南的一股转化成碎屑流进入桐麻湾冲沟，填满冲沟后冲入乌江，形成一不完全堵江体，缩小了过水断面；向北一股在运动过程中再次崩裂，连同原斜坡上的残坡积层及基岩风化层崩滑入江，100 万 m^3 方岩土体崩滑进入乌江，水下约 30 万 m^3，形成坝高 110m 的堰塞坝，造成上下游水位差约 10m，截留乌江半小时以上。

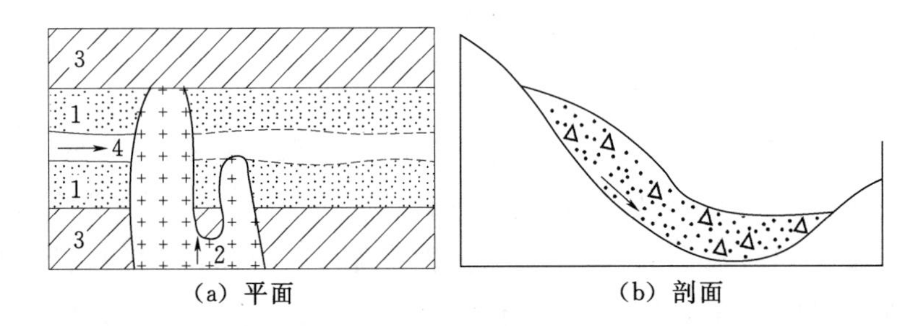

图 1.4 分股多坝型堰塞坝的典型平面、剖面示意图

1—河床；2—滑坡、崩塌体或泥石流滑体及运动方向；

3—两岸岸坡；4—河流及水流方向

（5）地震隆起型。河床受地震挤压而隆起，土石方由下而上，不断上升，堵塞河道，造成水位壅高或堵江，形成潜坝或不完全堰塞坝。这类型的堰塞坝并未在文献中发现，典型平面、剖面示意见图1.5。

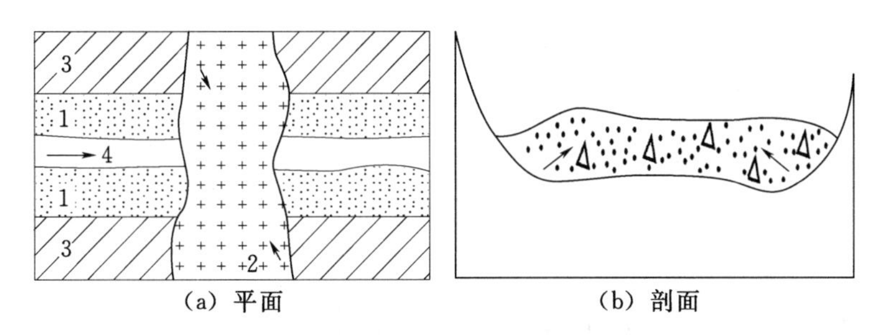

图1.5　地震隆起型堰塞坝的典型平面、剖面示意图

1—河床；2—滑坡、崩塌体或泥石流滑体及运动方向；
3—两岸岸坡；4—河流及水流方向

1.2.1.5　按风险等级分类

2008年“5·12”汶川大地震形成堰塞坝100余处，主要分布在汶川至青川长达300km强震带内的岷江、沱江、涪江和嘉陵江的几条支流上，其中以涪江支流通口河上的唐家山堰塞坝风险最大。在当时的特殊紧急情况下，进行堰塞坝的风险等级划分，对降低其风险可能带来的危害意义重大。由于没有成熟的堰塞坝风险评估经验可借鉴，四川水利抗震救灾指挥部组织专家临时制定了以堰塞坝坝高、最大库容和坝体结构三项指标判定堰塞坝的危险等级，该指标在堰塞坝应急处置过程中发挥了重要作用。

以上三指标虽然考虑了堰塞坝的主要风险因子，但对坝体地质结构的划分较模糊，没有给予足够重视。为此，结合“5·12”大地震的堰塞坝处置经验与教训，水利部组织相关专家进行了《堰塞湖风险等级划分标准》（SL 450—2009）的编制。依据《堰塞湖风险等级划分标准》（SL 450—2009），先进行堰塞湖的规模分级，具体见表1.3。然后参考堰塞湖的规模、堰塞坝的物质组成与堰塞坝的高度三个指标进行堰塞坝的分类，详见表1.4。

表1.3　　堰塞湖规模

堰塞湖规模	堰塞湖库容/亿 m^3
大型	≥1.0
中型	0.1～1.0
小（1）型	0.01～0.1
小（2）型	<0.01

表1.4　　按风险等级进行堰塞坝分类

堰塞坝风险等级	分级指标		
	堰塞湖规模	堰塞坝物质组成	堰塞坝高度/m
极高危险	大型	以土质为主	≥70
高危险	中型	土含大块石	30～70
中危险	小（1）型	大块石含土	15～30
低危险	小（2）型	以大块石为主	<15

对于表1.4的风险等级划分，当三个分级指标所属级别相差两级或以上，且最高级别指标只有一个时，应将三个分级指标中的所属最高危险级别降低一级，作为堰塞坝的危险级别。其余情况均应将分级指标中所属最高危险级别作为该堰塞坝的危险级别。表1.4的分级，在一定的条件下，还可以根据堰塞坝的处置条件、上游汇流面积、水位上涨速度、物质组成、高宽比和异常渗流等情况进行适当调整。

1.2.1.6　其他分类方法

堰塞坝的其他分类方法包括按滑坡堵江体的体积、滑坡堵江历时等进行分类。按照滑坡堵江体的体积，将其分为小型、中型、大型和巨型四类，其中约75%的堰塞坝由中型、大型堵江体形成，

体积为 $10^6 \sim 10^8 m^3$。

按照堵江状况分为完全堵江与不完全堵江堰塞坝。根据其历时长短，划分为长期堵江堰塞坝与短暂堵江堰塞坝，历时超过一年的为长期堵江堰塞坝，历时小于一年的为短暂堵江堰塞坝。

1.2.2 堰塞湖分类

对于堰塞湖的分类，依据不同的标准，也有不同的分类方法，既有定性方法，也有定量方法。本节介绍按规模、危险程度、形成过程与可能造成的灾害等几种分类方法。其中前两种方法由于形成初期难以获得较为准确的坝体与库容参数较为少用，第三种分类方法较为常见。

1.2.2.1 按规模分类

根据堰塞湖的库容（S）、堰塞坝的坝高（H）与体积（V）进行堰塞湖的规模划分，结果见表 1.5。对于表 1.5 的堰塞湖分类，如果堰塞湖库容（S）、坝高（H）与坝体体积（V）大小等级不一致时，采用较高等级。

表 1.5　　按规模进行堰塞湖分类

堰塞湖规模等级	堰塞湖库容 S/($10^6 m^3$)	坝高 H/m	坝体体积 V/($10^6 m^3$)
小型	$S<1$	$H<5$	$V<0.2$
中型	$1\leqslant S<10$	$5\leqslant H<35$	$0.2\leqslant V<3$
大型	$S\geqslant 10$	$H\geqslant 35$	$S\geqslant 3$

1.2.2.2 按危险程度分类

堰塞坝拦蓄江水，形成堰塞湖险情，对上游人民生命财产形成淹没威胁，对下游人民生命财产构成冲刷破坏的危险，其险情程度与上游来水、堰塞湖规模、堰塞坝的规模与材料特性、河谷地形地貌、上下游生命财产分布等密切相关。据此根据其可能产生的险情程度进行堰塞湖的危害程度划分，见表 1.6。该分类方法基于现场的调查了解，对于堰塞湖现场的快速评估较为简洁实用。根据堰塞湖的危害程度，确定是否需要进行相应处置。

表 1.6 按危害程度进行堰塞湖分类

危害度等级	分级条件	备注
轻度	同时满足下列 2 个条件： (1) 堰塞湖库容小于 1 万 m^3，且坝高小于 5m、坝体体积小于 20 万 m^3； (2) 上、下游淹没区没有重要保全对象	(1) 符合危害度为轻度的分级条件，代表堰塞湖灾害规模不大，上下游淹没区无重要保全对象； (2) 堰塞湖并无处理的必要性
中度	在轻度和重度分级条件之外者	(1) 符合危害度为中度的分级条件，代表堰塞湖灾害介于轻度与重度之间； (2) 应监控灾害的后续发展； (3) 可进行简易的工程措施(如开挖排水道或移除土方等)
重度	同时满足下列 2 个条件： (1) 堰塞湖库容大于1000 万 m^3 或坝高大于 35m 或坝体体积大于 300 万 m^3 (即堰塞湖大小等级为大型者)； (2) 上下游淹没区有重要保全对象	(1) 符合危害度为重度的分级条件，代表堰塞湖灾害规模较大，且上下游淹没区均有重要保全对象； (2) 概估溃坝时间，并适时且迅速撤离淹没危险区范围居民； (3) 即刻进行必要的预警与工程处置措施

1.2.2.3 按形成过程与可能造成的灾害分类

按照堰塞湖的形成过程与可能造成的灾害将堰塞湖分为即生即消型堰塞湖、稳态型堰塞湖和高危型堰塞湖，图 1.6 为堰塞湖的形成过程与分类。统计得出，22%在堰塞湖形成之后 1d 内溃决；50%的堰塞湖 10d 内溃决；83%的堰塞湖半年内会溃决；1 年内溃决者占 90%。如果简单地用时间来区分堰塞湖的类型，那么在 1d 或者几天内溃决的是即生即消型堰塞湖，几天至 100 年溃决的是高危型堰塞湖，寿命时间超过 100 年者，是稳态型堰塞湖。

(1) 即生即消堰塞湖。即生即消堰塞湖指的是河流受滑坡、泥石流或者崩塌等作用造成堵塞，在水流作用下因坝体松散短时间之

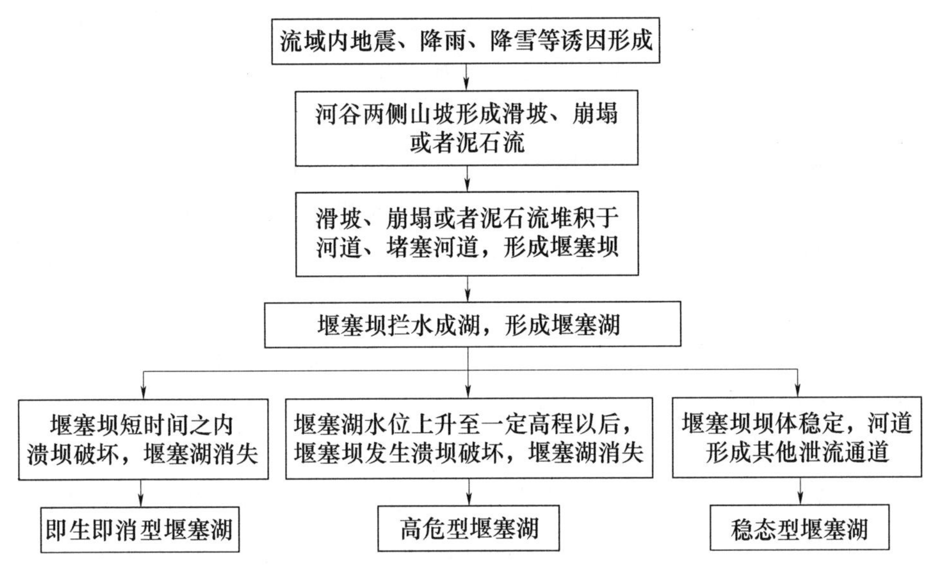

图 1.6 堰塞湖的形成过程与分类

内即溃决的堰塞湖。此类堰塞湖水量较少，势能小，因而危害一般不大。我国自 1985 年以来形成的即生即消堰塞湖共计 57 个，平均 2.6 年发育 1 个。

（2）稳态型堰塞湖。稳态型堰塞湖亦指“死湖”，指存在时间 100 年以上、未溃决垮坝的堰塞湖。这类堰塞湖的形成主要是由于堰塞坝未完全堵塞河道，或者有其他泄洪通道或河道改道，堰塞湖内进泄水保持动态平衡，同时，坝体结构稳定。该类堰塞湖还可以划分为三种情况：①滑坡、崩塌或者泥石流堵江截流并未在主河道上形成堰塞湖，而是形成深坑积水，此类堰塞湖体积较小，如我国四川鲜水河断裂带上发育的一系列大小不等的串珠状地震堰塞湖；②堰塞湖虽然形成于主河道，但是坝体结构稳定，坝壁较厚，上游来水较小；③堰塞湖形成于主河道，但是在堰塞湖附近的溢流位置逐渐形成了新的河道，该类堰塞湖存在的时间较长，蓄水量也比较大，一旦上游有暴雨且溢流位置被堵死，坝体也面临溃坝的危险。以上三种情况的稳态型堰塞湖，在我国都有不少存在，典型的如形成于 1856 年 6 月 10 日的湖北咸丰堰塞湖、1931 年 8 月 11 日的新疆富蕴堰塞湖、1937 年 1 月 7 日的青海托索湖、1952 年 9 月 30 日的四川冕宁-石龙堰塞湖、1974年5月11日的云南大关堰塞湖。

（3）高危型堰塞湖。高危型堰塞湖形成以后河道的下泄路径没有改变，没有别的泄流通道，堰塞湖内持续蓄水，堰塞坝不稳，虽大部分坝体不会马上被冲垮，但是随着蓄水量的增加，坝体逐渐出现管涌或者裂缝，在形成以后的几天或者若干年之后即被冲毁。溃坝时，湖水巨大的势能向下游释放，造成严重的次生灾害链。如果是珠串状堰塞湖，在上游溃坝的影响下堰塞湖则自上而下先后溃决，其破坏力更加巨大，不亚于一次原发的洪涝灾害。我国1856—2008年，有10余次地震形成了高危型堰塞湖，共计74个，平均每10年形成5个高危型堰塞湖。

1.2.2.4　按《堰塞湖风险等级划分标准》（SL 450—2009）分类

依据《堰塞湖风险等级划分标准》（SL 450—2009）进行堰塞湖的风险分级时，在条件具备的情况下，优先采用计算分析法，只有在条件受限的情况下才通过查《堰塞湖风险等级划分标准》（SL 450—2009）的相关表格进行确定，也可数值分析。对于受限条件下的查表，依据《堰塞湖风险等级划分标准》（SL 450—2009），首先根据堰塞湖影响区的风险人口、重要城镇、公共或重要设施等进行堰塞坝溃决损失严重性的分类，见表1.7。然后根据堰塞坝的危险等级（表1.4）和溃决损失严重性（表1.7）将堰塞湖分为极高风险级（Ⅰ）、高风险级（Ⅱ）、中风险级（Ⅲ）和低风险级（Ⅳ）四个级别，见表1.8。

表1.7　　堰塞坝溃决损失严重性与分级指标

溃决损失严重性级别	分级指标		
	风险人口/人	重要城镇	公共和重要设施
极严重	$\geqslant 10^6$	地级市政府所在地	国家重要交通、输电、油气干线及厂矿企业和基础设施、大型水利工程或大规模化工厂、农药厂和剧毒化工厂
严重	$10^5 \sim 10^6$	县级市政府所在地	省级重要交通、输电、油气干线及厂矿企业、中型水利工程或较大规模化工厂、农药厂

续表

溃决损失严重性级别	分级指标		
	风险人口/人	重要城镇	公共和重要设施
较严重	$10^4 \sim 10^5$	乡镇政府所在地	市级重要交通、输电、油气干线及厂矿企业或一般化工厂和农药厂
一般	$\leqslant 10^4$	乡村以下居民点	一般重要设施及以下

表 1.8　　堰塞湖风险等级划分

堰塞湖风险等级	堰塞坝的危险等级	溃决损失严重性级别
极高风险级（Ⅰ）	极高危险	较严重、严重
	高危险、中危险	较严重
高风险级（Ⅱ）	极高危险	较严重、一般
	高危险	严重、较严重
	中危险	严重
	低危险	较严重、严重
中风险级（Ⅲ）	高危险	一般
	中危险	较严重、一般
	低危险	较严重
低风险级（Ⅳ）	低危险	一般

按照《堰塞湖风险等级划分标准》（SL 450—2009）进行堰塞湖的风险分级划分，当查表与数值分析所确定的风险等级不同时，宜取其中的较高等级为堰塞湖的风险等级。同时，当一条河流上有多个堰塞湖时，应综合考虑堰塞湖的风险等级。

汶川“5·12”地震，四川地震灾区重要江河的主要支流形成具有一定规模的堰塞湖 34 处，见表 1.9，其中极高危险与高危险级共 6 处，按其灾害划分，属于“高危型堰塞湖”，蓄水量大、落差大，往往在形成后几天至几年会被冲垮，形成严重的地震滞后次生水灾；在 13 处中危险级中，部分属于“稳态型堰塞湖”，存在很长时间且湖积水量较大；在 15 处低危险级中，部分属于“即生即消型堰塞湖”，形成后不久就被后来累积的水体冲毁，如表 1.9 中的“自溃”堰塞湖。

表 1.9 "5·12"汶川地震四川境内的堰塞湖一览表

序号	堰塞湖名称	所在行政区	所在河流	堰塞坝规模				堰塞湖规模		危险等级	应急处置措施
				长/m	宽/m	高/m	体积/m^3	汇水面积/km^2	库容/万 m^3		
1	唐家山	绵阳市北川县	通口河（湔江河）	803	610	82～124	2037	3550	9160～30200	极高危险	机械开挖泄流槽
2	南坝（文家坝）	绵阳市平武县	石坎河	600	200	20～50	600		500	高危险	机械开挖泄流槽
3	肖家桥	绵阳市安县	茶坪河	250	200	80	200		2000	高危险	机械开挖降低坝顶高程，疏散下游民众
4	老鹰岩	绵阳市安县	滩水河			100				高危险	
5	石板沟	广元市青川县	清江河	300～400	800	70～80	1600～2240		1000	高危险	机械开挖泄流槽
6	小岗剑电电站上游	德阳市绵竹县	绵远河	172	120	92	160		440	高危险	爆破开挖泄流
7	苦竹坝下游	绵阳市北川县	通口河（湔江河）	300	200	60	165		200	中危险	因上游唐家山堰塞坝除险泄流而自溃
8	新街村	绵阳市北川县	通口河（湔江河）	约 350	约 200	约 20	200		200	中危险	机械开挖降低坝高，疏通河道

续表

序号	堰塞湖名称	所在行政区	所在河流	堰塞坝规模				堰塞湖规模		危险等级	应急处置措施
				长/m	宽/m	高/m	体积/m^3	汇水面积/km^2	库容/万 m^3		
9	岩羊滩	绵阳市北川县	通口河（湔江河）	150		20	160			高危险	
10	孙家院子	绵阳市北川县	通口河（湔江河）	180		50			560	中危险	
11	罐子铺	绵阳市北川县	通口河（湔江河）	390		60			585	高危险	
12	唐家湾	绵阳市北川县	通口河（湔江河）	300		30	200		200	高危险	
13	灌滩	绵阳市安县	凯江	120	200	60	120		1000	中危险	机械开挖降低坝高，疏通河道
14	红石河	广元市青川县	红石河	500	400	50	400～600		300	中危险	机械开挖泄流槽
15	马槽滩上	德阳市什邡市	沱江石亭江	100	300	40～50	100		60	中危险	爆破开挖泄流槽
16	马槽滩中	德阳市什邡市	沱江石亭江	90	80	40～50	约 20		25	中危险	机械开挖泄流槽

续表

序号	堰塞湖名称	所在行政区	所在河流	堰塞坝规模				堰塞湖规模		危险等级	应急处置措施
				长/m	宽/m	高/m	体积/m^3	汇水面积/km^2	库容/万 m^3		
17	红村电站厂房	德阳市什邡市	沱江石亭江	约100	约60	40～50	24		150	中危险	
18	一把刀	德阳市绵竹市	绵远河	300～400	40	25	10		50	中危险	机械开挖降低坝高，疏通河道
19	马鞍石	绵阳市平武县			200				1000	中危险	
20	白果树	绵阳市北川县	通口河（湔江河）	200	100	10～20	40			低危险	因上游唐家山堰塞湖除险泄流而自溃
21	东河口	广元市青川县	清江河	700～800	300～400	20	1000		300	低危险	
22	马槽滩下	德阳市什邡市	沱江石亭江	100	300	40～50	100		60	低危险	
23	燕子岩	德阳市什邡市	沱江石亭江	30	约20	10			3	低危险	自溃
24	木瓜坪	德阳市什邡市	沱江石亭江	100	20～30	15	20		4	低危险	自溃
25	小岗剑电站下游	德阳市绵竹市	沱江绵远河	150	150	30			80	低危险	

续表

序号	堰塞湖名称	所在行政区	所在河流	堰塞坝规模				堰塞湖规模		危险等级	应急处置措施
				长/m	宽/m	高/m	体积/m^3	汇水面积/km^2	库容/万 m^3		
26	黑洞崖	德阳市绵竹市	沱江绵远河	30～50	120	50～80	约 40		180	低危险	
27	干河口	德阳市什邡市	沱江石亭江						50	低危险	疏散民众
28	凤鸣桥	成都市彭州市	沱江沙金河	300	80	10			约 180	低危险	5 月 16 日自溃
29	谢家店子	成都市彭州市	沱江沙金河	250	70	10			100	低危险	5 月 22 日漫顶泄流
30	海子坪	成都市崇州市	岷江文井河	约 70	1200	8	67		300	低危险	爆破泄流，5 月 19 日溃决
31	火石沟	成都市崇州市	岷江文井河	500	40	120	240		150	低危险	爆破泄流，5 月 21 日库空
32	竹根顶桥	成都市崇州市	岷江文井河	约 500	68	90	300		450	低危险	爆破泄流，5 月 22 日库空
33	六顶沟	成都市崇州市	岷江文井河	约 500	50	60	150		300	低危险	爆破泄流，5 月 22 日库空
34	枷担湾	成都市都江堰								低危险	爆破泄流

1.3　堰塞坝发育分布

堰塞坝的发育分布受到多种条件控制，多分布在山区河谷、峡谷地带，由各种自然灾害导致的山体垮塌、滑动堵塞河道而形成。图1.7是近五年堰塞坝发育较多的国家的案例统计，排在前3位的国家分别是中国（58.40%，758例）、日本（7.78%，101例）和美国（7.24%，94例）。其他堰塞坝发育较多的国家有意大利、加拿大、新西兰、秘鲁、瑞士等。近五年来约60%的堰塞坝发育于中国，是由我国特有的地理、水文等条件决定的。

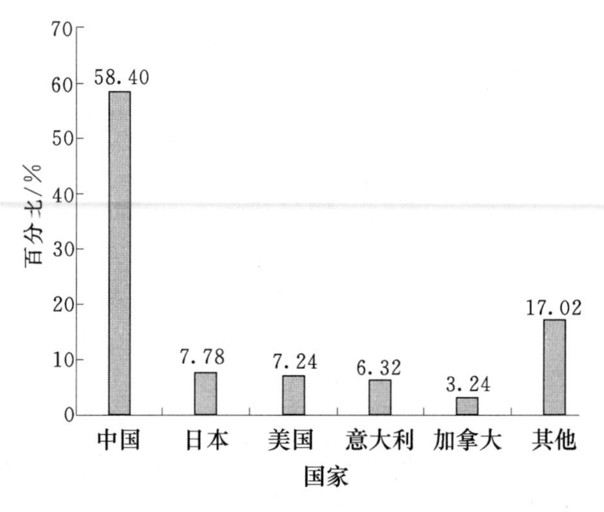

图1.7　堰塞坝的世界分布

我国疆域辽阔，地形复杂（约70%的山地），气候多变，环境地质条件独特，是滑坡、崩塌或泥石流成坝发生较为常见的国家之一。三大地势阶梯决定了我国许多地形切割深、高差大，尤其在各阶地的结合部位，祁连山—六盘山—横断山一线以及大兴安岭—太行山—巫山—雪峰山一线附近山区，为滑坡、崩塌及泥石流的发生提供了极为有利的重力条件（约占我国滑坡总次数的77%），在江河分布处极易因滑坡或者崩塌堵江形成堰塞坝，形成受到地形、地质、气候、水文等条件大致决定的我国堰塞坝分布格局。其主要分布于我国的第二阶梯及其附近地区，即西南、西北地区，四川、云南、山西为重灾区，其次分布在中南及东南的重庆、贵州、甘肃、山西、湖南、湖北、广东、福建等。人类活动引起的堰塞坝主要分布在云南、四川和陕西，与自然作用形成的堰塞坝发生的区域基本一致。

我国堰塞坝的发育分布，也受到我国地震分布的影响，在我国的以上地区，分布有我国地震产生次数的75%，为堰塞坝的形成提供了动力条件。发育堰塞坝较多的几次地震是：1920年12月16日宁夏海原发生的8.5级地震，形成堰塞坝共60余处；1933年8月25日四川茂县发生的7.5级地震在岷江上形成“大海子”和“小海子”两处地震堰塞坝；2008年5月12日，四川省汶川县发生8.0级大地震，形成堰塞坝100余处、30多个串珠状堰塞坝，如绵竹市绵远河一把刀至徐家坝28.4km河道就有高度超过10m的堰塞坝16处，其中危险系数最高的是唐家山堰塞坝，引起世界范围内各国专家的高度关注。

对我国近百年来的近百个影响较大的堰塞坝的统计分析表明，我国的堰塞坝分布具有以下特征。

（1）主要形成于西部地区，特别在四川、云南、新疆、甘肃等省（自治区）较多，台湾省也屡有发生，其频发范围同一般的滑坡、泥石流等地质灾害的频发范围基本一致。四川是我国最易形成堰塞坝的省份，这与该地区地震频发、河流众多、降雨丰富等密切相关。

（2）从流域角度划分，我国西部高山峡谷区的岷江流域、怒江流域、雅鲁藏布江流域以及黄河中上游流域等地区是堰塞坝多发区。

（3）形成堰塞坝的地震震级一般在4.5级以上，最小震级为4.4级，地震震级越高，形成堰塞坝的可能性也越大，堰塞坝出现的数量与地震次数、震级正相关。

国内外发育的堰塞坝，绝大部分都自动溃决，部分进行了人工处置，也有的进行了开发利用。

1.4 堰塞坝险情及应急处置

堰塞坝是由滑坡、崩塌或者泥石流等地质灾害形成的堆积体，未经人工碾压或加固，多由非固结或者次固结的土石混合体组成，没有心墙防止渗流管涌，没有疏干区控制空隙水压力，也没有溢流设施来稳定湖水水位，形成初期多处于不稳定状态，坝高从几米到几百米，库容从几万立方米到几百亿立方米。

堰塞坝的险情就来源于坝体的不稳定与堰塞湖的非正常蓄水，以及演化。不稳定的堰塞坝，坝坡不稳定、渗流不稳定，没有相应的泄洪消能设施，不具备承受蓄水压力的作用，或者不具备承载过高水头差的蓄水压力能力。在堰塞坝一定的极限承载能力范围之内，溃坝之前，库水上涨、堰塞沉积，在坝的上下游形成水头差，加大了堰塞坝的不稳定渗流，威胁坝体稳定。在坝体上游，因孔隙水压力的作用极易引起岸坡再造，造成上游淹没。库水位的进一步上升，坝体面临溃决或者漫顶冲刷溃决的危险，一旦溃决，洪水或者泥石流引起的次生动力地貌灾害（淹没、冲刷、淤积等）将给上下游人民生命财产及生态环境等带来巨大的影响，造成严重的灾害链和各种不良的环境效应，这种灾害及环境效应无论是时间上还是空间尺度上影响都是巨大的。

因此，堰塞坝险情一旦形成，必须引起足够的重视。首先是根据对堰塞坝险情的研判，综合分析坝体结构、材料、水文、下游生命财产分布等，做出是否采取应急处置措施，以及采取何种应急处置措施。一旦需要采取应急处置措施，必须立即执行。

1.4.1 堰塞坝险情

不同的堰塞坝因具有不同的结构、材料、水文环境等特点；其具体的险情内容也不同。综合国内外多数堰塞坝的险情类型，单从坝体险情而言主要包括漫顶溢流、渗流侵蚀、坝坡失稳等。堰塞坝的险情，多数并不是单独存在的，一种险情可能引起其他险情的产生，一种险情也可能由其他多种险情引起，各种险情之间存在由水流与材料控制的相互关联性。分析多数已经溃决的堰塞坝，从险情的产生到发展为灾害，也不是由单一的险情发展积聚而来，基本上都是多重险情发展的结果，例如渗流侵蚀引起坝体滑坡，坝体滑坡降低坝体高度、漫顶溢流，漫顶溢流又加剧了坝坡失稳，彼此之间存在相互影响、互为起因的关系。

在堰塞坝险情的积聚过程中，如果得不到有效处置，将进一步发展成为灾害。其灾害一是指对上游的淹没与生态环境破坏。堰塞坝堵江（河）回水成湖，库区河流由动水向静水转变，随着上游库区水位的升高，造成上游居民和设施的大面积淹没，引起库岸再造、涌浪险滩、堰塞沉积等，其中堰塞沉积将持续整个堵江历时，即从堰塞坝形成到溃坝或者江水携带的沉积物质将库区淤满，持续几小时、几百年或者上千年不等。二是对下游的巨大冲刷破坏。随着库水的升高，在坝顶溢流冲刷或渗流压力的作用下，堰塞坝由于本身潜在的安全隐患及库水漫顶而导致堰塞坝突然溃坝，堰塞湖中的大量蓄水快速下泄，巨大的洪水淹没下游，对水利水电设施、航运与铁路公路、生态环境等造成极大的危害。在我国，2000 年形成的易贡堰塞坝所造成的淹没与溃决灾害是较为典型的案例。

2000 年 4 月 9 日，西藏雅鲁藏布江二级支流易贡藏布下游左岸的扎木弄巴沟上游发生体积达 202 万 m^3 的雪崩，雪崩顺着百米高的陡坡掀动沿程的松散物质，冲击由巨厚松散堆积物构成的缓坡段，促使其发生滑动。在沿程强烈的侵蚀作用下暴发了国内外罕见的特大规模碎屑流，汇入易贡藏布，使 1902 年也是由该沟泥石流形成的易贡湖堰塞坝再次加高了 60m，形成了坝长达 1.5km，总高 130m 的堰塞坝。上游易贡堰塞湖水位起初上涨速度为 0.5m/d，后期由于工程排险施工条件差，泄流工程难以尽快实施，加之雨季到来，湖水上涨速度达到了 2.0m/d，使易贡湖的湖水由 7.0707 亿 m^3 陡增到 22.59 亿 m^3，淹没了上游两岸藏汉等各民族居民点、两个乡政府、一家开发公司和闻名世界的易贡茶场基地，淹没房屋面积 28036m^2，造成 1000 多人被困、4000 多人受灾。6 月 10 日，坝体因坝顶过流冲刷发生溃决，基本上是一溃到底，形成举世罕见的特大洪流，沿易贡藏布进入帕隆藏布，再汇入雅鲁藏布江，经过墨脱县，直泻印度，涌波（洪水波）所到之处荡净了沿程的一切公路、桥梁、耕地和民房。涌波经过堰塞坝下游 17km 的川藏公路通麦大桥时，水位高达 52.07m，高出桥面 32m；除川藏公路外，还冲毁了其他公路 10km，马道 54km，桥梁 11 座。本次因堰塞坝的淹没与洪水灾害，造成我国境内 1 万多人受灾，两人死亡，直接损失达 2.8 亿元；境外，虽然我国也通知了印度，但印度可能未及时采取有效措施，损失十分惨重，据法新社报导，印度北部拉马普特拉河洪水泛滥，造成 94 人死亡，250 万人无家可归，中断印度中部 7 个邦交通联系。

其他因堰塞坝险情未得到有效解除造成灾害、引起大量经济损失的事件也不在少数。1786 年（清朝乾隆五十一年）6 月 1 日四川泸定—康定发生里氏 7.75 级大地震，在冷碛与田湾之间形成了高 70m 的滑坡堰塞坝，堰塞湖面积 $1.7km^2$，库容 500 万 m^3，在余震的作用下于 1786 年 6 月 10 日早上溃决，洪水经过下游的乐山、宜宾与泸州时，造成了超过 10 万余人的死亡和失踪，这是迄今为止世界上因堰塞坝溃坝造成的最为严重的一次灾难。1917 年云南大关地震，因石块堵江，河水暴溢，倒流数千米，后因垮坝造成高浪洪峰，“山谷震摇，顺河流下房屋器具无数，洪涛骇浪中难民尸身漂没者不知凡几”。1933 年 8 月 25 日四川叠溪里氏 7.5 级地震，千年古城即刻为地震滑坡和崩塌所毁灭，岷江两岸山坡滑坡（崩塌）形成的 3 处高达 100 余米的堰塞坝，14 天以后最下游一处堰塞坝溃决形成高约 40m 的巨浪顺河而下，席卷两岸村镇，洪峰一直冲到下游 260km 远的地方，将四川灌县以上村镇淹没大半，当时记载“倾湖溃击，奔腾而下，吼声震天地，距水头十数里外，皆可闻见，水速如箭矢，凡沿江崖陡峭之地或江面窄之地及震后倒塌过甚山脚不安之地，受此洪水猛压，也即时倒塌，乱石飞崩，尘雾障天，如大地震再次来临景象”，洪水到达下游 200km 的都江堰，损坏了鱼嘴工程，导致 6800 余人在洪水中丧生。1950 年 8 月西藏墨脱里氏 8.5 级大地震，崩塌、滑坡堵塞河道形成堰塞坝，坝体 10 多个小时后溃决，形成 7m 高的巨浪，洪水席卷下游都登、巴昔卡和印度布拉马普特拉河平原，淹没下游成千个村镇，造成严重的人员伤亡和财产损失，其中造成的死亡人数为地震死亡人数的 3 倍以上。2008 年 5 月 12 日四川汶川里氏 8 级地震，地震灾区重要江河的主要支流形成具有一定规模的堰塞湖 35 处，其中四川省 34 处，甘肃省 1 处，分布在 5 个市（州）9 个县（市），其中极高危险级 1 处（唐家山堰塞湖）、高危险级 5 处、中危险级 13 处、低危险级 15 处，受威胁总人口 200 余万人。

相比于其他自然灾害，堰塞坝危害在各种自然灾害中占的数量比例不大，但其危害性很强，若蓄水到一定程度，处理不当或遇到强余震、暴雨，则可能造成瞬间溃决，形成大范围洪水灾害。特别是近年来，随着极端气候事件发生频率的提高、区域性强烈地震的影响、工程建设扰动强度的加剧，中国自然灾害，尤其是山地灾害的发生频率与危害明显增加，滑坡、泥石流堵塞大河的现象开始增多，并造成严重灾害。据不完全统计，整个 20 世纪与 21 世纪的头十五年，我国因堵江成坝死亡人数超过三万余人，直接经济损失数十亿元。

1.4.2 堰塞坝应急处置

堰塞坝险情能否得到有效解除，依赖于应急处置是否及时、措施是否得当。应急处置有具体的流程、原则，不同类型的堰塞坝、堰塞坝的不同险情，需要选择不同的处置措施，包括应急泄流、泄流槽开挖、局部开挖等。

在堰塞坝的应急处置过程中，同步开展堰塞坝险情的应急管理，包括政府、军队与地方救援人员的领导机构、组织机构、协调机构，任务分工、任务协调、任务配合等。武警水电部队作为国家应急救援的专业队，在近年来的历次堰塞坝险情除险中都发挥了巨大作用，但是在应急处置的过程中，不仅要做好自身的应急处置任务，还必须加强灾害的应急管理工作，重点是加强与地方的组织协调。

对于堰塞坝险情，只要在险情初期，采取及时有效的应急处置措施，处置到位、管理到位，完全能够规避险情，国内外不乏成功的案例。20世纪90年代初，厄瓜多尔针对几起滑坡堵江形成的千万立方米的堰塞湖，在交通不便、经济不发达的情况下，充分估计堵江危害而果断采取开挖溢洪道分流洪水，延缓了溃坝时间，为下游居民及财产安全撤离赢得了时间。1950年以来美国工程兵师团在国内与南美开展了大量堰塞坝的治理与排泄减灾工作，采取开挖溢洪道、机械抽水、修建导流洞等工程措施，有效处置了多起堰塞坝溃坝险情事件。2008年汶川大地震形成的唐家山堰塞湖，在水利部的组织下，经武警水电部队的艰苦鏖战，成功降低了该堰塞湖的危险性，未造成新的人员伤亡，成为堰塞湖处置的典范。

随着科学技术的发展，特别是应急新技术、新装备、新材料的不断出现，以往堰塞坝险情在处置过程中存在的粗放、技术含量偏低、工期长、过度抢险等不足将得到逐步改善，堰塞坝险情的应急处置与管理将变得更加科学、技术更加先进、处置更加合理，由险成灾的可能性也将降低至最低。

第2章　堰塞坝形成条件与机理

堰塞坝的形成受到地质环境、地形地貌、地震带分布、降雨、人类活动、水文气象等的综合影响，其中地质环境、地形地貌、河床水动力条件是形成堰塞坝的内因，也是必要条件；降雨、地震、冰川融化、坡脚淘蚀或者人工开挖、水位的骤升骤降等是外因。堰塞坝的形成是内外因共同作用的结果。

虽然堰塞坝的形成受到以上因素的影响，但除人为挖坡以外都为不可控因素，即滑坡堵江成坝多由不可控的各种随机因素共同作用而成，即使在背景条件基本相同的条件下滑坡堵江成坝的状况也各不相同，因此堰塞坝的形成与状况具有随机性。为深入分析堰塞坝的险情特征，必须研究不同类型堰塞坝的形成机理、形成条件及破坏机制，为堰塞坝的稳定性分析、堰塞湖潜在次生灾害可能性及其损失的预判奠定理论基础。

2.1　堰塞坝诱因与成因

2.1.1　堰塞坝诱因

堰塞坝形成的诱发因素很多，主要包括地震、强降雨、降雪、冰川融化、火山喷发、河道冲刷、冰河瓦解、人类活动等。通过国内外近五年的堰塞坝诱因统计（图2.1），国外22.6%（126例）的堰塞坝是由地震诱发，35.4%（197例）由降雨造成；发生在中国的761例堰塞坝中，53.2%（405例）是由地震诱发，38.0%（289例）由降雨诱发。显然，国内堰塞坝以地震诱发为主，而国外以降雨诱发为主。这是因为中国是一个地震多发的国家，近五年来汶川、雅安、玉树、鲁甸等多个地区先后发生了地震；并且国内一次地震诱发的堰塞坝数量也较多，记录也较为频繁。

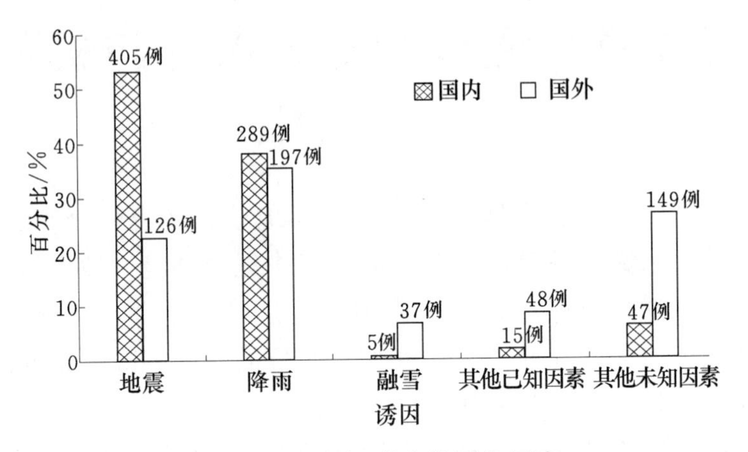

图 2.1　堰塞坝形成的诱发因素

台湾学者廖志中关于国内外堰塞坝的统计结果（图 2.2），与图 2.1 的结果基本满足相同的规律，以降雨、地震诱发形成的堰塞坝数量最多，约占所有统计案例数量的 45%、34%。综合起来，约 90%以上的堰塞坝是由地震或降水引起的山体滑坡、崩塌、泥石流所形成，火山喷发诱发的堰塞坝占 8%，其他因素，如砍伐、河水下切和人工开挖等诱发的堰塞坝仅占 2%，有的堰塞坝则由几

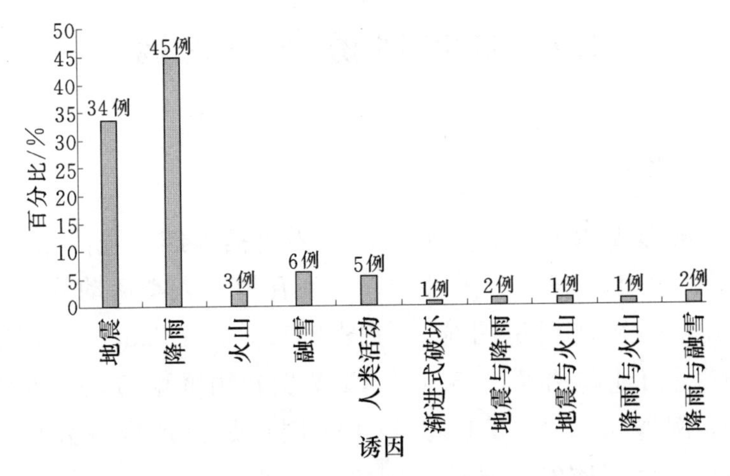

图 2.2　廖志中的堰塞坝形成诱发因素统计

种诱因同时诱发而成。

地震是我国形成堰塞坝的主要诱因，在后续的机理分析中，重点围绕地震引起的堰塞坝进行阐述。通过诱因分析，提醒我们，在我国一旦监测到某地产生地震，必须高度警觉，必须立即开展堰塞坝排查，特别是发生在我国西部地区的震级 6.0 级以上的地震，更应该第一时间派出人员进行排查，确保在堰塞坝形成之初就能对其险情的发展态势了如指掌。

2.1.2 堰塞坝成因

对国内外近五年的堰塞坝成因统计得出（图 2.3），国外因滑坡形成的堰塞坝最多（244 例，占 48.4%），其次是崩塌形成的堰塞坝（109 例，占 21.6%），而泥石流形成的堰塞坝相对较少（107 例，占 21.2%），还有部分堰塞坝的成因未知（22 例，占 44%）。在我国，滑坡、崩塌、泥石流形成的堰塞坝案例数依次为 81 例、87 例和 86 例，所占比例分别为 10.5%、11.3%和 11.1%，还有 512 例、占 66.6%不知其成因。因此，滑坡、崩塌和泥石流是形成堰塞坝的主要成因。在后续的堰塞坝形成条件与机理分析过程中，重点围绕滑坡堵江成坝、崩塌堵江成坝和泥石流堵江成坝，以及碎屑流堵江成坝四种堰塞坝的形成机理与条件进行分析与阐述。

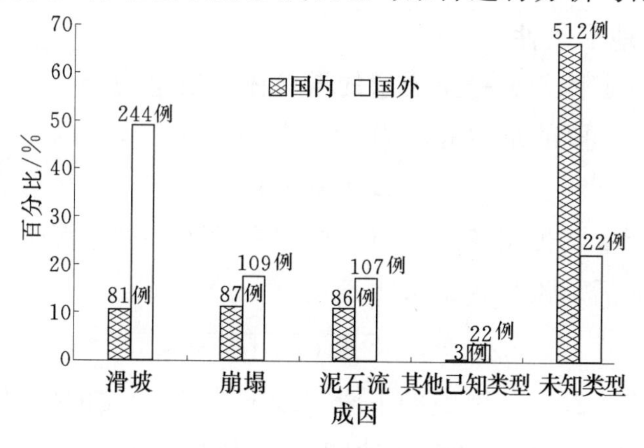

图 2.3 堰塞坝的成因

堰塞坝的形成，其形成通常必须具备以下几个基本条件。

（1）堰塞坝形成区域内有江河流过，且河床宽度不是很大，尤其是山区的“V”形河谷更有利于堰塞坝的形成。

（2）在地震、降雨、融雪以及人类活动等因素的作用下，河道两侧有山体，河道海拔明显低于周边山体海拔，江河岸坡的山体有发生大型滑坡、崩塌、泥石流等山地灾害的可能。

（3）河道上游必须有充分的水源条件或极强降雨的汇流条件。

（4）在各种诱发因素的作用下形成的滑坡、崩塌或者泥石流能够堵江成坝。

2.2　滑坡型堰塞坝形成条件与机理

2.2.1　形成条件

滑坡体沿着滑动剪切面向下滑动，在摩擦阻力与填塞碍体的影响下，速度不断降低，最后趋于停止，但是并非所有的临江滑坡都能引起堵江形成堰塞坝，堵江的发生与河面的宽度、河水的能量以及滑坡的规模和体积有密切关系，需要一定地形条件、河床条件与水动力条件。

2.2.1.1　地形条件

对于一定体积、一定质量的滑坡体，质量为 m，中心点高度为 H，则启动阶段的重力势能为：

$$E = mgH \tag{2.1}$$

根据能量守恒定律，在滑动摩擦系数为 f 的情况下，当滑坡体下降高度 h 后，滑坡体的最大速度 V_{max} 为：

$$V_{max} = \sqrt{2gh(1 - fc\tan\alpha_1)} \tag{2.2}$$

根据式（2.2），滑坡的下滑速度 V_{max} 与滑坡的位置密切相关，只有当滑坡体的剪出口 h 和坡脚 α_1 都比较大时，滑坡体才能形成高速滑动。

在滑坡下滑势能与动能的转化过程中，要想获得较大的动能，需要具备一定的地形、地貌条件，主要表现为河谷切割深度、地形坡度、滑动面的摩擦系数等。河谷下切深度，对滑坡岩土体的体积、位能，以及滑坡堰塞坝的稳定、堵江类型都会有影响。河谷下切越深，滑坡岩土体的位能越大，在滑动过程中逐渐获得较大动能，形成高势能滑坡体，对河床形成剧烈冲击，爬向对岸一定高度，最后稳定成坝，完全堵江。但是地形坡度并不是越大越容易成坝，坡度较大时滑坡岩土体体积相对较小，位能较低，不能一次截流，一次成坝；地形坡度较小，能够获得较大滑坡岩土体体积，但是其势能向动能的转化并不十分明显，滑动体速度受到限制。根据60余个堵江滑坡的统计分析得出，滑坡堰塞坝易形成于30°～45°的斜坡地带，其次是20°～30°的缓坡地带。对于滑动面的摩擦系数，摩擦系数越小，单位势能的消耗也才最小。

对于滑坡的滑动路线 L 或者对岸爬高高度 H_2，可以通过摩擦角 φ 用图解法求得，即A. Haim方法。根据图2.4，假设滑坡体的河谷地形为 ABC，则粗略地认为该滑坡体堰塞坝的最大坝高为 H_2，显然堰塞坝坝高 H_2 的大小由河谷地形、滑坡落高 H_1 和滑动摩擦角 φ 决定。河谷地形、滑坡落高、滑动摩擦角与堰塞坝坝高之间存在以下关系：滑坡岩土体的落高越大，滑动堰塞坝的坝高越高；河谷越窄，滑动堰塞坝的坝高越高；滑动摩擦角越小，堰塞坝的坝高越高。对25个堵江滑坡体的落高 H_1 和堰塞坝坝高 H_2 的统计回归分析得出两者满足如下关系：

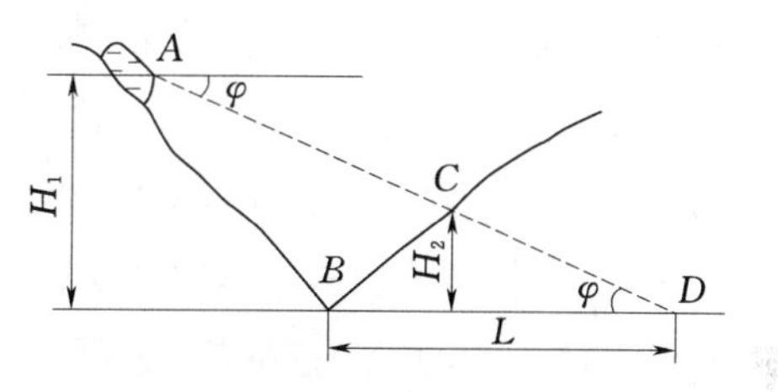

图2.4　滑坡岩土体的滑动距离与对岸的爬坡高度示意图

$$H_2 = 0.3302H_1 - 14.98 \quad (R^2 = 0.88) \tag{2.3}$$

滑坡堰塞坝的地形条件，只有在强烈切割的山区才存在，河谷的深切割作用才能形成有效的临空面。许多滑坡堰塞坝都发源于深切割的河、沟两岸或其斜坡之上，滑坡剪出口也与滑坡发生时的河、沟侵蚀基准面一致。因此，滑坡堰塞坝往往发育于高山峡谷的岸坡、河流的凹岸、深沟沟壁、陡崖等深切河谷地带，这也是为什么国内外的滑坡堰塞坝大多形成于高山峡谷地区的原因之一。我国的雅砻江、岷江、大渡河、金沙江等高陡深切峡谷地带是孕育滑坡堰塞坝较多的流域，遭受地震、强降雨等自然灾害作用后，必须密切注视以上地区的滑坡堵江情况。随着人类社会改造自然活动的加剧，大量的深开挖也形成了大量的有效临空面，为滑坡堵江创造条件。我国滑坡堰塞坝的滑坡岩土体形成，存在一个、两个、三个临空面的分别占 20%、25%和 55%，临空面主要来源于自然形成的各种河谷、冲沟等，少量的临空面由人类活动所形成。丘陵、低峡谷山区形成滑坡堰塞坝较少，即使存在其规模也不大。

河岸岩层的产状与河流的发育方向之间的关系，对于滑坡堰塞坝的形成也有影响。通常认为顺向坡较反向坡、斜向破发育。因为顺向破的坡脚岩土体易于被江水、河水侵蚀而导致坡体失去支撑，在顺向产状的情况下形成沿层面的剪切滑动面，滑坡堵江成坝。河流两岸存在有不同岩层产状的潜在滑坡体，其下滑堵江的几率不一样，形成堵江滑坡在两岸的不对称性。例如岷江上游、距离汶川约 100km 的岷江河谷在左岸发育了叠溪、石门坎、扣山、花红园、周场坪等十余处滑坡堰塞坝，但是右岸却少见。

2.2.1.2　河床条件

滑坡入江截流成坝，河床条件也是主要的影响因素。河谷的宽度，对滑坡堵江起控制作用，是最重要的河床条件。分析滑坡堰塞坝的河床条件，主要通过分析滑坡堵江的最小入江体积 $V_{\min}$ 与河床宽度、河床坡度、河床底部的入江滑体的饱水内摩擦角之间的关系来体现。

假设滑动体入江方向与河水流方向正交（图 2.5），河床宽 B_r，河水深 H_r，河床坡降 β，一般情况下 β 较小，可视为水平。堰塞坝上游坝体较陡，其坡度满足堵江岩土体在饱水状态下的内摩擦角 φ_s，下游坡度采用堵江物质发生水石流的起始坡度，一般取 14°，坝底宽度为 L_{dl}，见图 2.6。

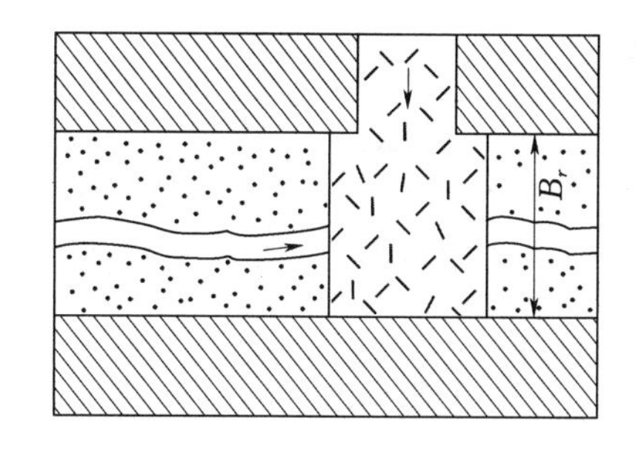

图 2.5 滑坡形成堰塞坝平面示意图

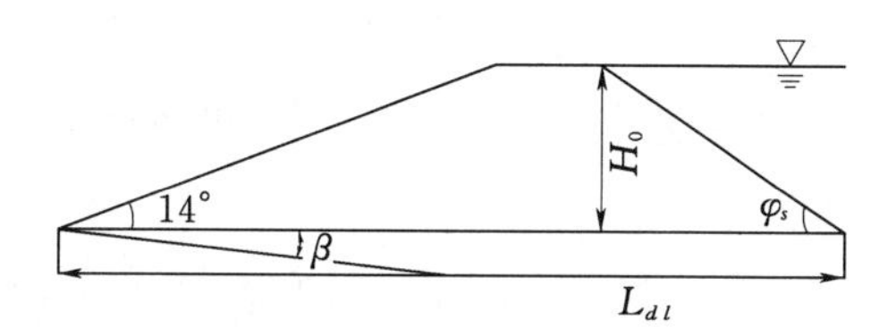

图 2.6 滑坡堰塞坝的纵剖面示意图

河床宽 B_r、水深 H_r的水流完全堵江所需的最小土石方量为：

$$V_{\min} = L_{dl}H_rB_r - H_r^2B_r - H_r^2B_r\left(\frac{1}{2\tan14°} + \frac{1}{2\tan\varphi_s}\right) \quad (2.4)$$

式中：$V_{\min}$为完全堵江所需最小土石方量，m³；H_r为河水深度，m；B_r为河水宽度，m；φ_s为堵江岩土体饱水状态下的内摩擦角，(°)。

坝底宽度在一定程度上决定了完全堵江的最小体积。通过前人对典型滑坡堰塞坝的研究发现，坝底宽是坝高的 8～10 倍，若取 $L_{dl}=9H$，式（2.4）可简化为：

$$V_{\min} = H_r^2B_r(7 - 0.5\cot\varphi_s) \quad (2.5)$$

从式（2.4）、式（2.5）可以看出，完全堵江所需土石方量与河床宽度 B_r、河床水深 H_r的平方成正比关系。因而河水越浅，河床越窄，所需要的堵江土石方越小，这也就是峡谷地带是堵江形成堰塞湖高发区的原因之一。

2.2.1.3 水动力条件

滑坡岩土体以一定的速度冲击入江、河，岩土体将受到江水、河水的冲蚀，如果岩土体不满足一定的水动力条件，将被江水逐渐分解冲走，形成水石流，后续滑坡体的不断补充也不足以拦蓄江水，形成堰塞坝。因此，对于滑坡岩土体入江成坝，还必须满足一定的水动力条件，即入江岩土体的抗剪阻力大于河水的剪切阻力，方能截流江水。滑坡堰塞坝的水动力条件围绕滑坡入江、河岩土体的抗剪阻力与水的剪切阻力进行分析。

滑坡体为连续滑动体，假设单位时间的入江岩土体体积为 Q_s（m^3/s），河水单位时间的断面流量为 Q_r（m^3/s），在不考虑河流速度的情况下，岩土体不被冲散带走，能够逐渐堆积，则应满足的条件为：

$$Q_r\gamma_w\sin\beta \leqslant Q_s\gamma_s\cos\beta\tan\varphi_m - Q_s\gamma_s\sin\beta \tag{2.6}$$

即：

$$Q_s \geqslant \frac{Q_r\gamma_w\tan\beta}{\gamma_s(\tan\varphi_m - \tan\beta)} \tag{2.7}$$

式中：Q_r 为河水单位时间的断面流量，m^3/s；Q_s 为单位时间入江岩土体体积，m^3/s；γ_s 为入江岩土体的饱水重度，N/m^3；γ_w 为水的重度，N/m^3；β 为河床坡度角，(°)；φ_m 为入江岩土体与河床的摩擦角，(°)。

滑坡岩土体单位时间的入江体积 Q_s 在很大程度上与滑坡的入江速度 v 相关，即 v 越大，Q_s 可能就越大。在忽略一些次要因素的影响下，通过运动学公式即可求出滑坡岩土体的入江速度 v 与滑坡落高 H_f、滑动距离 L 及坡角 α 的关系，如下：

$$\frac{1}{2}mv^2 = mgH_f - fmgL\cos\alpha \tag{2.8}$$

即：

$$v^2 = 2gH_f - 2fLg\cos\alpha \tag{2.9}$$

式中：v 为入江速度，m/s；H_f 为滑坡落高，m；L 为滑动距离，m；α 为坡角，(°)。

从式（2.6）、式（2.7）可以看出，堵江所需滑坡岩土体的单位时间入江体积 Q_s 与河水单位时间的断面流量 Q_r 成正比关系。即流量越大，河水的冲击冲蚀能力越强，单位时间的入江岩土体要求越多。这也就清楚地说明了国内外的大量滑坡堰塞坝大多发育于大江大河的支流、支沟、上游峡谷的原因。因此，在地震、强降雨等自然灾害的承灾区，要特别关注部分大江大河的支流、支沟及高山峡谷地区的滑坡堵江，保证一旦发现能采取及时有效的应对措施。

从式（2.8）、式（2.9）可以看出，v 与 H_f、α 成正比关系，随着两者的增大而增大。因此，国内外许多大型滑坡多发育在高陡斜坡上，失稳后滑动速度很高，如洒勒山滑坡最大滑速 30m/s，查纳滑坡 40m/s，新滩滑坡 30.3m/s，瓦依昂滑坡 50m/s，Madison Valley 滑坡 45m/s 等。

2.2.2　形成机理

滑坡是形成堰塞坝的最主要形式，滑坡堰塞坝一般由岸坡的高速滑动所形成。在地震等诱因的作用下，河谷两岸山体内某一潜在软弱结构面上的剪应力超过其抗剪强度，山体沿着坡内的软弱结构面发生整体滑动。滑动体的滑动面剪出口位于河床堆积层之上或稍微偏下，河床堆积层不足或根本无法阻挡滑坡体急速下滑，从而滑动体在滑动过程中不断松弛、解体，堆积在前缘河谷台地上，有的越过河谷，以一定的速度向河床方向运动，由于受对面岸坡的阻挡而停积于河床上，形成堰塞坝。虽然自然界中的地质类型复杂多样，在滑动过程中存在着诸多差异，但产生滑动的根本原因是相同的，即滑动是由于在重力或其他外部荷载作用下，滑裂面上的剪应力超过了其抗剪强度而形成。根据滑坡的形成特征，一般可将滑坡变形破坏形成堰塞坝的过程分为岸坡上部拉裂、下部滑移隆起、中段快速剪断及整体的高速滑动等，先后经历启动、凌空飞跃、撞击—弹落—重夯成坝等过程。具体划分为以下 5 个阶段。

（1）蠕滑—拉裂阶段。发生于滑坡纵向分区的拉裂坐落区和前缘区，斜坡岩体在残余应力释放产生的卸荷作用下，出现松弛，强度下降，沿着岩体中存在的张扭性裂隙或节理裂隙，岩层逐渐从顶部向下拉裂，斜坡顶部开始出现不连续的拉裂缝。同时，直立岩层中软弱夹层开始侧向分离，使岩体更加松动，组成滑床面的潜在结构面，在剪应力作用下，相互错位调整，以滑移方式实现递进变形，阶梯状滑床面开始逐渐断续复合、贯通，见图 2.7（a）。

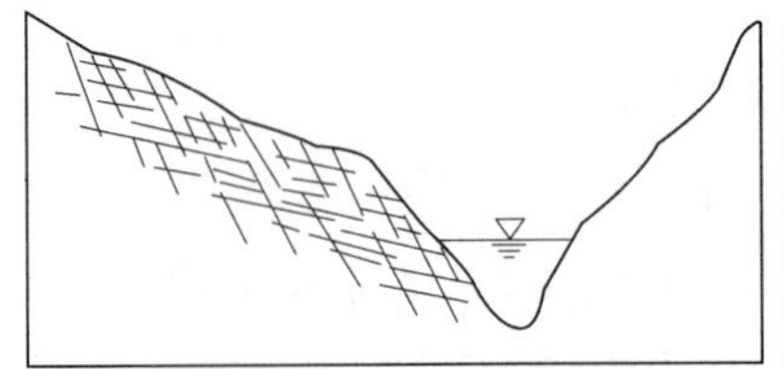

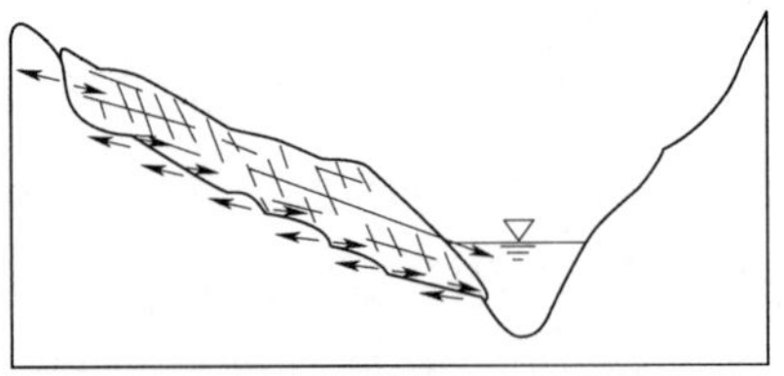

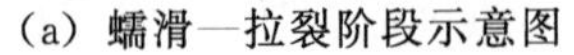

(a) 蠕滑—拉裂阶段示意图　　(b) 剪断—滑面贯通示意图

图 2.7　滑坡堰塞坝形成的 1～2 阶段

(2) 剪断—滑面贯通阶段。随着中上部岩体持续向下拉裂，下部岩体蠕滑，结构面交叉复合部位被剪断，拉裂坐落区和主滑区滑面贯通，顶部拉裂缝进一步扩大后与前缘区逐渐贯通。与此同时，拉裂坐落区顶部开始出现坐落，裂缝完全贯通，整个坡体处于临界状态，见图 2.7 (b)。

(3) 剧动启程阶段。整个斜坡在重力荷载作用下，顺着已贯通的滑面向下缓慢滑动，挤压主滑区。这时，在地震或大暴雨诱发下，主滑区形成破坏，沿潜在剪切面，滑体剧动剪出，见图 2.8 (a)。

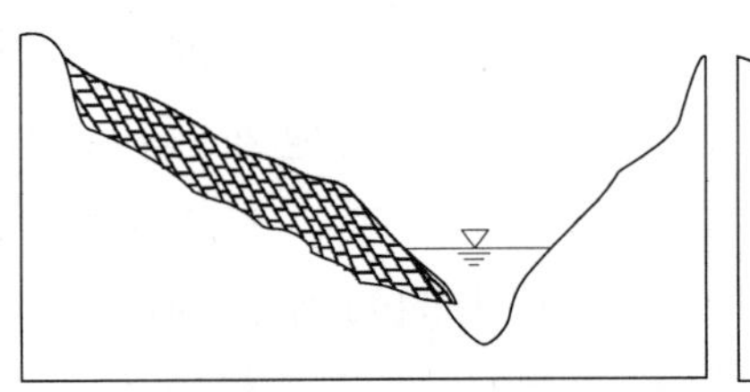

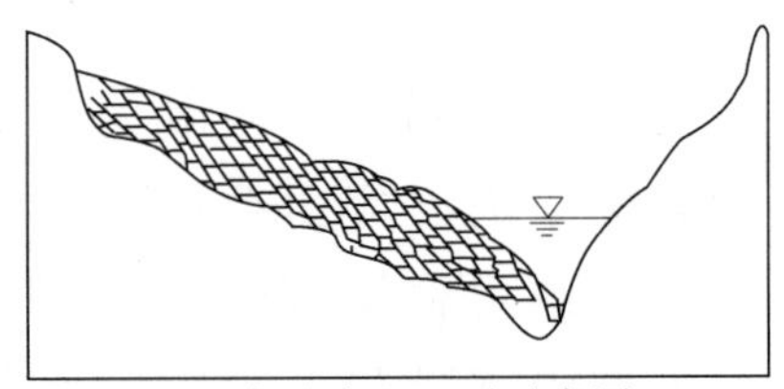

(a) 剧动启程示意图　　(b) 高速凌空飞跃示意图

图 2.8　滑坡堰塞坝的形成 3～4 阶段

(4) 高速凌空飞越阶段。滑坡启程剧动后，岩体犹如一刚体，迅速地将势能转化为动能，以极高速度冲出剪出口，飞入河道，形成初步堆积，见图 2.8 (b)。

(5) 撞击—弹落—重夯成坝阶段。滑坡以高速滑行体撞击对岸陡壁后，滑体向后反弹，并同时整体快速向下坠落，填满河道，形成滑坡堰塞坝，堵断河道，上游形成堰塞湖，滑坡运动过程结束，见图 2.9。

2.2.3 典型案例

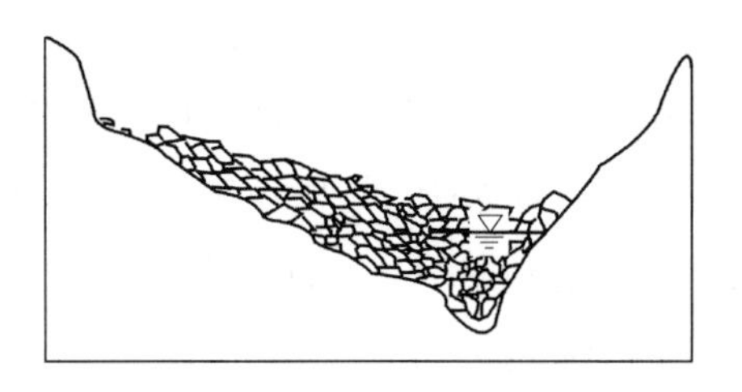

图 2.9 撞击—弹落—重夯成坝

2008 年 5 月 12 日四川汶川发生了 8.0 级地震，震中在龙门山断裂带的中央主断裂上。龙门山地势陡峻，一般高度在 2000～3000m。龙门山区水系密集，主要有岷江水系、嘉陵江水系、沱江水系和涪江水系。这些水系均为山区河流，坡陡谷深，最大相对高度达 5000m。汶川“5·12”地震触发了大量的滑坡阻塞河道形成堰塞坝，灾区总计发现大小堰塞坝 100 多处，其中蓄水量大于 10 万 m^3的有 34 处。

在地震所触发的大量堰塞坝中，肖家桥堰塞坝（图 2.10）是一个典型的由地震诱发的顺层岩质滑坡型堰塞坝。肖家桥滑坡体位于安昌河右岸支流茶坪河流域内的安县晓坝镇上游约 6.5km 处，距安县县城约 31km。滑坡区地处四川盆地西北边缘，距离“5·12”汶川大地震主震断层（中央断裂）最短距离约 20km。滑源处岩层轴向与河流流向基本平行，倾向坡外，为顺向坡，河流不断下切过程中切断了岩质边坡的坡脚，形成临空面；垂直于岸坡的裂隙发育，贯通较好。该堰塞坝的形成过程可以概括为地震触发及岩体的累进破坏—滑体破坏、高速下滑—撞击解体、堵江形成堰塞坝三个过程。

(a) 顺层滑坡产状

(b) 下游状况

图 2.10 肖家桥堰塞坝的灾害特征

（1）地震触发及岩体的累进破坏。对于顺坡向层状岩质斜坡，在循环地震荷载及重力作用下，当合力方向指向坡外时，对坡面岩土体产生向外的动力加速度，斜坡在此加速度作用下向临空面发生位移，见图2.11（a）；而当合力方向转变为指向斜坡内部时，给斜坡内部岩体产生一个指向坡内的加速度，然而由于岩层面不承受拉应力作用，在惯性力作用下坡面附近的岩体在稍后的一段时间内将继续向临空面运动，使得在距坡面一定范围内的岩土体产生分离现象，见图2.11（b）。这种分离现象及其同一岩层的差异性运动，使得岩体发生折断、破裂等破坏。

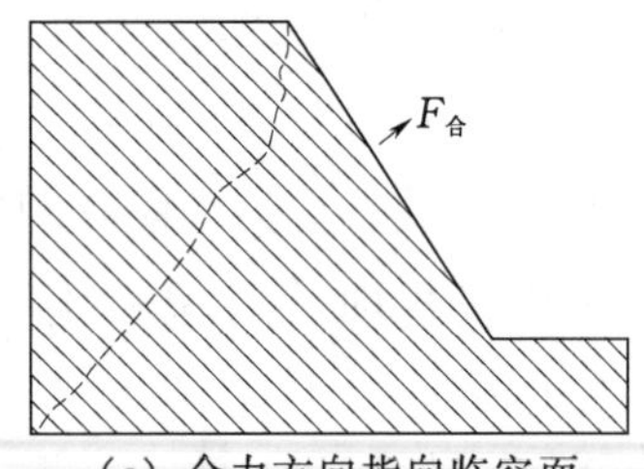

（a）合力方向指向临空面

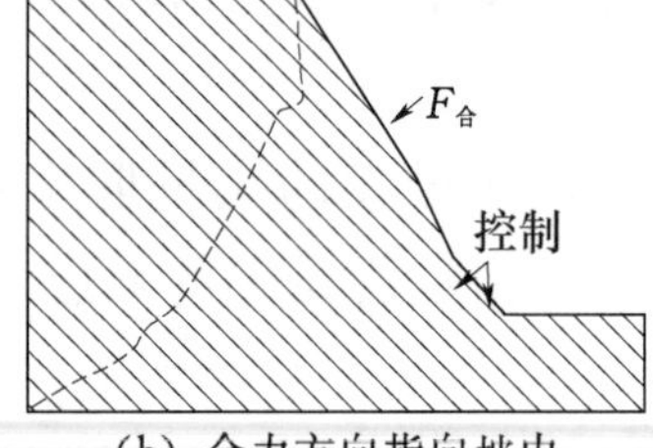

（b）合力方向指向坡内

图2.11　地震作用下的顺层岩质斜坡破坏示意图

在地震初期作用阶段，坡面一定范围内的岩体不断破坏，直至坡体内部影响相对较小的岩层，并最终沿该岩层贯通形成整体滑裂面。在未完全贯通之前，滑面处某些部位（锁固段）积蓄了较高的能量。

（2）滑体破坏、高速下滑。在滑面贯通后，由于锁固段能量的迅速释放，使得滑体获得了较高的初始速度，并沿滑面下滑。此后，往返的地震力，一方面，对滑体产生一个往返的加速效应；另一方面，使得滑床与滑动块体产生循环撞击作用，滑体不断破坏、块体不断变小，从而使得滑面处的摩擦因数不断减小。当滑面附近含有地下水时，将产生较高的动水压力荷载。从而，使得滑体产生较高的运动速度，这种效应也称之为地震的“震动效应”。

此外，受地形、滑面形态等因素的影响，滑体下滑过程中将不断破坏、解体，见图2.12（a）。同时由于滑体体积较大、滑速较快，在运动过程中形成强大的气浪。

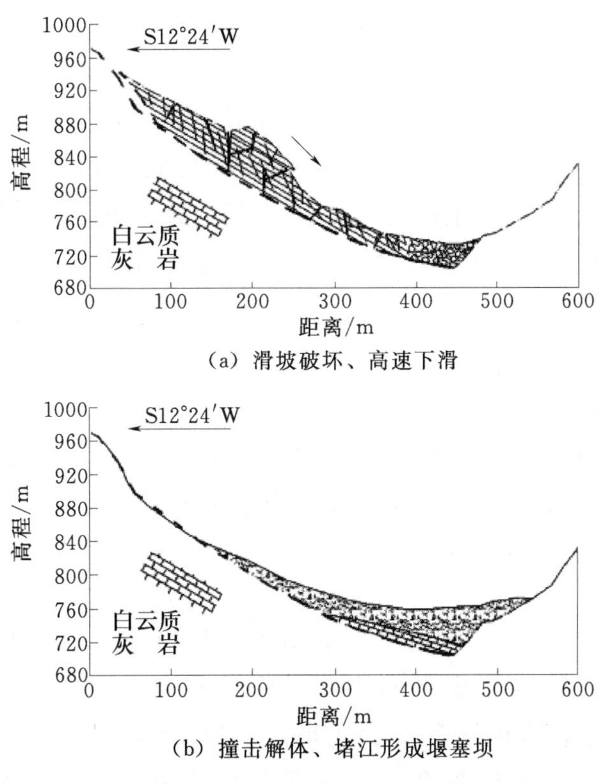

(a) 滑坡破坏、高速下滑

(b) 撞击解体、堵江形成堰塞坝

图 2.12 肖家桥堰塞坝的形成过程

(3) 撞击解体、堵江形成堰塞坝。滑体在高速下滑过程中，由于受对岸山体的阻挡，急速停止，产生巨大的冲击力，使得滑体解体、破碎，并堆积于河谷，形成堰塞坝，拦水形成堰塞湖。肖家桥滑坡由于滑程较短，滑体未能完全解体，尤其在滑体底部有些部位的岩体仍然保持原来的结构特征，即呈现“似层状”，见图 2.12 (b)。

2.3 崩塌型堰塞坝形成条件与机理

2.3.1 形成条件

斜面崩塌岩土体堵塞河道形成堰塞坝，必须具备如下几个条件：坡面崩塌；崩塌岩土体能到达河床及对岸；到达河床的岩土体不因水流作用而流动化形成泥石流被带走；河流水流的挟沙能力、冲刷能力较小，难以造成崩塌岩土体的瞬间流失。

2.3.1.1　坡面崩塌的形成

有关崩塌产生的研究，至今已有很多成果，虽然还不能准确预测其发生，但可根据相关的基础理论研究成果和泥沙灾害调查结果，得到预测崩塌发生的近似方法。有学者根据调查资料认为，倾角为 30°以上并有表土层的坡面最易发生崩塌。可以据此利用河流两岸岸坡是否存在有表土层且坡度在 30°以上的斜面这一条件，在大比例尺的地形图上寻找有可能形成堰塞坝的地点。

2.3.1.2　崩塌土体的运动

崩塌土体在坡面上的运动，其坡面临界倾角可由质量及动量守恒定律计算所得。通过质量及动量守恒定律推导，得出土块在斜面上停止的临界倾角，具体见式（2.10）：

$$\theta_{\mathrm{ck}}=\tan^{-1}\left[\mu_k(1-\lambda)\frac{\rho_s-\rho}{\rho_f}-\frac{\rho}{\rho_f\cos\theta_{\mathrm{ck}}A_f}\frac{h_1^2}{A_f}\left(F_1^2+\frac{1}{2}\right)\right] \qquad (2.10)$$

式中：μ_k为土体与斜面间的固体动摩擦系数；λ 为土体的孔隙率；ρ_s、ρ 分别为土体粒子和水的比重；ρ_f为土体平均比重；h_1为土体背面（后面）的水流深度；A_f为土体的纵断面面积；F_1为土体背面水流的弗汝德数（Froude number），即 $F_1=\dfrac{V_1}{\sqrt{gh_1}}$；$V_1$为水流表面流速。

一般认为崩塌土体背面的水流对崩塌土体的影响极小可以忽略不计。因此式（2.10）可写成：

$$\theta_{\mathrm{ck}}=\tan^{-1}[\mu_k(1-\lambda)(\rho_s-\rho)/\rho_f] \qquad (2.11)$$

根据常见土体的性质及其与斜面之间的摩擦系数，可以假定 $\lambda=0.25$，$\rho_s=2.65\mathrm{g/cm^3}$，$\rho=1.0\mathrm{g/cm^3}$，$\mu_k=0.726$，带入式（2.11）可计算出 $\theta_{\mathrm{ck}}=22.8°$，即如果溪流两岸坡的倾角大于 θ_{ck}，崩塌土体就不会停积在途中而到达河床。对于图 2.13 所示的崩塌土体，无论多大速度运动的土块到达比 θ_{ck}小的下部斜面时，都会逐渐减速而停止。当倾角大于 θ_{ck}的上部斜面长度为土体最大厚度 h_f的 20～30 倍以上时，其运动就可达到一常速，而运动到达下部斜面（$\theta_d<\theta_{ck}$）时则开始减速，减速开始到停止运动时的距离 X_{fs} 可根据式（2.12）求得。

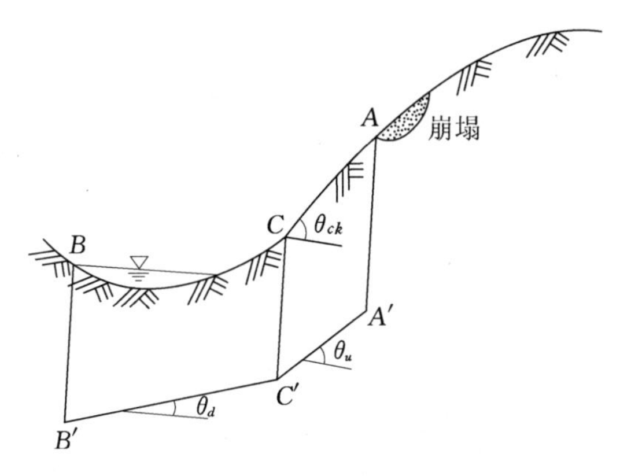

图 2.13　崩塌土块的运动距离图

$$X_{fs}=-\frac{h_f}{2a}\ln\left(1-\frac{b_u}{b_d}\right) \tag{2.12}$$

其中：

$$a=-2(\rho/\rho_f)f_b \tag{2.13}$$

$$b_d=\cos\theta[\tan\theta-\mu_k(1-\lambda)(\rho_s-\rho)/\rho_f] \tag{2.14}$$

式中：μ_k、λ、ρ_s、ρ、ρ_f的意义同式（2.10）；下标 u、d 分别表示上部斜面和下部斜面的变量；h_f为土体的最大厚度；f_b为流动层和斜面间的流体阻力系数，可近似表达为：

$$f_b=\frac{25}{4}(1-\lambda)^{2/3}\left(\frac{d}{h}\right)^2 \tag{2.15}$$

式中：h 为土体的平均厚度；d 为平均粒径。

综上，对具有图 2.13 断面形状的沟谷，可以通过以下方法探讨其岸坡崩塌土体能否到达河床及对岸，步骤如下。

（1）找出倾角 $\theta=\theta_{ck}$的地点，将此定为点 C。

（2）用直线将点 C 与崩塌发生地点（点 A）和河流对岸（点 B）连接，将其模拟成图中 $A'B'C'$。

（3）设 $A'C'$的倾角为 θ_u，$B'C'$的倾角为 θ_d。

（4）用式（2.12）计算 X_{fs}，如果 X_{fs}值比 BC 间的长度大时，就可认为有形成堰塞坝的可能。当崩塌地点未给定时，选最陡

(30°以上) 的地点作为点 A，其后与上述相同。另外，崩塌土体的厚度可根据表土层厚进行估算。

2.3.1.3　泥流冲刷

崩塌堵江成坝，具备的另一条件是到达河床的土体不因水流作用而流动化形成泥石流被带走。对于崩塌土体，流动化必须满足两个条件：①与水流充分掺混；②具有一定的沟床纵比降。崩塌土体只要不满足崩塌土流动化的两个条件，则到达河床的土体就不易流动化形成泥石流而被带走。崩塌土体在坡面上滑动过程中，当崩塌土为粗颗粒时，水流与崩塌土容易分离，不会形成泥石流，只有在较大坡度且有充足水流冲刷的情况下才会形成泥石流；当崩塌土为细颗粒且比较密实时，因渗透系数太小，难于与水流快速掺混，只有形成堰塞坝后溃决才能形成泥流。而当崩塌土同时具有粗细颗粒且呈双峰型分布，则容易在滑动过程中流动化形成泥石流。

在国内很多的水槽泥沙室内试验中发现，因崩塌泥沙量和水槽水流条件的不同，有堵塞河道形成堰塞坝和崩塌泥沙到达河床后被水流瞬间冲失而不形成堰塞坝的情况。因此，崩塌堵江形成堰塞坝除满足以上条件以外，还必须保证河流水流的挟沙能力较小和冲刷能力较弱，堰塞坝才能形成。对于该条件，以寿命时间在10s以上作为堰塞坝形成的判断基准来判断堰塞坝的形成。具体表示为，以 I 为纵轴、$x=q/[g^{1/2}(V/BL_B)^{3/2}]$ 为横轴的平面上的一条曲线来表示堰塞坝的形成条件，见图2.14。

将图2.14的堰塞坝形成条件分为形成域和非形成域，临界曲线方程为：

$$\frac{q}{g^{1/2}[V/(BL_B)]^{3/2}}=45\times10^{-1.81} \tag{2.16}$$

当满足堰塞坝形成条件时，水流流量对堰塞坝的形状及规模没有显著的影响。

2.3.2　形成机理

崩塌形成的堰塞坝是指陡坡上部岩土体被直立裂缝切割、拉裂后，由于根部空虚，在自重和地震等外力作用下失去稳定，折断压碎或局部滑移，失去稳定，突然脱离母岩土体急剧向下倾倒、翻滚、跳跃，造成江河堵塞的堆积体。

崩塌主要包括倾倒型和坠落型两种主要的失稳方式。倾倒型崩塌是位于斜坡上部高凸部位的岩体，在自重及外力作用下岩层顶部或中上部发生倾倒滑落，大多发生在陡倾角岩层或卸荷裂隙岩体中。其特点是斜坡中部坡面浅层壁为高倾角岩层的倾倒滑落裂面或残留危岩，坡脚形成倒石堆。坠落型是位于高陡斜坡的上部岩体在外力作用下发生坠落，块体（石）在坡面快速运动过程中推动坡面的岩土体发生滑动，这种状况大多发生在缓倾角岩层或具有缓倾角节理的岩体中。其特点是滑坡后壁为崩塌坠落裂面或残留危石，斜坡中部坡面浅层滑动明显，坡脚形成倒石。崩塌形成的堰塞坝过程可以分为重力崩坠以及撞击—弹落—重夯成坝两个阶段。

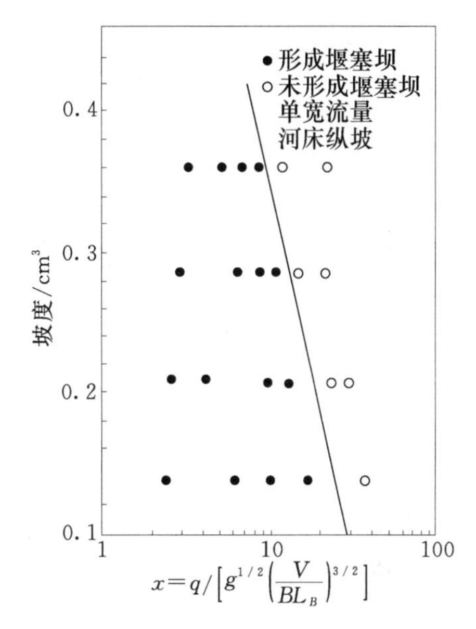

图 2.14 崩塌形成堰塞坝的临界条件

（1）不稳定因素积累。岩土体在长期地质营力作用下，产生节理、裂隙或断裂，使其完整性受到破坏，甚至破裂分割成支离破碎的块体，为崩塌堵江奠定基础。此阶段历时长短随岩石性质与结构、构造活动程度、边坡形状、外营力强度等而不同，见图 2.15（a）。

（2）重力崩坠。崩塌体脱离母岩，在自重作用下沿平行岸坡的构造裂隙拉裂变形，沿最大重力梯度方向急剧而猛烈地崩落，然后堆积于坡麓或飞入河道，形成初步堆积，见图 2.15（b）。

（3）撞击—弹落—重夯成坝。崩塌体撞击对岸陡壁向后反弹，

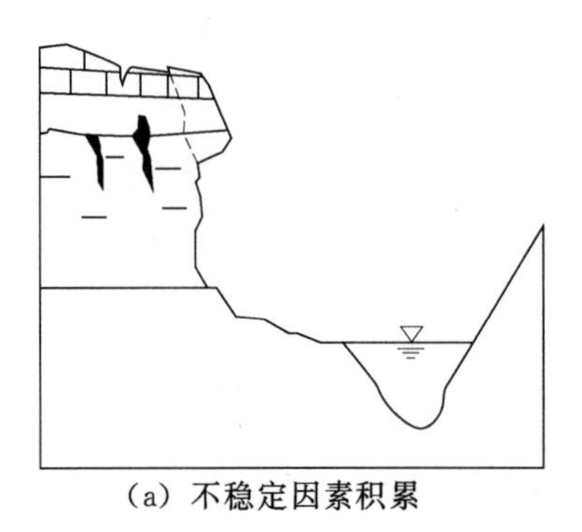

(a) 不稳定因素积累

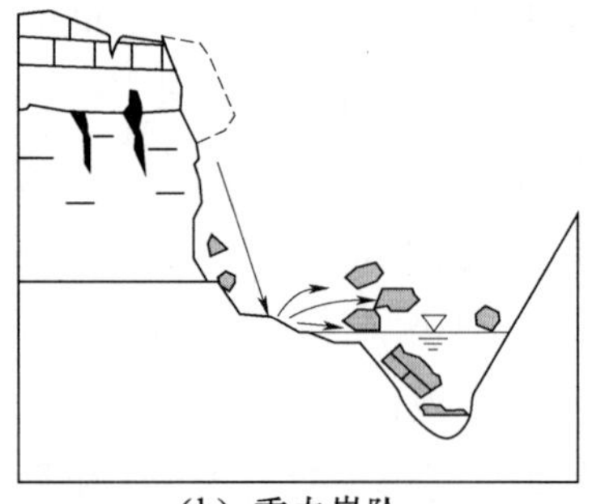

(b) 重力崩坠

图 2.15　崩塌堰塞坝形成的 1～2 阶段

同时整体快速向下坠落，直到崩塌土体填满河道，在重夯机制下形成堰塞坝，堵断河道，形成完全堵江，上游形成堰塞湖，见图 2.16。

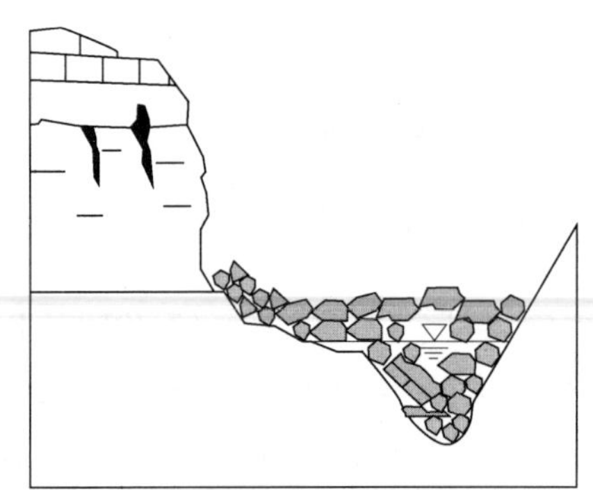

图 2.16　撞击—弹落—重夯成坝

根据以上分析，崩塌形成堰塞坝，由于其特有的形成过程，形成的堰塞坝一般是以大块石、块石和碎石堆积为主，坝体结构较为松散，抗渗能力差，易发生坝体渗流。通常规模中等，留存时间长，若大块石较多，则不易开挖泄流渠。坝体的破坏方式除漫顶溃坝外，也易发生渗流破坏。

2.3.3　典型案例

崩塌型堰塞坝是由于地震、降雨、风化及人类工程活动等导致江河两岸的山体发生崩塌，阻断河流形成的。

2.3.3.1　地震形成的崩塌型堰塞坝案例

2008 年 5 月 12 日汶川大地震所形成的堰塞坝中有近 1/3 为崩塌型堰塞坝，其中具有代表性的就是岷江映秀段老虎嘴堰塞坝和马槽滩堰塞坝。老虎嘴堰塞坝所处的岷江河段是典型的深切“V”形河谷，两岸都比较陡峻。在地震的作用下，左岸的花岗岩山体风化层发生大规模崩塌，形成高约 25m，体积 100 万 m^3 的堰塞坝，见图 2.17。

图 2.17　老虎嘴崩塌体及形成的堰塞坝

2.3.3.2　降雨诱发的崩塌型堰塞坝

2009 年 6 月，重庆武隆鸡尾山因突降暴雨，发生大面积山体崩塌，崩塌总体积超过 1200 万 m^3，崩塌入江，堵塞河道，在乌江二级支流石梁河上游支流铁匠沟上形成高 28～35m 的堰塞坝，蓄水形成库容 49 万 m^3 的堰塞湖，崩塌掩埋了 12 家农户和一座铁矿场，造成 72 人失踪。

2.3.3.3　人类工程活动诱发的崩塌型堰塞坝

四川汉源县猴子岩堰塞坝源于距大渡河河面约 150m 的省道 S306 新线上方的猴子岩山体崩塌而成，为典型的崩塌型堰塞坝。

地处大渡河峡谷区，山体坡度超过 60°，受两边支沟的切割作用，为三面临空的突出山体。2009 年 8 月 6 日受到 S306 新线的施工扰动，不稳定裸露岩体率先发生崩塌，引起公路上部高约 260m、顺河方向长 300m 的山体整体发生失稳破坏，崩塌的山体下落进入大渡河。上部崩塌体又触发了下部松散堆积物发生浅层滑坡，与上部崩塌的山体一起迅速进入大渡河，阻断了河流，见图 2.18。崩塌持续大约 5min，崩塌体在大渡河河道迅速形成高约 40m、顺河方向超过 300m、顶部宽约 373m 的堰塞坝，堵断了大渡河。

图 2.18　汉源猴子岩崩塌及形成的堰塞坝

2.4　泥石流型堰塞坝形成条件与机理

泥石流是一种携带大量泥土和碎屑物质的间歇性洪流，是一种介于挟沙水流与滑坡之间的固、液两相不分离的伪一相流，泥沙含量、级配差异非常大，广泛发育于除南极洲以外的六大洲山区，具有突发性、局地性、短暂性和激烈性，通常受地震、降雨、冰湖溃决、融雪等诱因影响而触发。与一般的携沙水流相比，泥石流中固体物质含量高，颗粒粒径分布范围广，可能有从几微米直至几米的变化范围。泥石流是降雨、地形地貌、固体松散堆积物等因素共同作用的结果。泥石流堵江成坝，实际上是支沟泥石流进入主河后，以堆积扇（体）的形式向对岸迅速推进，并与对岸连接，堵断主河而成，见图 2.19。

2.4.1　形成条件

泥石流堵江截流成坝受到泥石流本身的规模、性质、流变参数、抗冲强度、总量等内因的影响，同时还受到河床条件、主流流速、主河流量、主河坡度以及速度比、支主流交汇关系、支主流交汇角、交汇地貌、支主流流量比、支主流水动力条件等外因的影

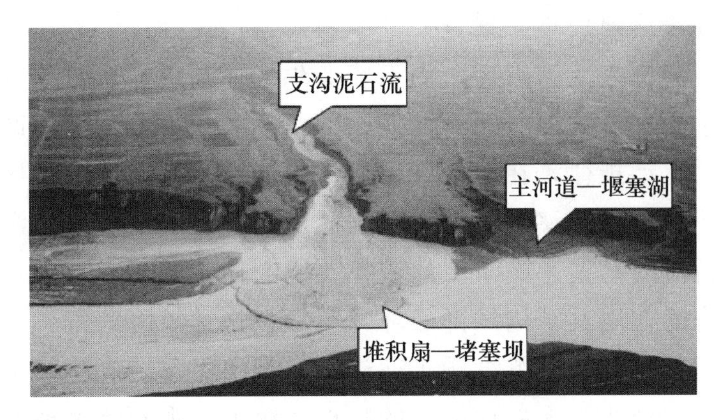

图 2.19 泥石流堰塞坝的形成过程示意

响。综合起来，将泥石流堵江成坝的形成条件概括为内部条件和外部条件，内部条件是泥石流发生堵江的地质、地貌、河床水动力条件等，它们是堵江的内因，是必要条件。发生泥石流堵江成坝的外部条件是各种作用于河谷斜坡上，促使滑坡、崩塌形成泥石流进而堵江的诱发因素，如降雨、地震、加载、坡脚掏蚀或开挖、上游冰湖溃决等。

泥石流堵江成坝能否形成，是支河泥石流与主河水流在两者交汇处相互抗衡的结果，受到交汇处的地形和泥石流支沟与主河的交角等众多因素的影响。当泥石流的洪峰量大于主河道的行洪能力就可能形成堵塞江河的堰塞坝，即到达河床的土体不因河流来水作用而液化流动形成泥石流被带走，河流水流的挟砂能力、冲刷能力相对较小，不能将堆积体瞬时冲失。泥石流容重与冲出容量是影响泥石流堰塞坝形成的重要因素，容重较大的具有较紧密网力结构和格架结构的黏性泥石流进入主河道时，主河水流对泥石流的作用较小，影响较弱，其影响仅仅来源于泥石流边缘的冲刷、静水与动水压力作用，而泥石流整体运动、整体推移，对主河水流的作用较强，容易堵塞主河，截断水流。容重较小、网格结构松散的稀性泥石流或者黏粒较少的泥石流进入主河，砂粒在浆体中呈悬移质或推移质，受到较大的主河水流作用，不易堵塞成坝。但是只要泥石流的规模足够大，即一定的冲出容量时，就会引起主河床较大范围的抬高，逐步堵河成坝。

泥石流进入主河以后，泥石流非牛顿体与主河水流牛顿体相互作用，主河水流改变着泥石流龙头的水动力条件，泥石流改变着主河水流的运动规律，在交汇区形成泥石流区、高含沙水流区或浑水区以及泥石流尚未移流扩散的清水区。沟口泥石流多发生沉降，在后续泥石流的动量影响下泥石流龙头不断向主河中心移动，因受到主河水流的作用其结构局部破坏，粗颗粒快速沉降，细颗粒在水流紊动作用下呈悬移质继续顺水前进，表现出上部浓度小、下部浓度大、上部运动快、下部运动慢的特点。综上，泥石流型堰塞坝的形成是一个十分复杂的过程，分析泥石流的形成条件，需要从泥石流的本身性质与外部条件综合考虑。

2.4.1.1　泥石流对主河的影响

泥石流型堰塞坝的形成，是泥石流对主河形成破坏性影响，截断了水流、改变了河道。泥石流对河道的影响可以通过影响度（K_η）的概念来解释，即泥石流可能造成河道水流变化的程度。当影响度达到一定的程度时，即堵江成坝。影响度（K_η）的具体表达式如下：

当入汇角小于90°时：

$$K_\eta = \frac{\rho_c Q_c J_c}{\rho_m Q_m J_m}\sin\gamma \tag{2.17}$$

当入汇角大于90°时：

$$K_\eta = \frac{\rho_c Q_c J_c}{\rho_m Q_m J_m}[1+\sin(\gamma-90°)] \tag{2.18}$$

式中：Q_m和Q_c分别为主沟和支沟的洪峰流量；J_c和J_m分别为支沟和主沟的比降；ρ_c和ρ_m分别为支沟和主沟的密度；γ为主沟与支沟的夹角。

2.4.1.2　泥石流堵江成坝条件的数学表达

泥石流堵江成坝的过程，是滑坡或者崩塌在运动的过程中由于水的作用形成泥石流，从支沟或支流汇入主河，向主河不断推进、扩展、沉积，直至与对岸边坡相接，逐步形成高出主河水面的堆积体（扇）的过程。根据该过程，可以将泥石流堵江成坝的条件概况为三条：①泥石流向对岸方向推进的堆积量 V_{cb} 大于主河水流对泥石流堆积体的冲刷量 V_{wb}；②泥石流堆积体顶部在某一时段堆积的高度 H_c 大于上游主河水位上升的高度 H_w；③在任何深度，一般是上部，泥石流堆积体的抗剪切应力 P_c 大于上游主河水体对堆积体的水平总压力 P_w，P_w 包括静水压力和动水压力。

现实中，条件①只能满足堆积体向对岸推进，不能保证堆积体顶部能高出水面，一般呈潜坝形式伸向对岸，并与对岸连接，形成局部堵江。要堵江成坝，必须满足条件②，即 H_c 大于 H_w，才能使堆积体高出上游主河水面。如果堆积体上部的抗剪切应力小，出现 P_w 大于 P_c，则其上部还没有高出水面就被推向下游，不能形成堵断主河的堵江坝。

因此，可将堵江成坝的三个条件数学表达为：①支流的河床坡度 θ_J 不能大于临界坡度 γ，且支流泥石流浓度 C_{TL} 大于汇流处的平衡浓度 C_{JL}；②支流沿垂直于河流方向的最大堆积距离 L_X 不能小于主流出口沿垂直于河流方向的最大堆积距离 B_M；③要有足够能堵塞主流的泥沙量从支流流出。

2.4.1.3　泥石流堵江成坝的可能性判别

集泥石流本身性质、容重、流量与流速，以及水流容重、流量与速度，综合进行泥石流堵江成坝的可能性判断。定义一判别阀值，当小于阀值时，不能形成完整的泥石流型堰塞坝，可能形成不完全坝或者险滩，即壅堵或局部堵塞；大于等于阀值时，才能形成完全堰塞坝，即全堵。对于阀值的取值，根据水槽试验结果将其定义为 1.44（90°交汇角），该值能较好地解释交汇角接近 90°的情况下，泥石流易于堵江成坝，而对于其他交汇角情况目前没有文献可查。泥石流型堰塞坝的阀值判别，具体如下：

形成不完全坝或者险滩：

$$\frac{\gamma_{支}Q_{支}V_{支}\sin\alpha}{\gamma_{主}Q_{主}V_{主}} \geqslant C_r \qquad (2.19)$$

形成堰塞坝：

$$\frac{\gamma_{支} Q_{支} V_{支} \sin\alpha}{\gamma_{主} Q_{主} V_{主}} \geqslant C_r \tag{2.20}$$

式中：$\gamma_{支}$和$\gamma_{主}$分别为泥石流与水流的容重；$Q_{支}$和$Q_{主}$分别为泥石流与水流的流量；$V_{支}$和$V_{主}$分别为泥石流与水流的平均流速；α为汇流角；C_r为阈值。

式（2.19）、式（2.20）其实质表达的是泥石流沿主河断面方向的动量分量与主河水流的动量之间的比例关系，两者之间的比值从牛顿体与非牛顿体角度较好地反映了泥石流与主河水流作用之间的强弱关系，及其对堵江成坝的影响。

总体来说，泥石流堵江能否成坝，是支河泥石流与主河水流在两者交汇处相互抗衡的结果，受支沟泥石流的性质、规模（含流量Q_c、流速U_c）和粒度、主河的来水（含流量Q_w、流速U_w）和河床形态（含比降i、宽度B_w），以及交汇处的地形和泥石流与主河的交角（β）等众多因素影响。对某一个具体堵江坝的形成，往往存在一个或几个主导因素。通常稀性泥石流，入汇角$\beta<30°$，交汇处主河纵坡α大于泥石流极限堆积坡度θ_c时，不易形成堵江坝。而当泥石流Q_c特别大，固体颗粒又特别粗，或主河Q_w特别小，接近断流时，则几乎在任何条件下，包括稀性泥石流，都能形成堵江坝。

2.4.2　形成机理

泥石流的形成有其物源条件和动力条件。地震等外力作用造成的山体滑坡使沟谷内堆积了大量松散破碎的岩土体，是泥石流形成的物质来源；降雨形成的洪水和大的沟床比降则是泥石流暴发的强大动力。至于泥石流能否形成堵塞江河的堰塞坝还与泥石流的峰流量和主河道行洪能力有关，当前者大于后者时就可能形成堵塞江河的堰塞坝。

依据泥石流的形成特征，将泥石流形成堰塞坝的过程分为剪切区破坏、滑动体旋转挤压、临界状态、流体流动、汇入主流、堵江成坝六个过程。

（1）剪切区破坏：支沟上游堆积土体处于极限平衡状态，并开始沿着土体底部的剪动区发生破坏，见图 2.20（a）。

（2）滑动体旋转挤压：在渐近破坏滑动的同时，小的滑动土体发生旋转、挤压、膨胀并和水混合，见图 2.20（b）。

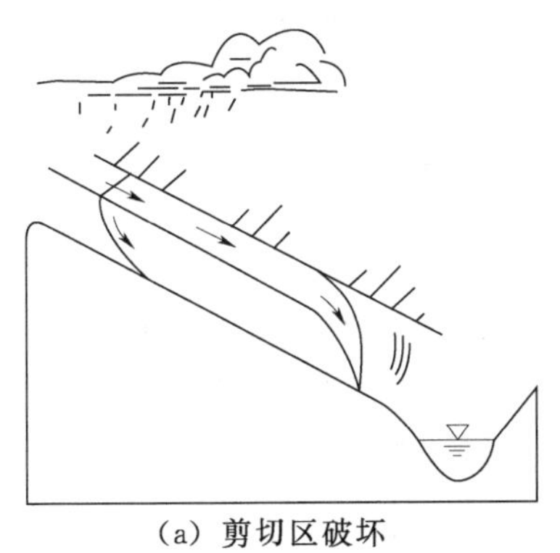

（a）剪切区破坏

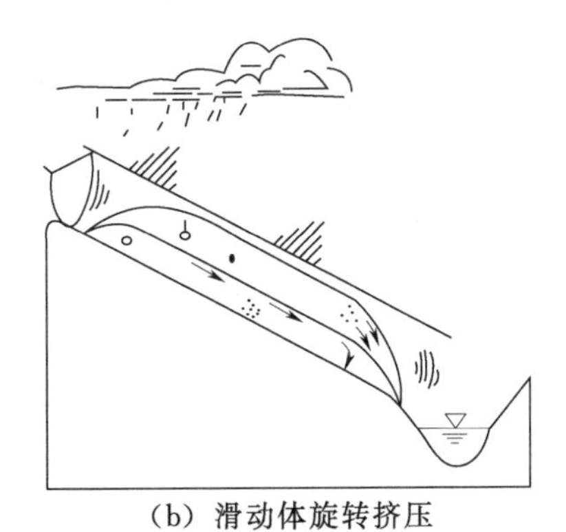

（b）滑动体旋转挤压

图 2.20 剪切区破坏与滑动体的旋转挤压

（3）临界状态：在滑动体和土体重新混合过程中，土体软化，后续土体越过前方突起，处于临界状态，流动将要发生，见图 2.21（a）。

（4）流体流动：大部分堆积材料和水充分混合，旋转、滑动、推挤后，失去黏聚力，开始流动，见图 2.21（b）。

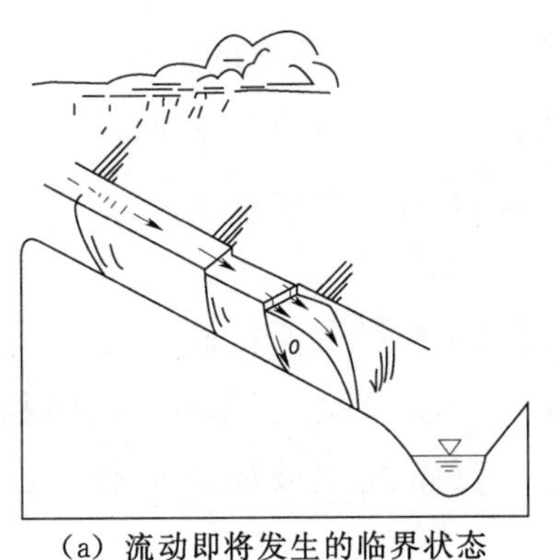

（a）流动即将发生的临界状态

（b）流动开始

图 2.21 流动临界体与泥石流流动

（5）汇入主流：泥石流动过程中，混合体带走流路中的堆积物和两岸的崩坍材料，逐步入汇到主流，见图 2.22（a）。

（6）堵江成坝：泥石流继续大面积流动，最终入汇堵塞主流，完全堵江，形成堰塞坝，上游形成堰塞湖，见图 2.22（b）。

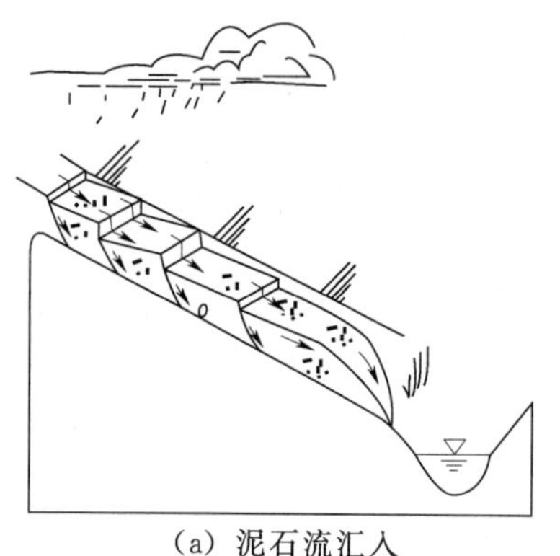

（a）泥石流汇入

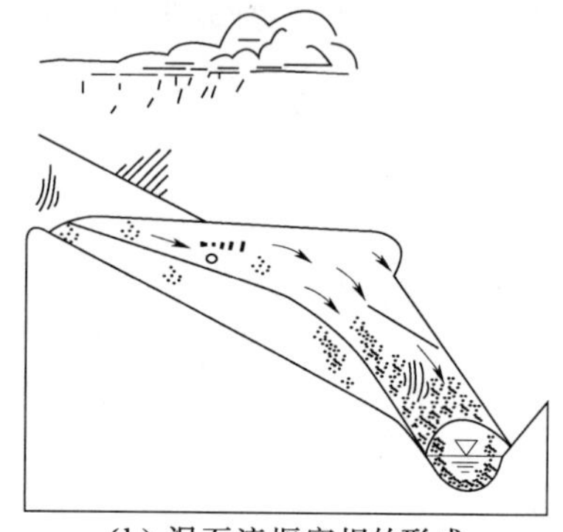

（b）泥石流堰塞坝的形成

图 2.22　泥石流的汇入与堰塞坝的形成

根据以上分析，相比于滑坡或者崩塌形成的堰塞坝而言，泥石流型堰塞坝通常具有以下特征：①堰塞坝坝体较小，存留时间短，有时甚至不会形成明显的堰塞坝；②坝体物质含水量高，流动性强；③对河道的淤积作用强，溃决风险小。

2.4.3　典型案例

2010 年我国大部分地区进入雨季后，受强降雨的影响，甘肃、四川、云南等地相继发生大型泥石流灾害，甘肃舟曲和四川地震灾区受泥石流的影响最大，并形成多处泥石流型堰塞坝。

2.4.3.1　舟曲白龙江堰塞坝

舟曲县为地震强烈活动区，是我国四大泥石流活跃区之一。受长期地震的影响，舟曲县城北面三眼峪和罗家峪沟域内的崩塌和滑坡较为发育，形成了丰富的松散物源，具备发生坡面和沟谷泥石流的物源条件。

2010 年 8 月 7 日 23：00 左右，舟曲白龙江左岸三眼峪和罗家峪受强暴雨影响，暴发了特大泥石流灾害。三眼峪泥石流出山口后形成长约 2km、最宽 350m、平均宽度约 200m 的堆积区，淤积厚度 2～7m，平均淤积厚度约 4m，见图 2.23；罗家峪泥石流出山后形成长约 2.5km、平均宽度约 70m 的堆积区，平均堆积厚度 2m。三眼峪和罗家峪的泥石流冲进白龙江，淤积在三眼峪入江口至瓦厂桥约 1km 的河道内，平均厚约 9m 的淤积体阻断白龙江，形成堰塞坝（图 2.24)，拦蓄白龙江水形成蓄水量约 150 万 m^3 的堰塞湖。江水位上升 10m 左右，回水 3km，淹没了大半个县城，造成重大财产损失和人员伤亡。其中，舟曲县城受灾严重，1435 人遇难，330 人失踪，堰塞湖的形成增加了灾区救援的难度，见图 2.25。

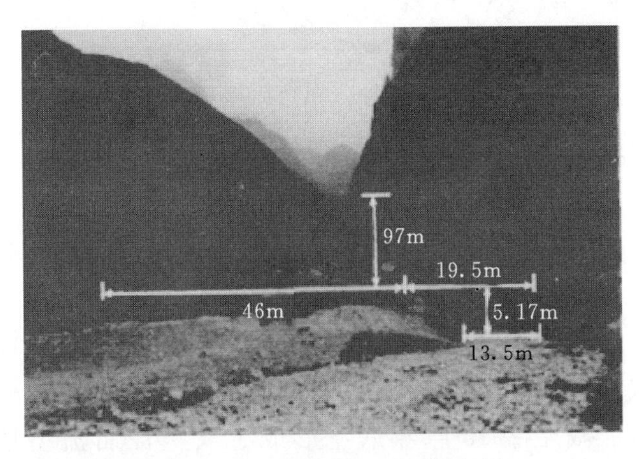

图 2.23　三眼峪峪口的堰塞坝

图 2.24　舟曲泥石流堵塞白龙江形成堰塞坝

图2.25　甘肃舟曲泥石流形成的堰塞湖

2.4.3.2　汶川"5·12"地震后在暴雨作用下形成的大量泥石流堰塞坝

汶川"5·12"地震后，地震灾区的山体破碎，大量的滑坡、崩塌岩土体堆积于沟谷，为泥石流的形成提供了充足的物源，在震后一定时间内，在强降雨与一定的沟坡地形动力条件下，泥石流发生的频率增大，形成了大量的泥石流，泥石流冲击入江，引起断流或者河流改道。截至2015年年底，形成了大量泥石流型堰塞坝。其中，2010年8月13日，受强降雨的影响，地震重灾区映秀镇上游岷江河段发生多处泥石流并阻断岷江，形成堰塞坝，致使岷江多处改道，映秀新城被淹。其中银杏乡毛家湾发生方量约3万m^3的泥石流，冲入岷江形成长约2km的堰塞坝，拦蓄江水350万～400万m^3，淹没国道213线，威胁下游安全；银杏乡东界脑村下游2km处发生泥石流堵塞岷江，拦蓄江水形成蓄水量约400万m^3的堰塞湖。

在国内的其他历次地震以后的一段时间，在强降雨或者其他诱因的作用下，也行成了大量的泥石流型堰塞坝。

2.5　碎屑流型堰塞坝形成条件与机理

碎屑流，又称碎石流，是形成于滑坡或崩塌等过程中的高速松散固体流，与崩滑相伴相生，其形成条件既不同于滑坡，又不同于泥石流，是具有特有形成条件、运动形式、流动速度、运移规律及运动特征的散体流。碎屑流的运动形式是以流动为主，具有流速快，影响范围大，遇阻时可改变其流向和多冲程等运动特点。

根据碎屑体的原岩物质组成，将原岩由较软弱的岩体、或被结构面纵横切割具有碎裂结构、散体结构的岩体所组成的碎屑流称之为岩体型碎屑流，岩体型碎屑流形成于一定的动力条件，经解体而成；将原岩物质为松散堆积层、坡积层，一般由碎石、砾石、黏土等构成的碎屑流称之为堆积层型碎屑流，该型碎屑流物质构成混杂；将主要物质构成为土体的碎屑流称之为土体型碎屑流，该型碎屑流构成物质相对简单，物理力学性质较单一。还可根据碎石流形成的地质、运移条件，将碎屑流分为崩塌型碎屑流和解体型碎屑流。崩塌型碎屑流的形成是滑坡后缘的危岩体在地震等外力作用下直接崩塌脱落，在碰撞冲击作用下直接形成的碎屑体，当危岩体下测坡面较陡、不具备自稳条件时形成碎屑流。崩塌型碎屑流一般为高速危岩体突发式脱落，流速较快，运动形式由跳跃转为滚动。解体型碎屑流由高速滑动的滑坡体在滑动过程中破碎解体形成，该类碎屑流的形成条件直接受岩体破碎程度和下滑速度双重因素的控制。

2.5.1　形成条件

坡体在高速差异滑移速度和相互撞击作用下而形成的平移剪切移动、跳跃及滚动等综合运动形式，即为碎屑流。这种综合流动形式机理极为复杂，影响因素也繁多，但是从宏观来分析，主要受三方面条件的控制，即滑移动力条件、坡体物理力学性质和滑面边界限制条件。

2.5.1.1　临界坡度条件

碎屑流单位体积内岩土体的移动性与受力状态有关。当启动力（τ）增至临界启动力（τ_0）时，便进入临界状态。其临界启动剪切力为：

$$\tau_0 = c + \varphi \tan\varphi \tag{2.21}$$

式中：τ_0 为临界启动力，Pa；c 为土体的黏聚力，Pa；φ 为土体的内摩擦角，(°)。

启动力（τ_0）与阻力（σ_0）可分别表示为：

$$\tau_0 = gd_0[\gamma_H(1-\varepsilon)\sin\alpha_0 + \gamma_w\beta\sin\alpha] \tag{2.22}$$

$$\sigma_0 = gd_0(\gamma_H - \beta\gamma_w)(1-\varepsilon)\tan\varphi\cos\alpha_0 \tag{2.23}$$

式中：g 为重力加速度，m/s²；d_0 饱和土石层厚度，m；γ_H 为土粒比重，t/m³；γ_w 为水的比重；β 为土层厚度，m；ε 为土体的孔隙度，ε =0.3～0.6；α_0 为非坡临界纵坡，(°)。

岩土体进入临界状态，有 $\tau_0 = \sigma_0$，于是：

$$\tan\alpha_0 = \frac{(\gamma_H - \beta\gamma_w)(1-\varepsilon)}{\gamma_H(1-\varepsilon)+\gamma_H\beta}\tan\varphi \tag{2.24}$$

式（2.24）中的 α_0 角即为饱和土体启动临界纵坡，碎屑流堆积层底纵坡若大于 α_0 值，便可形成碎屑流。

2.5.1.2　滑移速度条件

滑移速度是碎屑流形成的动力条件，为固体物质的解体提供外动力。滑移速度越大，坡体物质越易解体，越易形成碎屑流。反之，固体解体的可能性就越小，就易形成整体滑坡。滑移速度反映了坡体所具有的潜在滑移能量，可以用坡体的倾角、坡体的厚度、坡体剪出口的相对高差，以及坡体前缘可能的滑移流动距离等指标来描述。

2.5.1.3　堆积层结构强度

堆积层的结构强度表明了堆积层的固结程度，固结程度越高，坡体的整体性越强。坡体物质固结程度可用固结度大小来描述，主要表现在土层的综合平均黏聚力（c'）大小。即综合黏聚力（c'）愈大，固结度愈高，整体性就愈好，在一定滑速条件下就愈不易解体，就愈不易形成碎屑流，则较易形成整体性滑坡，相反，就较易形成碎屑流。

2.5.1.4　坡体的边界制约条件

坡体的边界制约条件可用坡体下伏滑移面的起伏度来描述，滑移面的起伏度越大，坡体下滑过程中所受到的摩擦力及离心力就愈大，固体物质愈易解体，形成碎屑流的可能性就愈大；相反，就愈易形成整体滑坡。

2.5.1.5　坡体堆积层的粒度条件

在滑坡碎屑流运动过程中，颗粒相互碰撞，摩擦所产生的颗粒剪切力 T 和粒间离散力 P 起着重要作用。根据拜格诺德（Bagnold. R. A.）的试验，得到 T 和 P 的关系为：

$$T=\frac{\lambda^{\frac{1}{2}}P_SD^2\ \dfrac{\mathrm{d}u}{\mathrm{d}y}}{\mu} \tag{2.25}$$

式中：D 为颗粒直径；$\dfrac{\mathrm{d}u}{\mathrm{d}y}$为剪切面垂直方向上的流速梯度；$\mu$ 为碎屑流的黏滞系数；λ 为颗粒的粒径与颗粒之间的距离之比。

碎屑流是以惯性为主的颗粒剪切流，则：

$$T=CP_S(\lambda D)^2\left(\frac{\mathrm{d}u}{\mathrm{d}y}\right)^2 \tag{2.26}$$

$$P_S=\frac{T}{\tan\alpha} \tag{2.27}$$

式中：C 为拜格诺德常数，取值 0.013；$\tan\alpha$ 为动摩擦系数。

粒间离散力与粒径的平方成正比，粒间离散力越大，在坡体剪切运动中就愈易形成碎屑流。

2.5.1.6　碎屑流堵江成坝的可能性判别

碎屑流与泥石流在物质组成、形成条件、流动特点等方面虽然存在一定的区别，但是岩土流一旦形成，冲击进入江河堵塞成坝的过程与机理，却存在一定的相似性。首先，无论是泥石流还是碎屑流，都是不同粒径下的岩土颗粒在水的作用下形成的流动体，具有巨大的冲击破坏性；其次，两者的堵江成坝都受到规模、性质、流变参数、抗冲强度、总量等内因的影响，同时还受到河床条件、主流流速、主河流量、主河坡度以及速度比、支主流交汇关系、支主流交汇角、交汇地貌、支主流流量比、支主流水动力条件等外因的影响；最后，两者堵江成坝，其根本原因都是岩土流与水流相互抗衡的结果。限于碎屑流过程的复杂性，当前关于该方向的研究还存在很多未知领域。

因此，碎屑流一旦形成后冲击进入河流，其堵江成坝的机制与可能性判断与泥石流基本一致，可以借鉴 2.4.1 的相关内容进行碎屑流成坝的可能性计算，即假定一堵江阀值（水槽试验确定的泥石流堵江阀值为 1.44，可作为参考），以碎屑流的容重、流量、速度以及汇流角为参数按照式（2.19）、式（2.20）进行计算，对比计算结果与阀值的大小关系，从而确定碎屑流堵江成坝的可能性。

2.5.2　形成机理

碎屑流从形成到流动，到堵江成坝的整个过程，具有以下形态与物质地质特征：①从冲向切割的坡体处可发现其物质组成具有分移现象，物质的粒度（块度）从上到下存在由小变大的趋势；②碎屑流在运动过程中受阻时发生转向，形成“俯冲”或“仰冲”的双冲程或多冲程与泥石流相似的流态特征；③碎屑流形成的堰塞坝前缘一般都有一舌状散铺的堆积体，平面上呈扇形分布，中间厚两侧逐渐变薄，最厚部位一般都是碎屑流的主流所在位置；④形成的堰塞坝的表层碎石具有定向分布规律，其长轴方向一般垂直于河流方向，块石的光滑切面与流向方向一致；⑤碎屑流的运动沿着最不稳定、阻力最小的方向运动前进。

根据碎屑流的形态与地质特征，将碎屑流形成堰塞坝的过程分为滑移（碰撞）解体和崩塌—跳跃—碎屑成坝两个阶段。

2.5.2.1　滑移（碰撞）解体

1. 滑移解体

坡体在滑移加速度与滑面摩擦力等综合作用下解体形成碎屑流有三种形式，分别是圆弧滑移解体、非圆弧滑移解体和平面滑动解体，见图 2.26。圆弧滑移解体或者其他曲线滑移的滑动解体，解体动力大小取决于滑移速度及弧型滑面曲率；非圆弧滑移的滑动解体，其滑动面为复合滑动面，解体动力主要取决于滑移速度和滑面起伏度的大小。

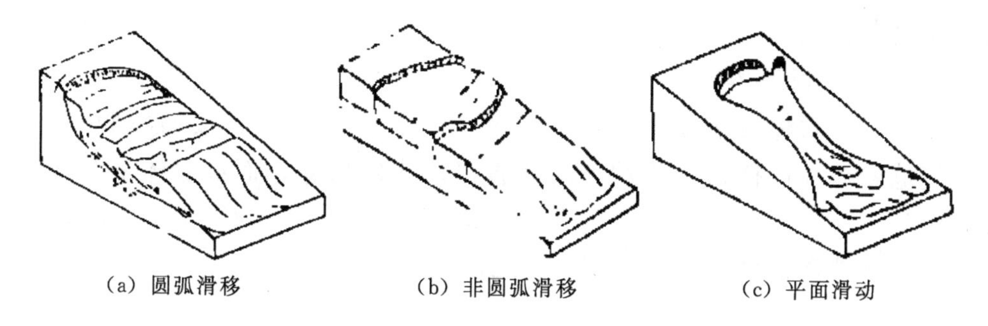

图 2.26　滑移解体碎屑流的形成模式

当河谷岸坡为黄土等均质土体时，土体相对均质或者近似均质，在坡体下滑速度加快的过程中坡体不断解体为碎屑流。初步形成的碎屑流，在一定的比降作用下其两侧的压力差促使其加快运动，产生一个附加碎屑流，流速大于整体滑坡速度。该类碎屑流极为破碎、松散、干燥，分散较为均匀，组成物质颗粒较细，冲击入江，不易成坝。

当河谷岸坡为层状结构的岩体时，层状岩体发生层间滑动或者层间滑移，滑移体在前期的各种结构面切割和下滑速度的作用下破碎解体而形成碎屑流，该类层状解体碎屑流的形成条件直接受到岩体的破碎程度和下滑速度的大小双重因素的控制。由于层状解体碎屑流多为岩体组成，冲击势能较大，冲击入江短时间之内不会被江水解体而发生二次流动，易于形成堵江碎屑流堰塞坝，其解体过程与崩塌岩体的解体过程存在一定的相似性。

当河谷岸坡为各种堆积层、坡积层时，岸坡发生大型高速滑坡，在下滑速度的作用和坡积层固结度差异性的影响下发生解体，形成碎屑流，该类坡积层解体碎屑流表现为散体流动。对于坡积层，由于地质年代的不同，一般具有双层或者多层结构，下层固结压力大于上层固结压力，从而下层坡积层的固结度较上层高，粒间黏聚力也相对较大，黏土含量也较高。坡积层结构岸坡，层级越多，层间差异性越明显，反之层间差异性较小。如二元结构，由于层数较少，地质年代差异不大，特别是上层，固结时间较短，固结度较低，颗粒多呈分散无胶结状态。坡积层解体碎屑流，层级结构越复杂，越易堵江成坝。

2. 碰撞解体

碰撞解体源于崩塌作用的碎屑流，后缘危岩体直接崩塌脱落，使危岩体在碰撞冲击作用下解体直接形成碎屑体，而危岩体下侧坡面又较陡，不具备自稳条件，形成碎屑流。根据其物源组成，崩塌解体型碎屑流的形成过程见图 2.27。

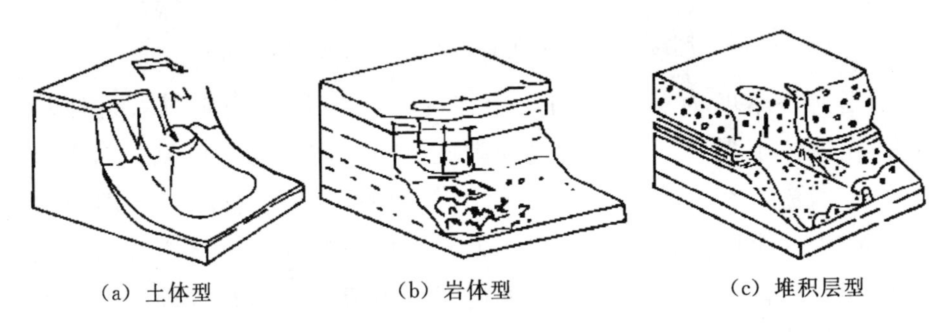

(a) 土体型　(b) 岩体型　(c) 堆积层型

图 2.27　崩塌解体碎屑流模型

碰撞解体源于倾倒作用的碎屑流，因垂直层面或结构面的切割而成具有板裂结构的岩体（堆积层或土体）在自重和传递力作用下产生的倾覆力矩大于内部摩擦力产生的抵抗力矩，使板裂结构岩土体发生倾倒破坏，岩土体破碎解体而形成碎屑流。根据其物源组成，倾倒解体型碎屑流的形成过程见图 2.28。

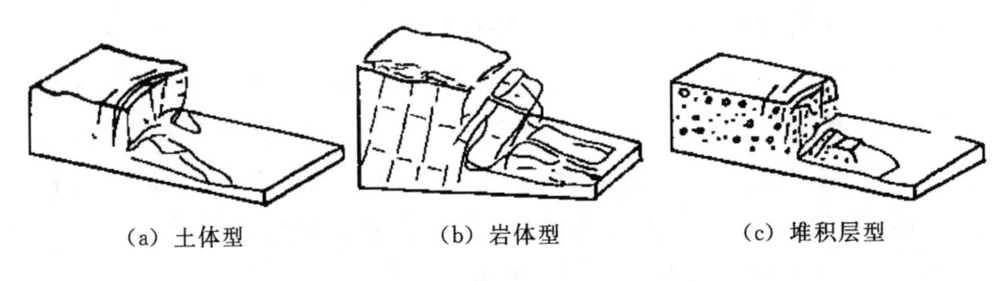

(a) 土体型　(b) 岩体型　(c) 堆积层型

图 2.28　倾倒解体碎屑流模型

碰撞解体形成的碎屑流，多发生在坡高、坡陡的河谷。该地区塌落或倾倒危岩土体以下的斜坡存在一级或多级平台，具有一定的自由落差，使危岩体能够突发式的脱落，呈现先跳跃后滚动的运动形式，且速度极快。

碎屑流形成堰塞坝，在碎屑流的形成过程中，还有一种情况，即碎屑状碎屑流。此类碎屑流由松散碎屑体构成且碎屑体内不存在滑移面，碎屑体的初始移动形式不是滑移而是直接流动或滚动。这种碎屑体在一定的比降作用下其两侧压力差将促使其作加速运动，而产生一个附加碎屑流速，其典型形成模式见图 2.29。

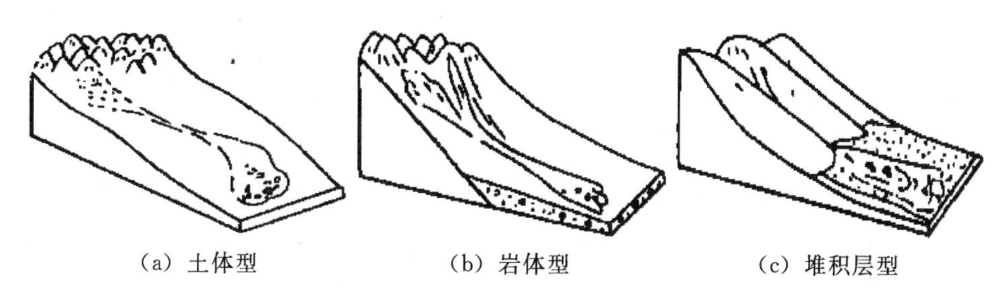

(a) 土体型　　(b) 岩体型　　(c) 堆积层型

图 2.29　碎屑状碎屑流模型

2.5.2.2　崩滑—跳跃—碎屑成坝

滑坡体以较大的势能脱落，在高速崩滑、跳跃过程中发生解体，形成碎屑流冲进河道，在重夯机制作用下堵塞河道，直到堆积体填满河道，形成堰塞坝，见图 2.30。

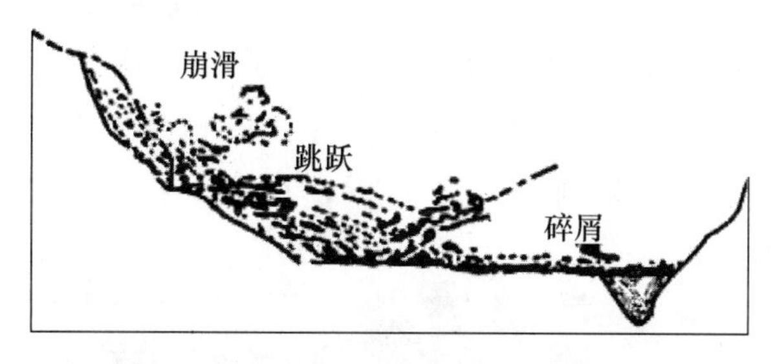

图 2.30　碎屑流形成堰塞坝过程图

碎屑流很多时候发生于崩塌或者滑坡过程中，而又不同于滑坡和崩塌，是滑坡或者崩塌的转化形式，有时与滑坡、崩塌共存。第 1 章的堰塞坝物质组成分析可知，物质组成对于堰塞坝的形成至关重要。碎屑流总体颗粒偏细，在水流的作用下粒间黏度较低，受制于其物质组成的影响，碎屑流堵江成坝，必须具备一定的规模、流速，同时还必须具备一定的外部条件，包括河道的水流流量、流速、河床地形等。相比滑坡、崩塌、泥石流堵江成坝，碎屑流堵江成坝条件较为复杂、苛刻，且一旦形成，在水流的冲刷作用下，存在的时间也不长。

2.5.3　典型案例

碎屑流形成的堰塞坝国内以西藏波密县易贡堰塞坝最为典型。

2000年4月9日西藏自治区波密县易贡乡扎木弄沟发生巨大山体崩塌。扎木弄沟位于易贡藏布-帕隆藏布深大断裂带与易贡—鲁朗走滑断裂的交汇部位，源头花岗岩体内的断裂结构面极其发育，特别是两组相向倾斜的长大张裂隙，将花岗岩体切割成倾向沟内的巨大楔形岩体，使其处于临界稳定状态。气温转暖，大量雪水进入山体，加上连续降雨，雪崩的冲击力使山体完全失去稳定而凌空崩落。崩落岩体在高位垂直下落2580m后以巨大的冲击力撞击沟床及沟内松散堆积物，崩塌岩体自身发生解体形成超高速远程滑动流。在气垫效应与惯性作用下加速运动，扫动沟内两侧的堆积物，在整个沟谷内形成高速滑坡碎屑流。巨大的高程差使滑坡物质具有极大的势能，滑动流冲出扎木弄沟后继续运动，一直冲到河对岸的泥石流堆以上才停止运动，堵断了易贡藏布河，形成长约2500m、宽约2500m、平均高约100m、体积约3亿m^3的堰塞坝，见图2.31。关于该案例的具体分析，在7.1中有详细论述，本处不予重复。

图2.31　碎屑流形成的西藏波密县易贡堰塞坝（破坏以后）

2.6 堰塞坝形成可能性判断

2.6.1 要素指标

由于滑坡、崩塌和泥石流等形成堰塞坝的条件非常复杂，涉及因素广泛。因此，在分析其发生的可能性时，如果将涉及的因素都纳入分析体系当中，既无必要，也不可能，为此在进行堰塞坝发生的可能性分析时，应选择对形成堰塞坝具有重要作用或直接关系的要素指标，考虑影响程度较大、关联程度较高的指标，舍去次要的、间接性的要素指标。

一般情况下，不论是滑坡、还是崩塌或泥石流形成的堰塞坝，其基础条件和外部触发条件基本包括以下几个方面。

（1）地质条件：地质构造、新构造运动、岩性及岩体结构和地下水活动等。

（2）地形地貌条件：高程、高差、坡度、坡形与沟谷形态等。

（3）气候条件：气温、降水和暴雨强度等。

（4）植被条件：植被覆盖率等。

（5）人类活动：资源开发、工程建设和防治工程等。

因此，根据上述因素类型，在进行堰塞坝发生的可能性评价时，其考评因素指标体系应包括以下方面。

（1）地质构造指标：包括断裂规模、性质、产状、地震活动性及现今构造活动程度、地应力等。

（2）地形地貌指标：斜坡高度、坡度、形态、临空特征等。

（3）岩体性质指标：岩体类型、密度、含水量、黏聚力、内摩擦角、节理裂隙发育程度、软弱结构面、渗透系数等。

（4）环境指标：地震程度、降雨频度与强度、人工爆破、震动、开荒、排水和堆弃、人工防治工程及植被保护规模等。

这些指标是进行堰塞坝发生可能性评价的基础依据，也是评价分析前应进行调查和勘查的重要内容。

2.6.2　判断方法

由于堵江成坝的条件和因素很多，不同模式的堵江过程，其潜在堵江可能性的评价方法也不尽相同，有基于物理-力学模型背景进行评价的，也有基于模糊数学理论进行评价的，以下分别进行简要介绍。

2.6.2.1　滑坡形成堰塞坝

在各种堰塞坝形成模式中，滑坡动力机制研究最为深入，它应用岩土力学的理论与方法，通过力学平衡计算，得出安全系数(F_s)，用来评价斜坡失稳的可能性。不同滑弧类型，安全系数的计算方法不完全一致。当滑移面为平面或可简化为平面时，安全系数按下式计算：

$$F_s = \frac{\tan\varphi}{\tan\alpha} \tag{2.28}$$

式中：F_s为斜坡安全系数；φ为土的内摩擦角；α为斜坡坡角。

当滑移面为弧形或可以简化为弧形时，先采用条分法将滑体划分成若干个等宽的条体，然后根据各条体的自重、黏聚力、内摩擦角等参数按下式进行斜坡安全系数的计算。

$$F_s = \frac{\sum_{i=1}^{n} W_i \cos\alpha_i \tan\varphi + CL}{\sum_{i=1}^{n} W_i \sin\alpha_i} \tag{2.29}$$

式中：W_i 为单元条体自重；C 为黏聚力；其他符号意义同式(2.28)。

针对条分法，以瑞典圆弧法、简化的毕肖普法和简化 Janbu 法最为典型。

1. 瑞典圆弧法

瑞典圆弧滑动法是条分法中最古老而又最简单的方法，其基本假定是：滑裂面是个圆柱面（剖面图上是个圆弧），且不考虑土条两侧的作用力，将安全系数定义为每一土条在滑裂面上所能提供的抗滑力矩之和与外荷载及滑动土体在滑裂面上所产生的滑动力之比。

图 2.32 表示一均质土坡及其中任一土条 i 上的作用力。土条高为 h_i、宽为 b_i、W_i为其本身的自重；P_i及 P_{i+1}为作用于土条两侧的条间力合力，其方向和土条底部平行；N_i及 T_i分别为作用于土条底部的总法向反力和切向阻力；α_i为土条底部的坡角，l_i为底部的斜坡长，R 为滑裂面圆弧的半径。安全系数表达式为：

$$F_s=\frac{\sum c_i l_i+\sum b_i(\gamma h_{1i}+\gamma' h_{2i})\cos\alpha_i\tan\varphi'_i}{\sum b_i(\gamma h_{1i}+\gamma_m h_{2i})\sin\alpha_i} \tag{2.30}$$

式中：γ'为土的浮容重；c_i、φ_i为固结排水剪指标。

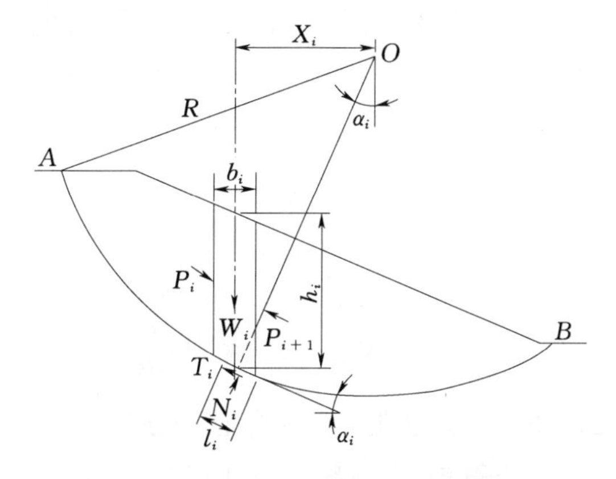

图 2.32 瑞典圆弧法计算简图

由于不考虑条间力的作用，严格地讲，对每一土条力的平衡条件是不满足的，对土条本身的力矩平衡也不满足，仅能满足整个滑动土体的整体力矩平衡条件。由此产生的误差，一般使求出的安全系数偏低 10%～20%，这种误差随着滑裂面圆心角和孔隙压力的增大而增大。

2. 简化的毕肖普法

毕肖普经考虑条间力的作用，按照安全系数的定义，于 1955 年提出了一个安全系数的计算公式，称之为毕肖普法。该方法因物理意义直观、计算较为简单，在国内外使用较为普遍。毕肖普法计算简图见图 2.33。

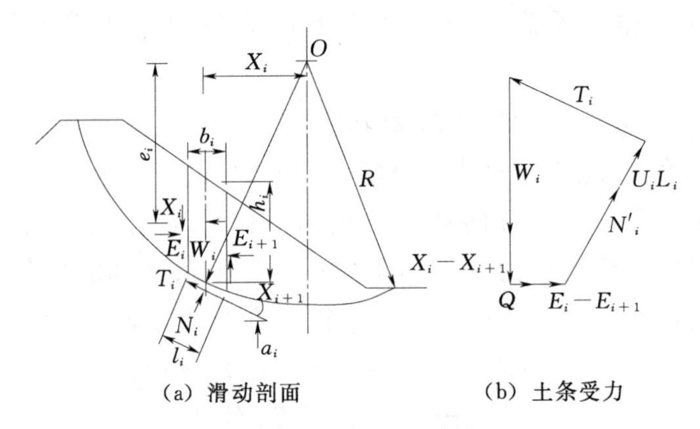

(a) 滑动剖面　　(b) 土条受力

图 2.33　毕肖普法计算简图

如图 2.33 所示，E_i及 X_i分别表示法向及切向条间力，W_i为土条自重，Q_i为水平作用力，N_i、T_i分别为土条底部的总法向力（包括有效法向力及孔隙应力）和切向力。安全系数表达式为：

$$F_s=\frac{\sum\frac{1}{m_{ai}}[c'_ib_i+(W_i-u_ib_i)\tan\varphi'_i]}{\sum W_i\sin\alpha_i+\sum Q_i\frac{e_i}{R}} \tag{2.31}$$

对于式（2.31），因为在 m_{ai}内存在 F_s这个因子，所以在求 F_s时要进行试算。在计算时，一般可先假定 $F_s=1$，求出 m_a（或假定 $m_a=1$），再求 F_s，再用此 F_s求出新的 m_a和 F_s，如此反复迭代，直至假定的 F_s和算出的 F_s非常接近为止。根据经验，通常只要迭代 3～4 次就可以满足精度要求，而且迭代通常总是收敛的。

当斜坡由物理力学性质差异较大的非均质土组成时，滑移面有时不是简单的平面或规则的弧形，而是呈现折线形状，此时可采用逐段计算的方法确定安全系数，其计算式为：

$$F_s=\frac{\sum W_{i抗}\sin\alpha_i+C_{综}\sum l_i}{\sum W_{i下}\sin\alpha_i} \tag{2.32}$$

式中：$\sum W_{i抗}\sin\alpha_i$为抗滑地段各块抗滑力投影之和；$\sum W_{i下}\sin\alpha_i$为下滑地段各块下滑力投影之和；$W_{i抗}$为抗滑地段每块滑体的重量；

$W_{i下}$为下滑地段每块滑体的重量；l_i为下滑与抗滑地段各段的滑面长度；α_i为各段滑面与水平面的交角。

3. 简化的 Janbu 法

简化的 Janbu 法的主要特点在于不假定分条界面上推力的数值或方向，而是假定推力的作用点位置。相关研究表明，推力线位置的变化，对算出的安全系数的影响很小，通常可取土条侧面的下三分点作为推力的作用位置，从而画出一条推力线的位置图，见图 2.34。

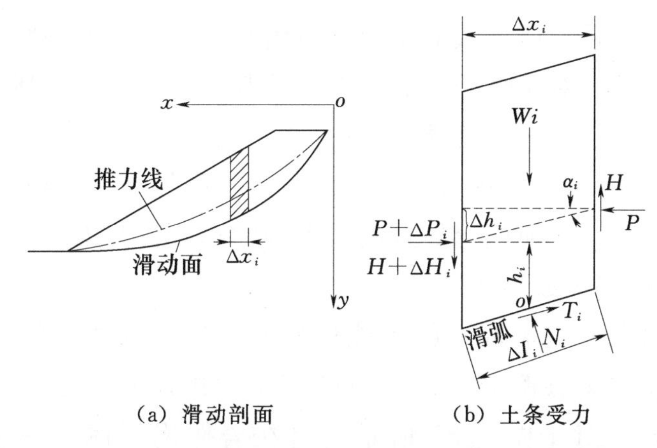

(a) 滑动剖面　　(b) 土条受力

图 2.34　Janbu 法计算简图

按下式计算斜坡的安全系数：

$$F_s=\frac{\sum(c_il_i+N_i\tan\varphi_i)\sec\alpha_i}{\sum(W_i+\Delta H_i)\tan\alpha_i} \tag{2.33}$$

求解 N_i后，再代入式（2.33），则式（2.33）可简化为：

$$F_s=\frac{\sum\left[c_il_i\cos\alpha_i+(W_i+\Delta H_i)\tan\varphi_i\right]\dfrac{\sec^2\alpha_i}{1+\tan\varphi_i+\tan\alpha_i/F_s}}{\sum(W_i+\Delta H_i)\tan\alpha_i} \tag{2.34}$$

式（2.33）右端也包括安全系数 F_s，故应采用试算法。第一次试算，可令 $\Delta H_i=0$，相似于毕肖普方法，求得一个试算滑动面的安全系数，直至求得多个滑动面中安全系数 F_s的最小值。对大多数包括非圆弧滑动面的实际问题，令 $\Delta H_i=0$ 时，就可得到充分精确的结果。如需要较高的精度时，则可将求得的 ΔH_i值代入式

(2.34) 重新计算。

对于滑坡堰塞坝的形成，滑坡安全系数的计算方法还有适用于非圆弧滑裂面的陆军工程师团法、罗厄法、摩根斯坦-普赖斯法和斯宾塞法等。但不论采用何种计算方法，均可通过安全系数 F_s 对斜坡失稳的可能性作出如下判定：

当 $F_s \geqslant 1$ 时，斜坡保持稳定，数值越高，稳定程度越高；当 $F_s = 1$ 时，斜坡处于临界滑动状态；当 $F_s \leqslant 1$ 时，斜坡处于失稳滑动状态。

由于安全系数所反映的是由斜坡内在因素控制的现状环境下的斜坡稳定程度，对于今后斜坡状态只是其变化的基础。所以，在计算现状环境下斜坡安全系数的同时，应根据今后可能出现的情况（如暴雨、人为排水、挖坡以及实施防治工程等）设定相应的参数，计算安全系数，从而确定导致斜坡失稳的都有哪些因素。

2.6.2.2　崩塌形成堰塞坝

对于崩塌形成堰塞坝的可能性判断，通常通过计算潜在崩塌体的稳定状态来预测崩塌体形成的概率，进而判断崩塌形成堰塞坝的可能性。对于图 2.35 所示的潜在岩体崩塌体，一旦崩塌形成，其不稳定方式包括平动崩塌和转动崩塌。

平动崩塌极限平衡方程为：

$$(P + Wk_c)\cos\beta \geqslant [W\cos\beta - \mu + (P + Wk_c) \times \sin\beta]\mathrm{tg}\varphi + W\sin\beta + CL \tag{2.35}$$

转动崩塌极限平衡方程为：

$$P\left(\frac{2}{3} - l\sin\beta\right) + \frac{1}{2}Wk_c\,\frac{b}{2} + \frac{2}{3}uL \geqslant W\,\frac{a}{2} - b_z \tag{2.36}$$

式中：k_c 为水平地震系数；φ 为层面摩擦角；β 为层面倾角；b_z 为软弱岩层凹进深度；C 为层面黏聚力；z 为危岩体后部裂隙水水柱高度；其他符号意义见图 2.35。

根据式 (2.35) 和式 (2.36) 的极限平衡方程，计算不同条件或者状态下的危岩的稳定状态，进而确定崩塌体的形成。

2.6.2.3　泥石流形成堰塞坝

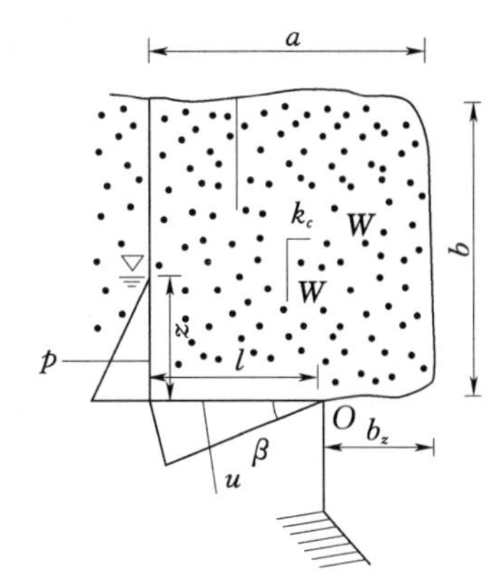

图 2.35　崩塌岩体结构模型

a—崩塌体前后宽度；b—崩塌体高度；p—侧向力；l—崩塌块石与岩体连接的长度；u—连接力；W—崩塌块石体的重量

自然界中的泥石流大致可分为两种形成模式。一种是水动力模式，即随着水流运动的加强，河床中的泥沙启动到发展成泥石流；另一种是土动力模式，即由位于高位山坡上的各种地貌形态上的松散土石体，随着含水量的增加开始启动，土石体在高速下滑过程中，受到强烈扰动和液化而形成泥石流。

1. 水动力模式

降雨之后，在倾角 θ 的地面或溪沟内形成水深为 h_0 的径流，见图 2.36。图中起始地表以下松散沉积物的厚度为 D，作用在水体及沉积物质中的剪切力为 τ，固体颗粒之间的阻力为 τ_L。按照 τ 和 τ_L 的相对关系，确定它们进入运动的条件。

假若抗剪力（τ_L）成直线分布时，剪力（τ）大于抗剪力（τ_L）时，松散土石体不稳定。图 2.36（a）的情况将发生整体流体；而图 2.36（b）的情况仅在深度 α_L 的上部开始流动。

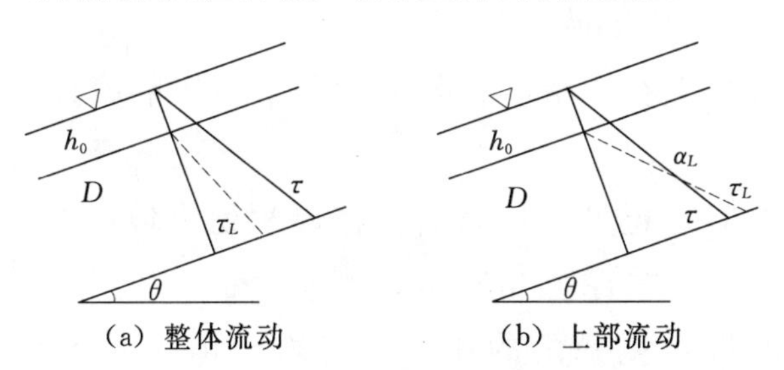

图 2.36　泥石流水动力模式下的剪应力分布特征

2. 土动力模式

位于山坡高位凹地的松散土石体，大多来源于山峰区的崩积物，在一般含水量的情况下，处于稳定状态。但是随着含水量的增加，土石体的孔隙水压力增加，强度降低，失去稳定，则开始启动下滑。这里就岩土体本身因降雨而引起的含水量的变化，分以下两种情况的启动，详见图2.37。

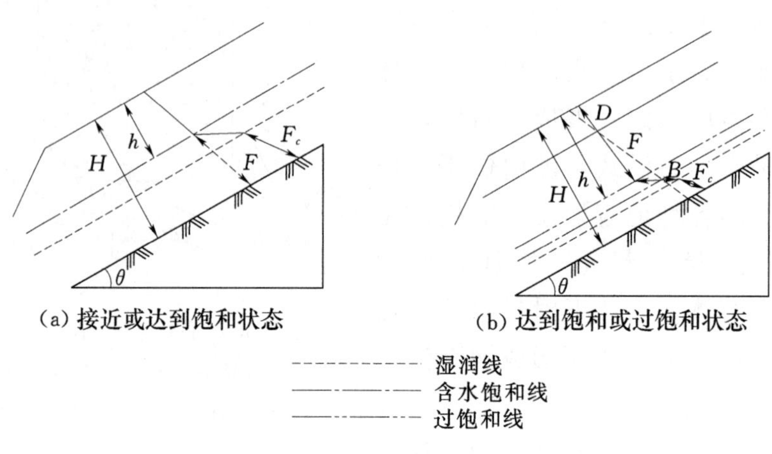

图2.37　岩土体的应力分布图

第一种情况：随着雨量增大，岩土体接近或达到饱和状态，这时岩土体的饱和以上处在极限平衡状态，稍有震动或其他外力作用，即可引起土石体启动。根据图2.37 (a)，则启动的条件为：

$$\left.\begin{aligned}&\mathrm{d}F/\mathrm{d}h=\mathrm{d}F_c/\mathrm{d}h\\&\mathrm{d}F/\mathrm{d}(H-h)<\mathrm{d}F_c/\mathrm{d}(H-h)\\&\rho_2 gh\sin\theta_1\geqslant\rho_2 gh\cos\theta_1\tan\phi_2+\rho_m g d_{cp}\tan\phi_2\\&\tan\theta_1\geqslant\tan\phi_2\end{aligned}\right\}\tag{2.37}$$

式中：ρ_2为饱和土石体密度；ϕ_2为饱和土石体静摩擦角；ρ_m为土石体密度。

从式 (2.37) 可见，尽管岩土体停积处纵坡没有改变，然而由于含水量的增加，静摩擦角减少，当$\theta_1>\varphi_2$，土石体开始启动。

第二种情况：在暴雨的作用下，岩土体达到饱和或过饱和状态，岩土体中的φ值进一步减少，如图2.37 (b) 中的$F_c<F$，则有：

$$\tan\theta_1\geqslant\tan\varphi_3\tag{2.38}$$

式中：φ_3为饱和或过饱和土石体静摩擦角。

从图2.37 (b) 可见，D点以下的B点的岩土体深度以上，由

于 $\varphi_3 < \theta_1$，岩土体失稳而启动，并开始大量向下崩滑。

2.6.2.4 模糊综合评判法

滑坡、崩塌和泥石流等突发性堵江成坝事件具有随机性、重复性和周期性的特点，不会经过一次诱发而永远停歇，而是随着外界触发条件的变化存在反复诱发的可能。其发生概率和规模与诱发因素的强度和类型有关，其诱发条件越充分，发生灾变的可能性越大，出现的概率越高，造成的破坏也越严重。

模糊数学的核心思想是用参数间的模糊关系替代数学假设基础上求出的解析关系，为研究和处理具有双重不确定性的事物提供一种新的方法。对于滑坡、崩塌或者泥石流形成堰塞坝，其不确定性包括形成坝体的岩土体的不确定性、诱发条件的不确定性。因此可以通过模糊数学的方法进行其堵江成坝的可能性。具体方法与步骤如下。

1. 因素指标集

设因素指标集为

$$U = \{u_1, u_2, \cdots, u_m\} \tag{2.39}$$

评价集为

$$V = \{v_1, v_2, \cdots, v_n\} \tag{2.40}$$

将因素指标集 U 中的各因素按不同属性划分成 N 个互不相交的子集 U_1，U_2，…，U_N，即：

$$U = \{U_1, U_2, \cdots, U_N\} \tag{2.41}$$

其中：

$$U_k = \{u_{k1}, u_{k2}, \cdots, u_{kh_k}\} \quad (k = 1, 2, \cdots, N) \tag{2.42}$$

$$\sum_{k=1}^{N} h_k = m, \bigcup_{k=1}^{N} U_k = U, U_k \cap U_T = \Phi (k \neq T, k, T = 1, 2, \cdots, N) \tag{2.43}$$

对于式（2.39）～式（2.43）中的因素或者因素集，可通过分析滑坡、崩塌和泥石流地区各典型河段及其堵江状况，选取若干个主因素指标作为滑坡、崩塌和泥石流堵江区域危险度评判的参评因素，构成因素指标集 U。这些因素可分为地质、地貌、河床、气候、植被、人类活动等类别，进而将 U 划分成若干个互不相交的子集 U_1，U_2，…，U_N。

2. 初级评判

根据 U_k 中各因素所起作用的大小确定权重集：

$$A_k = \{a_{k_1}, a_{k_2}, \cdots, a_{kh_k}\} \quad (k = 1,2,\cdots,N) \tag{2.44}$$

对 U_k 中的各因素评定出对评价集各等级的隶属度，构成 $h_k \times n$ 阶单因素评判矩阵 $\boldsymbol{R}_k$。

进行初级评判：

$$A_k \cdot R_k = B_k = \{b_{k1}, b_{k2}, \cdots, b_{kn}\} \quad (k = 1,2,\cdots,N) \tag{2.45}$$

式中：B_k 为第 k 类因素子集 U_k 的评判结果。

各因素在滑坡、崩塌和泥石流堵江成坝发生、发展中所起的作用不同，为客观地反映这种关系，以每个因素子集 U_k 中的 h_k 个参评因素的一组与滑坡、泥石流堵江灾害点分布密度进行关联度分析，确定出各因素子集中每个参评因素的权重，从而进行初级模糊综合评判。

3. 二级评判

由 U 中各子集 $U_k(k = 1,2,\cdots,N)$ 的重要性确定类权重集：

$$A = \{a_1, a_2, \cdots, a_N\} \tag{2.46}$$

再由初级评判的结果 $B_1, B_2, \cdots, B_N$ 构成 $N \times n$ 阶二级评判矩阵：

$$\boldsymbol{R} = \begin{pmatrix} B_1 \\ B_2 \\ \vdots \\ B_N \end{pmatrix} = \begin{pmatrix} b_{11} & b_{12} & \cdots & b_{1n} \\ b_{21} & b_{22} & \cdots & b_{2n} \\ \vdots & \vdots & \vdots & \vdots \\ b_{N1} & b_{N2} & \cdots & b_{Nn} \end{pmatrix} \tag{2.47}$$

进行二级评判：

$$A \cdot R = \boldsymbol{B} = \{b_1, b_2, \cdots, b_n\} \tag{2.48}$$

式中：$\boldsymbol{B}$ 为最终评判结果。

求出各因素子集 U_k 中各参评因素与滑坡、崩塌和泥石流堵江灾害点分布密度的关联度的平均值，再以此为基础确定各类因素子集的权重，得类权重集 A。将各类因素子集 U_k 的评判结果 $\boldsymbol{B}_k$（$k=$

1，2，…，N）构成二级评判矩阵 $\boldsymbol{R}$。最后，按最大隶属原则评定出滑坡、崩塌和泥石流堵江成坝的危险度。

参评因素的选择及分类、参评因素的分级及各参评因素权重、各类因素子集的权重的确定是滑坡、崩塌和泥石流堵江成坝区域危险度模糊综合评判的关键问题。因此，科学、合理地选择参评因素指标至关重要。

第3章　堰塞坝特点与险情特征

堰塞坝的形成条件、形成机理与特有的结构材料性质决定了其有别于一般的水利工程，具有自身特有的特点和险情特征，不仅形成过程突发、时间紧急、工程地质结构复杂、工程地质问题突出，还存着巨大的危害性，易于在外界环境的变化影响下发生复杂的灾变过程，形成灾难。国内外因堰塞坝由险成灾，造成上游淹没、下游冲刷、岸坡再造、生态环境破坏等危害并不少见。

在堰塞坝的险情处置过程中，为了掌握具体堰塞坝险情的特点，通常需要评价在地震、降雨以及洪水等各种外界因素影响下的堰塞坝安全稳定性、分析其可能产生的危害与应急处置的应急期要求等，但受限于堰塞坝的以上特点，分析与评价过程遵循边收集资料、边评估、边验证和再评估，时间紧迫、情况复杂。为此，基于堰塞坝应急处置的需要，为增加堰塞坝险情处置过程中目的性、针对性和可行性，必须对堰塞坝的特点和险情特征进行深入的分析阐述。

本章分析堰塞坝的特点和险情特征，就是要从本质上认识并了解堰塞坝险情的常见类型、特点及其发展过程，对堰塞坝可能造成的危害进行综合性阐述。

3.1　堰塞坝特点

堰塞坝是自然灾害的次生动力地貌产物，不仅成因机制、滑体形态、动力特征、路径分布复杂多样，而且滑坡体、崩塌体或者泥石流体的物质组成、颗粒成分、粒径分布、力学特征、结构分布等也存在较大差异，从机制、材料与环境到崩滑流（崩塌、滑坡、泥石流）启动与堰塞坝形成决定了堰塞坝在不同部位的物理力学性质的差异性和不均一性，材料结构、坝体形成等方面的特殊性，呈现出与人工坝体不一样的特点。

相比于人工土石坝，虽然在材料组成、坝体形态等方面存在一定的相似性，但人工坝体是在严格的设计、施工规程下，经料源开采、筛选、摊铺碾压、合格检测等一系列施工过程而逐步建成的，材料明确、形状规整、结构分区明显、渗流稳定、泄流溢洪设施健全。而堰塞坝是在外部诱发因素（地震、强降雨、冰川融化与人类活动等）的作用下，岩土体滑塌一次性堵江截流而成，形状不规则、坝体宽厚、渗流与坝坡不稳定明显，在坝顶一般存在天然凹槽，沿河流方向堆积范围通常超过河谷的宽度，如“5·12”汶川特大地震形成的肖家桥、唐家山堰塞坝，宽高比分别达到了6.5和9.8；成分杂乱、不均匀沉降明显，坝料级配变化范围宽，有的坝体中还夹杂着巨石，直径从几十厘米到数米，如“5·12”汶川特大地震形成的由块石、巨石组成的老虎嘴堰塞坝（图3.1）和徐家湾堰塞坝（图3.2）。堰塞坝跟人工坝体一样，也存在着复杂的工程地质结构与诸多工程地质问题。

图3.1 老虎嘴堰塞坝

图3.2 徐家湾堰塞坝

3.1.1 工程地质结构

堰塞坝的工程地质结构由物质成分、组合关系、密实度等要素构成。其物质成分，采用现场快速目测鉴别法，可以划分为碎块石土、孤块碎石和似层状“假基岩”。碎块石土指的是坝体以小于2mm以下的细颗粒物质为主，其余为块石、碎石，并含有少量孤石。孤块碎石指的是坝体以孤石、块石、碎石为主，细粒土类物质较多。似层状“假基岩”指的是坝体主要为未完全解体的“假基岩”，保存有较好的原始地层层理，但产状紊乱，规模可达数十米，甚至上百米。

根据堰塞坝物质成分的组合关系，将堰塞坝的坝体工程地质结构划分为单一结构、二元叠置结构和三元叠置结构。单一结构，为块碎石土或孤块碎石一种物质组成。二元叠置结构，由两种物质组合构成，下部为似层状“假基岩”，上部为叠置的孤块碎石。三元叠置结构，由三种类型的物质叠置而成，下部为似层状“假基岩”，中部为孤块碎石，上部则为碎石土。三种堰塞坝坝体工程地质结构见表3.1，表中的实例都以“5·12”汶川大地震形成的各种堰塞坝为实例。

表3.1　　堰塞坝坝体的工程地质结构类型

堰塞坝的坝体工程地质结构类型	物质组成	示意剖面	堰塞坝实例
单一结构	主要以碎块石堆积为主		唐家湾、红岩、罐子铺等
	主要以孤块碎石堆积为主		老鹰岩、小天池等
二元叠置结构	坝体下部为似层状“假基岩”，上部为孤块碎石		肖家桥、大海子等

续表

堰塞坝的坝体工程地质结构类型	物质组成	示意剖面	堰塞坝实例
三元叠置结构	坝体下部为似层状“假基岩”，中部为孤块碎石，上部为块碎石土		唐家山

（1）原始山体地质特征是形成堰塞坝不同工程地质结构的物质基础。堰塞坝原始山体的岩性、构造、风化、卸荷等地质特征决定了坝体的物质组成。如果崩滑流（崩塌、滑坡、泥石流）发生在残积物中，或区域断层破碎带中，则坝体以块碎石土为主；如果发生在较为坚硬的基岩中，则坝体以孤块碎石型为主；如果发生在上部有较厚的坡残积层或较厚风化卸荷岩体，下部为较为坚硬的岩石地层中，则坝体就会形成二元或者三元复合叠置结构。此外，谷坡地质结构对崩滑流形成或堆积物结构也存在重要的影响，当谷坡为中陡倾角的顺向坡，往往沿层间软弱结构面形成顺层基岩滑动。一般位于谷坡低位的顺层滑坡，滑动距离不远，滑坡岩体不易解体，在下部多保留有似层状“假基岩”结构。当谷坡为中陡倾角的逆向坡，滑坡在边坡倾倒变形的基础上形成，或者在风化卸荷强烈的破碎岩体上形成，堆积物多为孤块碎石结构，很难形成似层状“假基岩”。

在“5·12”汶川大地震中形成的堰塞坝，其中较为典型的实例是通口河支流复兴河上的唐家湾堰塞坝，它是由右岸土体上部的坡残积物和下部的龙门山中央断裂带断层破碎带下滑形成，其坝体由碎块石土单一结构组成。唐家山堰塞坝为顺层基岩滑坡形成，但在原始坡体上部有较厚的坡残积层，坝体为多元叠置结构。

（2）原岩土体运动特征的不同是形成堰塞坝不同工程地质结构的主要原因。滑移体剪出口位于谷底，或者剪出口被掩埋于滑移堆积体之下的滑动为近源滑动（或低位滑动），滑坡剪出口悬挂于坡体上部或者未被滑移堆积体所掩埋的滑动为远源滑动（或高位滑动）。两种滑动由于其运动距离的不同，运动过程不同，势能不同，造成堰塞坝形成不同的工程地质结构，见图3.3。

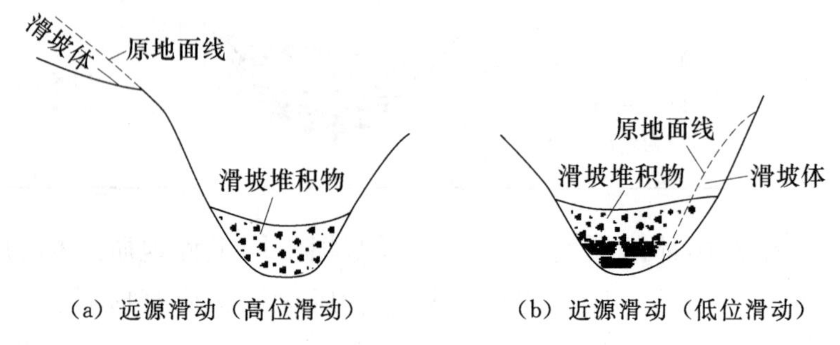

（a）远源滑动（高位滑动）　（b）近源滑动（低位滑动）

图3.3　远源滑动（高位滑动）和近源滑动（低位滑动）示意图

3.1.2　工程地质问题

对比人工坝体的工程地质问题而言，堰塞坝的工程地质问题主要包括渗透变形、稳定性、沉降与沙土液化等，其工程地质问题与堰塞坝的组成物质、颗粒成分与结构特征密不可分。

3.1.2.1　渗透变形

堰塞坝是在一定条件下形成的土石堆积体，具有多因物质组成与多因材料特征，与人工坝体一样，渗透变形也是堰塞坝的主要工程地质问题之一。其坝体除主体是滑塌体外，通常还有上游坝坡附近的堰塞沉积物和河床底部冲击物，以及表部后期泥石流堆积。复杂的物质组成决定了堰塞坝与人工坝体不一样的渗透变形特性。

通常的土体渗透变形破坏有流土、管涌，或者流土与管涌同时存在，而对于堰塞坝，物质组成复杂，坝体内架空地带明显，其渗透变形破坏不仅会出现常规的流土、管涌破坏，还有可能出现管道流破坏。对于堰塞坝的不同部位，其渗透变形破坏形式又各有差异，上游坝体附件堰塞沉积物以流土破坏为主，坝底冲击物以管涌破坏为主，不同堆积体之间的接触部位因渗透系数的差异，以接触冲刷为主。堰塞坝内部不同层带物质与结构特征差异明显，上述几种破坏都有可能产生。

3.1.2.2 坝体稳定

堰塞坝的稳定性问题，包括滑坡沿原有滑动面的整体稳定和上下游坝坡稳定两方面，涉及滑坡成坝后坝体将来的正常运营和安全。堰塞坝通常由强降雨、地震、冰川融化引起的滑坡而形成，多数滑坡形成的堰塞坝坡体整体结构未受到较大破坏，部分保持较为完好，滑动结构面明显，因此，必须考虑滑坡体的复活问题，是否会沿着原有的滑动面继续滑动等，是堰塞坝治理与利用过程中非常重要的一个问题，必须进行复活性评价。对于堰塞坝的上下游坝坡稳定，特别是下游坝坡稳定，在差异渗透变形的影响下，下游坝坡附近的浸润线升高，空隙水压力增加，抗剪强度降低，加大了下游坝坡的不稳定性。在短时间之内的灾害性洪水作用下，下游坝坡渗流梯度急剧增加，加之洪水翻坝，渗流梯度与溢满冲刷双重作用下极易引起堰塞坝溃坝。在进行堰塞坝的治理利用过程中，必须进行堰塞坝的坝坡稳定性评价，必要时采取工程措施进行人工坝坡加固。

3.1.2.3 沉降与不均匀沉降

堰塞坝作为天然土石冲击体，受形成机制与过程的制约，坝体材料结构松散，密实度差，一般呈松散—稍密状态。松散的结构状态加之物理力学性质较差、弹性模量较低，在自重的的作用下极易产生沉降，尤其是上游坝坡的堰塞沉积物，如果沉积较厚，在库水压力与自重的作用下，将产生较大沉降变形。堰塞坝的物质组成复杂多样，有各种大小粒径、不同岩性的岩石，也有级配不一、母岩不同的土体，还有可能掺杂各种植物根茎等，物质组成与结构特征均一性差，对于不同堆积厚度的不同坝体部位，在自重的作用下，将会产生严重的不均匀沉降，导致坝体开裂，破坏其完整性。

3.1.2.4 沙土液化

通常在成坝的滑坡体下部河床冲击层与上游坝坡附近的堰塞沉积层中，存在可能产生液化的沙土层，该沙土层在地震的作用下，极易引起沙土液化。在堰塞坝的利用过程中，在地震动荷载的作用下，沙土液化与否，直接关系坝体及上部结构的安全稳定。因此，在堰塞坝的应急处置与综合开发利用之前，特别是地震形成的堰塞坝，必须探明是否存在沙土液化层，进行沙土液化评价。目前，对于沙土液化的性质与趋势的判别，大多是根据堆积体内的有效粒径、颗粒级配、相对密度、不均匀系数、沙土层厚度、地下水位深浅等物理指标，结合渗透系数、动剪应力应变等力学参数来进行综合评价。

3.1.3　地震诱发堰塞坝特点

地震堰塞坝作为我国堰塞坝形成的主要形式，必须引起足够的重视。地震又称地动、地震动，是地壳快速释放能量过程中引起的振动，期间会产生地震波的一种自然现象。板块与板块之间相互挤压碰撞，造成板块边缘及板块内部产生错动和破裂是引起地震的主要原因。地震作为一种自然现象，人类无法控制其产生，目前应对地震的方法主要是努力做好地震预防、地震应急工作，与此同时，地震应急单靠个人和家庭之力是无能为力的，必须举全国甚至全人类之力来实现。为了做好这项事关人类生命财产安全的工作，减少地震对人类造成的损失，加强地震机理、地震灾害应急管理机制、地震救援等研究显得意义重大。其中，地震引起的堰塞坝险情也是当前国内外的一个研究热点。

地震具有突发性、随机性、续发性、毁灭性等特点，在特定的地质地震条件下，导致的岩体松动、崩塌、滑坡等动力地质现象非常显著，所造成的破坏面积分布极广，对社会生活和地区经济发展造成极其严重的后果，导致灾后救援工作极其艰巨。据统计，全世界每年平均发生破坏性地震近千次，其中震级达到6级以上的大地震约十几次。根据地震灾害的成因，地震灾害可以分为直接灾害、次生灾害和衍生灾害三种。直接灾害是指强烈地震动和地面破坏作用引起的结构破坏、生命线工程系统破坏，这是造成人员伤亡和地震经济损失的最直接原因。衍生灾害指地震灾害所引发的各种社会性灾害，如停工停产、经济失调、社会混乱、疾病流行、心理创伤等。次生灾害指地面震动或地面破坏作用造成的火灾、水灾、毒气泄漏爆炸和放射性污染等。地震诱发的堰塞坝险情属于地震次生灾害，也是最为严重的次生灾害，如2008年“5·12”汶川大地震形成的唐家山堰塞坝、2014年云南鲁甸地震形成的红石岩堰塞坝。地震诱发的堰塞坝险情及其灾害和引起的生态环境效应甚至可能超过地震本身，一旦发现必须立即引起足够的重视，及时采取有效措施。

（1）地震诱发堰塞坝，前期多为滑坡崩塌成坝，后期多为泥石流成坝。地震发生时，在地震及余震的影响下，前期以崩滑滑坡成坝为主，这些滑坡多为古滑坡的复活，如2008年“5·12”汶川大地震诱发的青川县前进乡小罗院子堰塞坝就是因为古滑坡的复活导致的，堰塞湖回水淹没了大量的农田，在滑坡体山坡及沟道内上部囤积了大量的松散碎屑物质，在雨季到来后又转化为泥石流。同时，地震导致了新的滑坡体出现，在震后几十年的时间内，滑坡部位将成为泥石流成坝的高发区。因此，地震诱发堰塞坝的形成，地震及余震前期以崩滑滑坡成坝为主，后期以泥石流成坝为主。

（2）地震诱发堰塞坝，多发源于变质岩、花岗岩及软硬岩石交替的河谷地带。地层古老，风化严重，加上变质岩软弱相间的岩性组合，极易发生山体滑坡形成堰塞坝。例如汶川大地震形成的257处堰塞坝（存活时间超过14天），硬岩地区多发生崩塌，而在千枚岩、页岩或第四系沉积物中多发生滑坡。根据中国滑坡泥石流山地灾害的分布规律，在两岸为花岗岩的河谷地区，在地震作用下从岩性条件判断是易于形成堰塞坝的区域地带。

（3）地震既能形成堰塞坝，又能引起其溃决。地震的波及区，或震级较小的余震，虽然不能直接引起大型、特大型滑坡而形成堰塞坝，但是在地震的振动作用下，极易加剧堰塞坝的工程地质问题，使本就处于不稳定状态的堰塞坝极易出现溃坝等险情。统计资料表明，破坏性地震诱发形成的堰塞坝，在余震中溃决的可能性比较大。例如，1786年6月1日，四川泸定县磨西发生7.75级地震，引起大渡河右岸木岗岭发生滑坡形成堰塞坝，“壅塞泸河（即大渡河）断流十日”，6月10日余震导致堰塞坝溃决，“（水）高浪大，一涌而下”“漂流居民以万计”。下游水患成灾，势如山倒，即便在下游150km的汉源县境内的娃营、杨泗营一带，大渡河水也陡涨25m，两个村庄被冲刷殆尽。

3.2　堰塞坝险情特征

堰塞坝为不稳定坝体，不存在胶结作用。堵江截流成湖，引起涌浪险滩、堰塞湖淹没、岸坡再造、堰塞沉积物、次生洪水以及永久性的不良地质环境灾害和环境效应，对上下游居民和环境造成严重影响。

3.2.1　常见险情

堰塞坝的险情主要来源于堰塞湖的形成与演化，取决于堰塞湖的堵塞情况、上游来水量、拦蓄水量（堰塞湖的库容）、堰塞坝的几何尺寸、结构与物质组成等。根据堰塞坝的堵江情况，对不完全堵江（潜坝与不完全坝体）和完全堵江（完全坝体）所产生的壅高、局部堵塞和全堵成坝三种堵塞险情以及漫顶溢流、渗流侵蚀、坝坡失稳三种坝体险情进行阐述。

3.2.1.1　堵塞险情

1. 壅高

滑坡、崩塌或者泥石流冲入主河，河床水深较深，崩滑流在水下运动过程中停积于河床之上，形成潜坝（不完全坝），抬高河床，壅高上游水位，其险情来源于上游局部淹没，一般灾害规模较小，存在的时间都不长。该种情况河床不断流，因潜坝形成的水位壅高不会急剧增加，上游的淹没范围一般都较小。潜坝由于存在的环境、存在的时间等因素的影响，国内外针对其开展的调查研究较少。

该种险情一般都无需进行紧急处理，特殊情况下，如疏通航道、上游有重点保护对象等才进行紧急处理。即使不处理，潜坝在水流的冲刷下，也会逐步分解，冲向下游。

2. 局部堵塞

局部堵塞指的是受限于滑坡、崩塌或者泥石流的容量和较强的主河水动力条件，崩滑流冲入主河以后，无法到达对岸，形成局部阻塞体。

不完全坝体，缩小了水流过水断面面积，造成上游水位壅高，河流流速加快，冲刷异岸，堵塞历时有长有短。局部堵塞成坝，其险情主要来源于泥石流推移河流冲刷异岸，严重时可能造成河流改道而成灾。异岸受到连续的冲刷，有可能引起滑坡、泥石流堵塞河道出口。该种险情模式国内外较为常见，其危险度可以通过堵塞系数，即河床截断面积占水流面积的比例来进行评价。一般当堵塞系数小于0.5时，水流只是受到了一定的约束，仍能平稳过流，河床上游会因堰塞沉积而抬高河床，危险性较小。当堵塞系数为0.6～0.85时，主河水流受到较大的约束，不能顺畅下泄，上游堰塞水位升高而造成淹没灾害。当堵塞系数大于0.85时，主河水流受到严重约束，河流改向冲刷异岸，形成以异岸冲刷为主的灾害链，兼有堰塞湖效应。2010年四川映秀的红椿沟泥石流堵塞岷江上游，其堵塞系数为1.0，形成压迫主河改道的灾害链效应，造成洪水冲向下游正在重建中的映秀镇，洪水泛滥造成映秀镇13人死亡、59人失踪，受灾群众8000余人被迫避险转移。

对于局部堵塞成坝，多数情况下都需要进行紧急处理，疏通河道，防止河水改道。而所处地形河谷宽深、岸坡稳定的不完全堰塞坝，一般无需处置。在长期的水流冲刷下，部分形成险滩。1989年7月9日发生在四川泸定大渡河燕子沟位置的泥石流滑坡，泥石流以流速9.41m/s、流量6775.2m^3/s冲入大渡河，逼使主流线向左岸移动，形成永久局部不完全堰塞坝，堰塞坝未进行紧急处理。2008年四川汶川“5·12”地震以后的9月24日，在绵竹清平的文家沟形成了容量达50万m^3的由泥石流堵塞形成的局部堰塞坝，造成上游回水500余米，洪水改道漫过右岸防洪堤淹没下游右岸的清平乡元宝村一组的大量房屋。该堰塞坝虽然进行了紧急人工处理，但是由于处理不及时、措施不到位，未能有效降低损失。

3. 全堵成坝

全堵指的是滑坡、崩塌或者泥石流具有一定的容重和规模，崩滑流冲击入河以后能够短时间之内达到对岸，阻塞河水，形成断流，在上游形成堰塞湖。主河为小河（流量较小）时，全堵较为常见；主河为大河时，局部堵塞较为常见。完全堵塞形成完全堰塞坝以后，下游河水断流，上游水位会短时间之内迅速上涨，汇集成堰塞湖，随着堰塞湖水位的上升，上游淹没区域不断扩大，造成淹没成灾，一旦溃坝形成泥石流或洪水，冲刷下游成灾，给下游造成巨大的灾害。因此，全堵成坝，对于上下游都将造成险情。该种险情类型，一旦发生就十分危险、万分紧急，有的短时间之内就能产生次生灾害，必须立即采取有效应对措施，包括水位观测、坝体观测、堰塞湖的危险等级评估等，确定是否在应急期内采取技术手段消除险情。对于危险程度较高的堰塞坝如果应急措施采取不及时，一旦造成溃坝，形成灾害链，后果将不堪设想。

2008年6月18日四川茂县的竹包头沟地区发生泥石流，阻断了湔江，形成10m高的泥石流堰塞坝，该坝形成以后约1h后就溃决。回水淹没302国道300余米，造成部分路基塌陷，冲毁公路路基约1km。

3.2.1.2　坝体险情

（1）漫顶溢流。漫顶溢流是堰塞坝的主要险情类型，也是极有可能引发堰塞坝瞬间溃决的险情。堰塞坝形成初期，若没有降水泄流措施，随着堰塞湖水位的上涨，湖水将通过坝顶垭口进行漫顶溢流，溢流洪水冲刷松散的坝体，同时水流下渗进入坝体，不断加剧坝体的不稳定状态。随着溢流流量的不断增加，极有可能瞬间引起坝体溃决，对下游造成巨大危害。

（2）渗流侵蚀。由于堰塞坝没有严格的防渗结构，内部存在较多的渗流通道。湖水通过渗流通道向下渗流，产生渗流侵蚀。渗流不断冲刷本就不密实的坝体结构，带走渗流通道周边颗粒，不断形成大的渗流通道，引起坝体沉降或者坝后滑坡，降低坝高，使坝体变薄。坝高降低，湖水易于漫顶；坝体变薄，坝体的稳定性降低，以上两种状态都易引起坝体溃决，这也是部分堰塞坝并没有发生漫顶而突然溃决的原因。

（3）坝坡失稳。虽然堰塞坝形成以后的上下游坝坡都较缓，但是在降雨、余震、渗流等作用下，堰塞坝的坝坡也可能发生坝坡失稳险情，特别是下游边坡。坝体边坡一旦发生失稳，引起坝高降低、坝体变薄，坝体的库容也将相应降低，坝体的稳定性变差，对于堰塞坝的险情发展造成巨大的影响。

以上堵塞险情和坝体险情，其可能成灾模式不同，应对措施也不同。但是无论何种险情，形成之初都必须引起足够的重视，进行必要的观测分析与评价，防止灾害链的产生，最后综合确定是否采取相应的技术应对措施。一旦确定需要采取技术手段消除险情，必须在应急期内完成，方可真正化险为夷。

3.2.2 险情特征

堰塞坝的险情具有严重的危害性、发展的不确定性、历时性、坝库相关性、一定的可控性等，其中突发性、紧急性、危害性、可利用性和复合性是其主要险情特征。

（1）突发性。突发性是堰塞坝的最主要特征之一。虽然堰塞坝的形成具有一定的必然性，例如，地震发生时在高山峡谷地区极易形成堵江堰塞坝，从长期统计分析来看甚至具有必然性和一定的规律性。但是，由于无法预测或者难以准确判断这种可能性发生的时间、破坏程度，一旦险情发生将会给人类一个措手不及、使整个社会陷入被动应付的局面，各项处理程序和办法也将根据具体的灾害形成与发展情况来临时制定。

（2）紧急性。紧急性指的是堰塞坝产生以后，在一定的时间险情不断加剧、扩散，必须采取相应的应急处置措施，如果处置不及时或者处置不当，险情得不到及时有效地解除，险情积聚、危险升级，将引发更大的灾害。

（3）危害性。危害性是堰塞坝的固有特征，包括：①直接破坏性，例如对上游造成淹没，引起库岸再造等；②险情积聚的巨大危害性，例如随着上游水位上涨，一旦溃决，对下游造成的冲刷破坏等。直接破坏性和险情积聚的巨大危害性，与地震、大型滑坡、崩塌、泥石流具有因果关系和链式扩散、放大效应，构成灾害链。但是，其危害性、造成的损失，远远大于滑坡、崩塌和泥石流本身形成的直接灾害。

（4）可利用性。堰塞坝的形成，不仅存在较高的溃坝洪水或泥石流风险，也蕴藏着丰富的水利资源，采取有效的措施变害为益，是目前堰塞坝的研究热点方向。西班牙从 1986 年起对本国的高山湖泊的成因、特征开展了大量研究，以期有效利用这些水利资源，为堰塞坝的利用做了大量基础性研究工作。

（5）复合性。堰塞坝险情具有多种形式，多种原因。复合性一是指堰塞坝的形成伴随危害事件发生的可能性，二是人为因素。堰塞坝险情的应急管理、应急处置不能单纯考虑险情本身，必须要从险情的应对体系的整体来考虑。堰塞坝险情的应急处置过程中，险情的预测是否及时、相关信息是否充分和准确、传送的速度和效率以及所需的人力、物力能否及时配备到位，这些都会在很大程度上影响到险情发展的趋势以及可能造成的灾害程度。现代堰塞坝的应急管理与处置更强调人在这一过程中的作用。

堰塞坝的以上特征，决定了在地震应急抢险工作中，凡是出现堰塞湖的地方，都必须在一定的时间之内、采用一定的应急处置手段清除堵塞物、疏通河道，尽快避免和减少二次灾害的发生，保证下游民众生命和财产的安全。

3.3　堰塞坝险情灾变过程与危害

地震、降雨等诱发形成滑坡、崩塌或者泥石流堵塞河道形成堰塞坝，堰塞坝蓄水形成堰塞湖，最后堰塞湖溃决形成洪灾，这就是堰塞坝险情的灾变过程。也就是说堰塞坝的形成并不一定造成人员伤亡和财产损失，只有当这种险情发展到危及人类社会安全时才成为一种灾害性事件。堰塞坝险情的灾变过程不仅与具体的地理环境、水文条件有关，还与上下游的生命财产分布存在密切相关性。

3.3.1　堰塞坝险情灾变过程

堰塞坝容易出现失稳、不均匀沉降等工程地质问题，以及渗流侵蚀、漫顶冲刷等水力学问题，最终由险成灾。但由险成灾的形式与灾变的时间、地点无法确知，其与原生灾害的发生时间有关但又不完全取决于它，如堰塞坝可能形成于地震发生的过程中，也可能形成于地震发生之后；可能溃决于地震发生的过程中，也可能溃决于地震发生以后。相比于人工坝体的同类问题而言，堰塞坝的灾变更加复杂，不确定性更强，其灾变过程见图3.4。

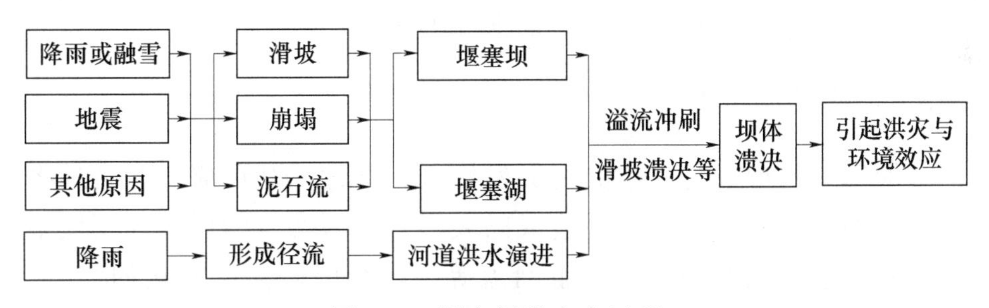

图3.4　堰塞坝的灾变过程

堰塞坝的灾变过程与人工坝体的灾变过程的主要区别在于：①堰塞坝灾害是由原生灾害（如气象灾害和地震灾害）引起的一种次生灾害，具有较大的形成与灾变不确定性；②坝体的形成，没有经过专门的规划设计，缺乏专门的泄水（洪）设施，无法进行有控制的蓄水。

由于没有经过专门的规划设计，堰塞湖库区的移民工作没有开展，加之库区蓄水难以人为控制，对上游造成淹没，无控制的蓄水，对下游造成威胁。堰塞坝形成地点不确定，下游没有建设具有针对性的防洪体系和应急体系，一旦溃决将对下游造成灾难。此外，由于不可能事先进行库底清理，当淹没区域内存在大量污染源时，堰塞湖水体将被严重污染，严重制约应急处置措施方案的选择与应急处置的展开，使得堰塞坝险情的灾变过程及其应急管理变得更加复杂。

对于堰塞坝而言，一旦发生灾变，其影响范围将远远超出原生灾害的影响范围，危害程度也远远超过原生灾害，如山洪灾害及其引发的滑坡、崩塌和泥石流灾害的影响范围相对有限，而当滑坡、崩塌和泥石流堵塞河道形成堰塞坝时，其影响范围可达数十乃至数百公里以外的上游、下游区域，成为整个应急管理中的重点对象。

堰塞坝险情的灾变过程与其他类型的灾害并发或相互转化，具有较大的不确定性。从不确定性决策原理来看，不确定性意味着决策者必须更多地考虑由于决策错误而造成的重大生命财产损失。堰塞坝灾害本是“雪上加霜”型的次生灾害，政府、社会和公众对应急管理成效的要求更高，其灾变应急管理必须坚持“以人为本”的管理原则，谨慎处理，采取更加保守的策略。

3.3.2 堰塞坝危害

堰塞坝的形成与溃决具有突发性、灾害性，其形成与溃决都将对堰塞湖两岸及下游的环境造成巨大影响。堰塞坝的形成，不仅蓄水成湖，造成上游淹没、下游断流等，还会引起河床演化的突变。而在堰塞湖的蓄水过程中，由于坝体结构松散，整体性差，多处于饱水状态，坝体抗渗流和抗表面溢流冲刷的能力较弱，随着堰塞湖水位的迅速上升，在上游水动力及渗漏、管涌等作用下，一旦发生破坏或者坝体整体性垮塌，湖水倾泻而下，引起灾难性的突发洪水和泥石流。堰塞坝溃决引发的泥石流，具有突发性强、洪峰高、流量大、流量过程暴涨暴落、破坏力强及灾害波及范围广等特点，通常给下游居民点、公路、桥梁等交通、航运、水利水电基础设施等带来毁灭性打击，引起巨大的环境效应，其破坏是灾难性的。

3.3.2.1 上游淹没、下游洪灾

堰塞坝蓄水成湖，对上游公路、铁路、水利水电设施等各种公用与民用建筑造成淹没破坏，见图3.5。较快的湖水上升速度，汇集上游所有来水、各种牲畜尸体、各种淹没垃圾等，对湖水造成污染，该情况在地震形成的堰塞坝库区中较为常见。同上，上游的淹没还会在上游形成堰塞沉积，对上游的生态环境造成影响。

图 3.5 汶川岷江上游的淹没灾害

堰塞坝对下游的危害包括断流与一旦溃决形成的巨大洪流。堰塞坝截断江河，造成下游断流，对下游鱼类等各种生物以及人们的生产生活用水造成影响。而堰塞坝的危害以溃决对下游造成的洪水灾害危害最大。堰塞坝在湖水压力、管涌、溢流冲刷等作用下，一旦溃决，形成非常溃决洪水，洪峰流量往往是正常洪水的数倍、数十倍，以至几百倍，按正常洪水频率计算，则相当于数千年一遇，乃至上万年一遇的洪水，将造成下游极端严重的灾害。凶猛的洪水将扫荡沿途村庄、耕地、公路和桥梁等，淹没下游一定范围内的构(建)筑物，对沿江两岸的自然环境造成巨大破坏，造成巨大的生命、财产、经济损失，还可能诱发下游新的滑坡、崩塌等灾害，对下游的危害是致命的。对于堰塞坝溃决形成的洪水，部分为泥石流，对下游的冲刷更加剧烈，引起下游河床的抬高等。同时，对于经历初期破坏或者失效变形而处于稳定状态的堰塞坝，一般情况下发生溃决的可能性较小，但是在一些突发因素的影响下，如多年特大洪水、地震或者人类活动等影响，也能导致其突然溃决，造成巨大损失。如美国怀俄明州的 Gros Ventre 湖、澳大利亚的 Elizabeth 湖的堰塞坝都是在存在几年以后因罕见的特大洪水而溃决的。堰塞湖淹没与溃决具有滞后性和历时性，从开始蓄水到溃坝通常要经过一段时间。如果在这段时间内采取有效的应急措施，是完全可以避免和减轻灾害损失的。

堰塞坝的工作条件、几何特征、物质组成和内部结构都与人工土石坝存在明显差别，其溃决的可能性远高于人工土石坝。溃决风险取决于上游来水量、坝的拦蓄水量、坝的几何尺寸和坝的结构与物质组成等，可以将堰塞坝形成的堰塞湖视为一天然水库，一般水库溃坝的致灾因子与致灾过程适用于描述堰塞湖的致灾过程。

3.3.2.2　岸坡再造

堰塞坝的堵江回水或溃坝洪水，可在稳定性较差的堰塞湖两岸或坝下游两岸触发大量滑坡。堰塞坝形成初期的湖水迅涨以及溃坝后的湖水迅降，由于水环境发生重大变化和水-岩相互作用，使得堰塞湖两岸与下游两岸的岸坡经历饱水与瞬间放水的影响，特别是保水状态，导致岸坡抗剪强度下降，孔隙水压力升高，在水动力作用下导致稳定性较差的岸坡失稳，形成滑坡。

2008年汶川大地震，在茂县县城上游2km的库尾至坝前存在30余个滑坡和崩塌，有1/3以上为湖相松散堆积体滑坡，即由古滑坡因堵江蓄水和溃决产生。

3.3.2.3　不良地质环境灾害

堰塞坝形成，湖水上涨，势必在上游引起淤积，在湖水尾端形成不同程度的淤积上翘（翘尾巴）现象。在长久性的完全堵江堰塞湖中，常见形成一套具有特殊工程性质的湖相堰塞沉积物（湖相纹泥层）。一旦堰塞坝溃决，溃坝洪水夹杂着堰塞坝的固体物质，对下游形成冲击，堆积下游河床，形成深厚的覆盖层，抬高河床，不仅引起河谷地貌变异，影响河道的行洪能力，而且还会淤埋下游水库，降低水库库容，甚至破坏下游水利水电设施，如平武县文家坝堰塞坝溃决引起的下游淤积（图3.6）。

2008年汶川大地震，在汶川县到茂县县城上游2km的岷江两岸，零星分布由扣山古滑坡堵江后形成的湖相纹泥层；在茂县较场一带2300m高程分布厚约30m、水平纹理清晰、由古堵江滑坡造成的一套黄绿色湖相黏土沉积。以上沉积物的存在，加剧了形成下游不良工程条件的风险。即使堰塞坝不发生溃决，在上游淹没区形成的沉积物，也是对河床引起的不良地质环境灾害。

图 3.6　平武县文家坝堰塞坝溃决引起的下游淤积

3.3.2.4　破坏生态环境

堵塞坝溃决对植被、土壤的破坏作用是相当严重的，其破坏作用首先在于使树木和田地的数量减少，对当地生态环境产生严重影响，而且在短时间内很难恢复。常见的山林区滑坡，将树木连根拔起，导致树木枯萎和死亡。坡体不稳，植被不发育，可能引发新的滑坡、泥石流，使当地居民产生恐惧心理，严重干扰和破坏人类的正常生产和生活秩序，严重耽误农业生产。崩滑流堵江坝体所造成的直接灾害及环境效应，具有在时间上影响深远、在空间上影响范围大的特点，通常是灾难性的。

鉴于堰塞坝极高的溃决可能性与严重的致灾后果，对堰塞坝溃决机理、溃坝过程进行试验与数值模拟，提出能合理反映堰塞坝溃口发展规律、溃坝洪水流量过程的数值模型与相应计算方法，科学预测堰塞坝溃决致灾后果，制定堰塞坝溃决应急预案是当前国内外的一大研究热点，人类试图通过预测可能的溃坝流量与洪峰来解决该问题。而当前，限于现有科学技术水平，对于形成的堰塞坝，为防止其发生灾难性后果的溃决，常用的方法是在堰塞坝蓄水尚未达到危险水位前，在坝体顶部人工开挖或爆破形成导流槽，或者修建临时溢洪道，使堰塞湖水位有控制地下降。

第4章　堰塞坝险情勘察、监测与研判

堰塞坝险情一旦出现，必须在短时间之内完成关于堰塞坝险情及危害等若干重要问题的研判，为后续减灾对策实施提供依据。通过险情研判，主要解决三方面的问题：①堰塞坝的安定性问题。坝体安定性问题包括探讨坝体可能存留时间（短期内溃决或长期存在），即堰塞湖寿命，评估内外在条件改变（如水位上升、开始渗流或溢流、降雨、地震）与人为扰动（如开挖溢洪道）等对坝体安定性可能造成的影响。②坝体破坏机制、模式问题。依据坝体地形与水文地质条件评估坝体可能的破坏模式为骤然溃决破坏或逐渐冲刷破坏（滑动、管涌、溢流或混合型破坏），并依据坝体破坏机制分析结果拟定溃坝警戒基准。③溃坝灾害的影响范围问题。包括水位上升时间与淹没范围的预测与不同溃坝模式下的洪水灾害泛滥范围的评估。

解决以上三个问题，须在第一时间派出相关专家，对险情现场进行侦测勘察，了解险情的事态及其发展情况。同时，利用现代监测技术，建立险情监测网络，对水文、变形、渗流等关乎堰塞坝险情发展变化的数据进行监测。基于现场勘查、监测数据，进行险情的研判，评估堰塞坝的可能溃决形式，研判堰塞坝风险，分清灾害等级，预测堰塞坝溃决时间、条件及泛滥范围等，为应急处置及其方案的选择奠定基础。即使堰塞坝发生溃决，也能为下游人员应急避难及财产转移赢得时间，降低堰塞坝溃决形成的次生灾害对下游造成的损失。

险情的研判依赖于资料的准确和完整，但在堰塞坝的应急治理过程中，由于各种因素的限制，要求具有完善准确的堰塞坝工程地质和环境资料几近奢求，甚至有时在堰塞坝形成初期工程技术人员都难以到达现场，因此需要根据极少的堰塞坝资料进行较为合理准确的评估分析和判断。

4.1 堰塞坝险情勘察

开展堰塞坝险情勘察非常重要，是进行险情研判的关键。险情勘察需要利用各种可能的手段，包括直升机的专家现场投送、无人机拍摄、遥感等，尽可能地了解堰塞坝的地形、地质、地貌等情况。主要工作包括快速发现与动态跟踪、卫片与实地调查、现场信息获取、遥感动态跟踪、应急勘查。通过堰塞坝快速发现、勘察，为堰塞坝应急处置决策提供基本依据。

4.1.1 勘察内容

堰塞坝险情勘察，包括发现未知的堰塞坝，也包括对发现的堰塞坝的材料、规模、形态、地形、地质等进行具体勘察分析。本文所阐述的堰塞坝险情勘察，主要指对已经发现的堰塞坝进行坝体相关材料、结构等勘察。

4.1.1.1 坝体物质结构

坝体的物质结构勘察是现场勘察的主要内容，包括物质组成、物理力学性质、水文地质特性、物理地质现象等，其中物理力学特性是重点，包括粒径、密实度、孔隙率、含水率、抗剪强度、渗透性、黏聚力、内摩擦角等。通过勘察，掌握坝体的主要材料性质、组成结构，是否含有岩块、碎石、卵石、砾石乃至泥土和植物等，以及各成分的含量，确定其是岩质堰塞坝还是土质堰塞坝，或者其他。调查堰塞坝区的基本地质条件，包括地层岩性、地质构造、水文地质条件、物理地质现象等。

通过勘察和经验类比提出堰塞坝和有关滑坡、边坡稳定分析计算所需岩土物理力学参数建议值，有条件时可进行必要的地质勘探（包括物探）和试验，为坝体的稳定性分析、渗流分析等奠定基础。

多数情况下由于情况紧急，部分坝体材料特性参数无法短时间之内通过实验获取，只能进行类比选择。4.1.3对常见的堰塞坝材料的快速鉴别进行了阐述，可供紧急情况下的参考查阅。但是，一旦条件具备，必须严格按照相关规范进行现场或者室内实验，获取准确的坝体材料特性参数。

4.1.1.2　坝体规模

通常是坝体越高，危险系数越大。因此堰塞坝形成以后，坝体有多高、体积有多大，也是人们较为关心的问题。坝体的规模，包括坝体的基本参数，坝长、坝宽、坝高、体积、上下游宽度、坝坡坡度等坝体基本结构参数，以及工程地质结构、堆积形态。坝体规模结构关乎其库容的大小，即堰塞湖的容量问题，一旦蓄水，容量越大，危险性越高。同时坝体规模结构，也是堰塞坝危险程度评价的关键参数。

4.1.1.3　坝体的成因

不同成因的堰塞坝具有不同的险情特点，也有不同的应急处置技术选择。坝体的成因勘察，主要通过了解河谷两岸的工程地质、地貌结构，分析其原岩土体的崩塌、滑坡成因，确定堰塞坝属于滑坡型堰塞坝、崩塌型堰塞坝或者泥石流型堰塞坝。在坝体成因分析的基础之上，才能更好地对坝体的结构有更深入的了解，不同的成因成坝，其坝体结构不同。在堰塞坝的应急除险过程中，可能来不及或者不具备进行堰塞坝成因的深入分析条件，可以通过现场勘查与后方相结合的方式，对堰塞坝的成因做出一个较为合理的解释。

4.1.1.4　堰塞坝险情的速判

现场勘查的核心目的，就是要基于现场的调查、分析，对堰塞坝短时间之内的险情情况给出一个综合性判断，预判随着险情的发展可能产生的灾害。堰塞坝险情的速判，需要结合堰塞坝的物质组成材料、坝体规模结构与坝体成因分析结果，经过坝体稳定分析、渗流分析，对坝体的稳定与渗流情况进行评价，明确其堵塞险情和坝体险情。堰塞坝险情的速判是进行应急处置的基础。

4.1.1.5 其他

堰塞坝的其他勘察内容，还包括库区水位、库区水位上升速度、坝体是否渗漏以及渗流的严重性、坝体是否滑坡、坝体是否溢流、坝体的堆积形态等关乎堰塞坝险情状态与发展变化的各相关内容。

在做好以上勘察的同时，还必须尽可能地进行以下资料的收集。

（1）水文气象资料。收集堰塞坝所在区域的气温、降水、风、雾和冰情等气象资料；流域自然地理概况、流域与河道特性、堰塞坝以上集水面积、流域内水文站分布及暴雨洪水特性等水文资料，对没有测站的流域，应收集相关流域资料。

（2）地形地貌资料。收集已有地形资料及大地测量控制系统，有条件时可收集航空摄影测量、卫星遥感测量等资料，统一地形资料坐标和高程系统。

（3）地质资料。收集堰塞湖区所在大地构造部位、主要断裂构造及其活动性等区域地质概况资料，收集附近场区已有地震安全性评价资料。根据《中国地震动参数区划图》（GB 18306—2001）和附近场区已有地震安全评价性资料拟定所在区域的地震动参数。

收集并调查堰塞坝上下游影响范围崩塌、滑坡、危岩体及泥石流的分布，以及可能失稳边坡的地形地貌、地层岩性、地质构造及水文地质条件等，确定可能失稳边坡的分布范围、体积和边界条件，泥石流的活动特性及其规模。

（4）其他资料。收集堰塞湖影响范围内的社会经济指标及人文状况等资料；调查和收集堰塞湖库区淹没的实物指标及下游影响区的范围、人口数量及城乡分布、重要设施分布及其防洪标准等资料；调查了解堰塞湖形成前、后交通状况；收集应急处置施工场地和水、电、物资供应等施工条件资料。

以上勘察内容，在2008年“5·12”汶川大地震形成的唐家山堰塞坝的险情勘察过程中，都有包含。当时堰塞坝被发现以后，按照救援指挥部的统一安排，专家及工程技术人员从空中登陆唐家山堰塞坝，进行了现场调查和地表地质测绘，依靠专家丰富的经验对坝体物质组成进行了地表分区和物理力学参数拟定。其中物质材料组成：通过参考同类地层地质资料，得出坝体物质主要由挤压破碎的碎裂岩组成，在坝体右侧上部覆盖有原山坡上的残坡积碎石土，其中碎石土约占14%，碎裂岩约占86%；坝体规模结构：最大坝高124.4m、垭口处坝高82.6m，向上下游撒开；坝体成因：结合专家经验现场研判得出坝体由原右岸山坡的残坡积碎石土和基岩经下滑、挤压、破碎堆积而成；坝体险情速判：现场观察和地质分析认为，坝体总体稳定性较好，整体溃滑可能性不大，坝体渗透稳定性较好，坝体出现整体渗透破坏的可能性小，但不排除碎裂岩局部存在架空现象，当水位上涨到一定高程时存在集中漏水的可能，并可能造成下游坝面局部坍塌；其他方面：堰塞坝右侧地势低，天然状态下湖水上涨后将首先从中部偏右侧过流，右侧上部的碎石土和强风化碎裂岩极易被水流冲刷，右侧沟槽可能会快速下切，具体内容详见7.2。

4.1.2　勘察方法

堰塞坝形成以后，限于人员到达的可行性与时间的紧迫性，可能无法实施影响范围地形和河道测量与详细勘察，但是为能快速获取堰塞坝危险度评价与后续安全性评估所需各项基本资料，必须全面尽可能地进行堰塞坝的调查分析，在不具备现场到达条件的情况下，可以通过图资判译分析取得实地重要信息，包括地形图、遥测影像与无人载具空拍影像等。一旦条件具备，必须第一时间派出专家及工程技术人员现场勘查。通过遥感与野外勘察等，全面掌握堰塞坝与堰塞湖的特征，特别是堰塞坝的数量、分布、规模、材料类型、颗粒组成、透水特性以及可能的拦蓄水量。通过现场地形测绘，或采用已有地形图构建计算影响区域，并采用多时相高分辨率卫星遥感数据对地形图进行修正，呈现因灾造成的堰塞坝下游河道变形，以及堰塞坝下游河道的糙率等。

由于堰塞坝险情的紧急性，限制了部分科技手段的使用，但是随着科学技术的发展，堰塞坝险情的勘测将变得更加智能、便捷、实用。这里结合 4.2.1 的监测网络建立介绍几种目前较为常见的勘察方法。

4.1.2.1 经验识别

结合各自专家的实践经验，对险情进行综合识别判断，带有一定的主观性，且范围受限。经验识别只能对于一些表象的性质定性描述，无法进行定量判断，例如对于堰塞坝的物质组成，可以通过经验判断确定组成材料的类型和一些常见的性质，如岩性等，但对具体的如颗粒组成等量化指标无法给出准确判断。虽然经验识别具有一定的主观性，但是仍然是当前堰塞坝险情识别中最为快捷有效的方法，也是目前堰塞坝险情产生以后，部分现场勘查利用的仅有方式。经验识别，主要用于材料、成因、结构的综合性描述，以及对稳定、渗流、险情的综合预判。

险情的经验识别，需要以专家组的形式进行，越是有经验的专家越能发挥关键作用。目前，多是通过专家的现场勘查、记录，然后采取会商的形式最后确定。

4.1.2.2 现场检测

现场检测主要是通过各种测量手段、检测手段对坝体的规模、结构、渗流等进行多渠道、多尺度、多方法的量测分析，包括地形测量的全站仪、渗流检测的渗流计、变形检测的位移计和测斜仪、降雨测量的雨量计，以及内部空洞、分解面检测的地质雷达等。通过现场测量，明确坝体的具体结构形态参数、堰塞湖水位、周边地形地貌环境等；通过现场检测，随时观察坝体的位移变形、渗流等情况；通过地质雷达勘察，深入了解坝体的内部物质组成，为坝体的稳定及渗流分析提供依据。以上检测获取的资料，是进行堰塞坝险情研判的重要依据，同时为获取以上资料进行检测网络的建立，也是 4.2.1 建立全方位的动态分析监测体系需要深入阐述的内容。

为了保证应急处置人员的安全，还需利用钻孔测斜仪和外部变形监测等常规技术手段，对潜在的比较危险的地段进行重点变形监测及预警，保障应急处置区域安全。

4.1.2.3　遥感拍摄

采用高分辨率遥感影像分析解译滑坡、崩塌或者泥石流堵塞河道形成的堰塞坝与堰塞湖，全面掌握堰塞坝的数量、分布和性质，为现场考察和勘察指明方向。通过高分辨率的卫星遥感数据和地形图对具体的堰塞坝进行检测。通过测量，获取堰塞坝的体积规模，提取水面生成湖水边界，监测堰塞湖内沉积物，动态计算堰塞湖库容。根据长时间序列的变化监测堰塞坝，利用地形图生成数字高程模型，并利用几何校正生成的地面高程模型。例如，利用无人载具直升机空拍影像进行前期判释，通过中低空影像（分辨率较高）初步掌握滑坡或者崩塌区、堰塞坝堆积体与堰塞湖回水区在空间上的分布位置与范围，然后根据卫星影像判译滑坡后崩塌区、堰塞坝堆积体以及堰塞湖回水淹没区以外的外缘范围。将范围判释结果套叠于原河道地形，透过纵横断面分析或GIS空间分析，推估滑坡或者崩塌区面积、堰塞坝的体积、堰塞湖水体体积及几何形状等。利用上述地形数据，针对局部重要地形实施重点测量，完成河道地形修正，并分析堰塞湖的溃决条件和溃决风险，进行溃决洪水演算。若堰塞坝上游有人口居住，还可利用遥测影像判译以监控水位上升造成上游淹没区范围扩大的过程。

4.1.2.4　其他

堰塞坝险情的其他勘查方法有利用遥感（RS）测量技术对堰塞坝形成以后的可能引发的次生地质灾害进行大区域快速变形监测、利用声发射技术对堰塞坝可能引发的次生地质灾害进行临滑监测及预报等。

4.1.3　材料快速鉴别

对于堰塞坝的材料，其组成主要由形成堰塞坝的原岩土体材料特性所决定，在瞬间冲击荷载的作用下，原岩土体的组成发生部分重组或者全部重组，在蓄水的作用下，含水率、饱和性、渗透性、抗冲刷性发生新的变化，在冲击荷载作用下的岩土体重组过程中，岩土体的各种相关力学性质也发生变化。对于堰塞坝的材料特性而言，受多种水文、环境、力学条件的影响，特性各异。

组成堰塞坝材料的岩性、粒径大小、密实性、渗透系数和力学特性等因素是影响堰塞坝安全性状的关键因素，也是险情应急处置技术与方案考虑的关键因数。如何根据极少的堰塞坝资料进行较为合理准确的评估分析，对于应急工程治理方案的合理确定显得尤为重要。

本节基于堰塞坝的材料组成、常见材料特征，介绍组成堰塞坝的一些常见土的工程分类和野外快速鉴别方法，以便在应急处置现场无法短时间之内进行深入的岩土性质判别的情况下，工程技术人员能在较短的时间内通过目测和经验较快地确定堰塞坝堆积材料的工程特性，对堰塞坝的材料性质做出快速合理的判断。

4.1.3.1 土的现场鉴别

土的现场鉴别是依据土的分类标准，通过目测、手感等简易方法代替筛析法对土进行初步的分类定名。主要包括以下三种方法。

（1）碎石土及砂土的现场鉴别。参照《建筑地基基础设计规范》(GB 50007—2001）给出的碎石土及砂的现场鉴别方法，见表4.1。

（2）土的颗粒组成确定。通过目测法进行，即将研碎的干试样摊成一薄层，凭目测估计土中巨粒、粗粒、细粒组所占的比例，再将土料划分为巨粒土、粗粒土（砾类土或砂类土）和细粒土，粒组划分见表4.2。

（3）土的塑性。用干强度、手捻、搓条、韧性和摇振反应等定性方法来代替仪器测定。表4.3为《土工试验规程》(SL 237—1999）建议的方法和评判标准。

表 4.1　　碎石土及砂土的现场鉴别

土名		颗粒粗细	干燥时状态	湿润时用手拍击后状态	黏着感
碎石土	漂(块)石	1/2 以上颗粒大于 200mm	颗粒完全分散	表面无变化	无黏着感
	卵(碎)石	1/2 以上颗粒比蚕豆大（大于 20mm）			
	圆(角)砾	1/2 以上颗粒比高粱粒大（大于 2mm）			
砂土	砾砂	1/4 以上颗粒比高粱粒大（大于 2mm）			
	粗砂	1/2 以上颗粒比小米粒大（大于 0.5mm）	颗粒分散，个别黏结		
	中砂	1/2 以上颗粒比砂糖粒大（大于 0.25mm）	颗粒基本分散，局部黏结，但碰即散	表面偶有水印	
	细砂	3/4 以上颗粒与粗玉米粉相似	颗粒大部分分散，少量黏结，稍碰即能分散	表面有水印	偶有轻微黏着感
	粉砂	颗粒粗细与小米粉相似	颗粒少部分分散，大部分黏结，稍加压即能分散	表面有显著水印	有轻微黏着感

表 4.2　　粒 组 划 分 标 准

粒组统称	粒组划分		粒径（d）范围/mm
巨粒组	漂（块）石组		$d>200$
	卵（碎）石组		$200\geqslant d>60$
粗粒组	粒砾（角砾）	粗砾	$60\geqslant d>20$
		中砾	$20\geqslant d>5$
		细砾	$5\geqslant d>2$
	砂砾	粗砂	$2\geqslant d>0.5$
		中砂	$0.5\geqslant d>0.25$
		细砂	$0.25\geqslant d>0.075$
细粒组	粉粒		$0.075\geqslant d>0.005$
	黏粒		$d<0.005$

4.1.3.2 土的现场描述

土的现场描述内容包括表4.3所列项目，土的湿度、密实程度等描述方法见表4.4～表4.8。

表4.3　　细粒土的简易分类

半固态时的干强度	硬塑—可塑状态时手捻感和光滑度	土在可塑状态时		软塑—流动状态时的摇振反应	土类代号
		可搓成最小直径/mm	韧性		
低—中	灰黑色，粉粒为主，稍黏，捻面粗糙	3	低	快—中	MLO
中	砂粒稍多，有黏性，捻面较粗糙，无光泽	2～3	低	快—中	ML
中—高	有砂粒，稍有滑腻感，捻面稍有光泽，灰黑色者为CLO	1～2	中	无—很慢	CL CLO
中	粉粒较多，有滑腻感，捻面较光滑	1～2	中	无—慢	MH
中—高	灰黑色，无砂，滑腻感强，捻面光滑	＜1	中—高	无—慢	MHO
高—很高	无砂感，滑腻感强，捻面有光泽，灰黑色者为CHO	＜1	高	无	CH CHO

表4.4　　土的现场描述内容

土类	描述的内容	备注
巨粒土和含巨粒的土	土名称、土代号、俗称、成因类型、颜色、主要成分、结构与构造、粗粒含量、粗粒硬度、细粒含量、细粒成分、级配、颗粒形状、颗粒风化程度、密实度、湿度	描述的内容都为必须描述
粗粒土	土名称、土代号、俗称、成因类型、颜色、主要成分、结构与构造、巨粒含量、细粒含量、细粒成分、级配、颗粒形状、颗粒风化程度、胶结情况、密实度、湿度	
细粒土	土名称、土代号、俗称、成因类型、颜色、主要成分、结构与构造、巨粒含量、粗粒含量、粗粒硬度、胶结情况、密实度、湿度、稠度、有机质含量	

表4.5 土的湿度现场判定

土类		湿度特征		
		稍湿（$S_r \leqslant 50\%$）	湿（$50\% < S_r \leqslant 80\%$）	饱和（$S_r > 80\%$）
砂土	砾砂	呈松散状，手摸时感到潮	颗粒松散，手摸有湿感，加水吸收快	水可以从颗粒孔隙自由渗出
砂土	粗砂	呈松散状，手摸时感到潮	颗粒松散，手摸有湿感，放在纸上能浸湿，加水吸收快	水可以从颗粒孔隙自由渗出
砂土	中砂	呈松散状，手摸时感到潮	颗粒基本松散，手握有湿感，较难成团，放在纸上浸湿较快，表面偶有水印，加水吸收较慢	水可以从颗粒孔隙自由渗出
砂土	细砂	呈松散状，手摸时感到潮	颗粒稍能黏结，手握有湿感。可勉强成团，稍碰即散，放在纸上浸湿较快，表面有水印，加水吸收慢	水可以从颗粒孔隙自由渗出
砂土	粉砂	呈松散状，手摸时感到潮	颗粒能黏结，手握有湿感。手摇可呈饼状，表面有显著水印，加水吸收很慢	水可以从颗粒孔隙自由渗出，在手中摇动可液化
粉土		手摸感到潮，手握能成团，稍碰即散	手握有湿感，颗粒能黏结，手摇可呈饼状，表面有显著水印（振动水析现象），土块加水吸收很慢	水可以从土块的孔隙渗出，土体塌流成扁圆形
粉质黏土		手摇不出水，滴水迅速渗入土中，扰动后一般不能捏出饼，易成碎块或粉末	手摇时表面稍见水，手上放土处有湿印，能捏成饼	用手捏时土表面出水，手上有明显湿印，扰动后土柱易变形
黏土		手摇不出水，滴水能连续渗入土中但不快，扰动后能捏成饼，但边多裂口	滴水慢慢渗入土或在表面向外扩散扰动后手捏较软，手上有湿印，易粘于手	扰动后，手捏有明显湿印，并有土粘于手上，土柱极易变形

表 4.6　　碎石土密实度的现场判定

项目	密实度和特征		
	密实	中密	稍密
骨架颗粒含量和排列	骨架颗粒含量大于总重的 70%，呈交错排列，连续接触	骨架颗粒含量大于总重的 60%～70%，呈交错排列，大部分接触	骨架颗粒含量小于总重的 60%，排列混乱，大部不接触
可挖性	锹镐挖掘困难，用撬棍方能松动，井壁一般较稳定	锹镐可挖掘，井壁有掉块现象，从井壁取出大颗粒处，能保持颗粒凹面形状	锹可以挖掘。井壁易坍塌，从井壁取出大颗粒后砂土立即坍落
可钻性	钻进极困难，冲击钻探时，钻杆吊锤跳动剧烈，孔壁较稳定	钻进较困难，冲击钻探时，钻杆吊锤跳动不剧烈，孔壁有坍塌现象	钻进较容易，冲击钻探时，钻杆稍有跳动，孔壁易坍塌

表 4.7　　砂土密实度的现场判定

密实度	密实 $N>30$	中密 $15<N\leqslant30$	稍密 $10<N\leqslant15$	松散 $N\leqslant10$
特征	冲击钻进困难，加压回转钻进缓慢，挖井需用镐	冲击回转钻进皆可，但比密实的砂土钻进稍快一些，用锹挖井时，需用脚加压，用镐少，井壁较稳定	用管钻易钻进，有时有涌砂现象，挖井用锹即可，探井不能挖梯坎，井壁不稳定，有小掉块	钻进时孔壁易坍塌，涌砂严重。需下套管方可钻进，挖井需支撑保护井壁稳定。锹挖容易，手即可挖动

表 4.8　　细粒土稠度的现场判定

土名	状态				
	坚硬 $I_L<0$	硬塑 $0<I_L\leqslant0.25$	可塑 $0.25<I_L\leqslant0.75$	软塑 $0.75<I_L\leqslant1$	流塑 $I_L>0$
黏土	干而坚硬，能掰成块	捏时感觉硬，不易变形，用力捏散成裂块，后显柔状，手按无指印	捏似橡皮，有柔性，手按有指印	捏很软，易变形，土块掰似橡皮，用力不大即按成坑	土柱不能直立，自行变形

续表

土名	状态				
	坚硬 $I_L<0$	硬塑 $0<I_L\leqslant 0.25$	可塑 $0.25<I_L\leqslant 0.75$	软塑 $0.75<I_L\leqslant 1$	流塑 $I_L>0$
粉质黏土	干硬能掰开，捏碎成块有棱角	捏时感觉硬，不易变形，土块用力捏散成块，手按无指印	手按土易变形，有柔性，掰时似橡皮，能按成浅坑	捏很软，易变形，土块掰似橡皮，用力不大即按成坑	土柱不能直立，自行变形
粉土	干，易捏散	捏不易变形，用力捏即分成块末，一按即散	捏变形，松手后显弹性，一摇即散。而扰动土块摇动时不易黏合	易捏变形，显弹性，摇动时显扁圆形，两小块一起摇动时能合成一体，但留有痕迹	土柱不能直立，往外滴水，两小块一起摇动时能合为一体，无痕迹

4.1.3.3 土的渗透系数

形成堰塞坝的各类常见土的渗透系数经验值见表4.9。对于山区滑坡形成的堰塞坝，堆积体的材料主要由碎块组成，中间夹有块石，其渗透系数一般建议取$10^{-2}\sim10^{-3}$cm/s作为估算值。

表4.9 常见各类土的渗透系数经验值

土名	渗透系数/(cm/s)	土名	渗透系数/(cm/s)
黏土	$<1.2\times10^{-6}$	细砂	$1.2\times10^{-3}\sim6.0\times10^{-3}$
粉质黏土	$1.2\times10^{-6}\sim6.0\times10^{-5}$	中砂	$6.0\times10^{-3}\sim2.4\times10^{-2}$
粉土	$6.0\times10^{-5}\sim6.0\times10^{-4}$	粗砂	$2.4\times10^{-2}\sim6.0\times10^{-2}$
黄土	$3.0\times10^{-4}\sim6.0\times10^{-4}$	砾石	$6.0\times10^{-2}\sim1.8\times10^{-1}$
粉砂	$6.0\times10^{-4}\sim1.2\times10^{-3}$		

4.1.3.4 土的强度指标

表4.10和表4.11汇总了堰塞坝常见无黏性土的内摩擦角的经验值，表4.12和表4.13汇总了部分堰塞坝黏土的非饱和强度指标经验值。

表 4.10　　石英砂的内摩擦角值

颗粒形状和级配		密实度	
		松	密
圆粒	级配均匀	28°	35°
角粒	级配良好	34°	46°

表 4.11　　干无黏性土的内摩擦角值

土的类别和级配		密实度			
		松		密	
		圆粒	角粒	圆粒	角粒
砂	均匀细砂至中砂	30°	35°	37°	43°
	级配良好的砂	34°	39°	40°	45°
砂和砾		36°	42°	40°	48°
砾		35°	40°	45°	50°
粉土		28°		30°	

表 4.12　　冲积、洪积非饱和黏土的强度指标经验值

土类	状态	液性指数 I_L	指标	孔隙比为下列数值时强度指标						
				0.45	0.55	0.65	0.75	0.85	0.95	1.05
粉土	硬塑	0～0.25	c/kPa	21	17	15	13			
			φ/(°)	30	29	27	24			
	可塑	0.25～0.75	c/kPa	19	15	13	11	9		
			φ/(°)	28	26	24	21	18		
粉质黏土	硬塑	0～0.25	c/kPa	47	37	31	25	22	19	
			φ/(°)	26	25	24	23	22	20	
	可塑	0.25～0.5	c/kPa	39	34	28	23	18	15	
			φ/(°)	24	23	22	21	19	17	
		0.5～0.75	c/kPa			25	20	16	14	12
			φ/(°)			19	18	16	14	12
黏土	硬塑	0～0.25	c/kPa		81	68	54	47	41	36
			φ/(°)		21	20	19	18	16	14

续表

土类	状态	液性指数 I_L	指标	孔隙比为下列数值时强度指标						
				0.45	0.55	0.65	0.75	0.85	0.95	1.05
黏土	可塑	0.25～0.5	c/kPa			57	50	43	37	32
			φ/(°)			18	17	16	14	11
		0.5～0.75	c/kPa			45	41	36	33	29
			φ/(°)			15	14	12	10	7

注 c为黏聚力，φ为内摩擦角。

表4.13　非饱和含有机质粉质黏土的强度指标经验值

状态	液性指数 I_L	指标	土的有机质含量和孔隙比为下列数值时强度指标							
			有机质含量5%～10%				有机质含量10%～25%			
			0.65	0.75	0.85	0.95	1.05	1.15	1.25	1.35
硬塑	0～0.25	c/kPa	29	33	37	45	48			
		φ/(°)	21	21	20	16	15			
可塑	0.25～0.5	c/kPa	21	22	24	31	33	36	39	42
		φ/(°)	21	21	20	17	17	16	15	13
	0.5～0.75	c/kPa	18	19	19	21	23	24	26	28
		φ/(°)	21	21	21	18	18	17	16	15
软塑	0.75～1.0	c/kPa				15	16	17	18	
		φ/(°)				18	18	18	17	

注 c为黏聚力，φ为内摩擦角。

4.2 堰塞坝险情监测与预警

堰塞坝的险情监测，是在非常时期、特殊工作环境与条件下的测验，受地理环境和应急处置的影响较大，安全隐患多、风险极大，面临严峻的安全生产挑战，在开展堰塞坝的险情监测过程中，必须高度重视安全工作，确保安全有保障。同时，险情监测关乎应急处置的科学决策，必须保证一定的质量，必须能够满足政府及相关领导决策的需要。

监测预报，主要是采取遥感测量、勘探、观测等多种手段加强对滑坡、崩塌、泥石流型堰塞坝的监测与预报，一旦形成，对其位置、规模、结构和稳定性、可能出现的最大蓄水量等能迅速掌握，以便及时采取防灾减灾措施。以堰塞坝溃决风险与影响快速评估为基础，做好应急避险减灾工作，主要包括下游财产的转移撤离、对堰塞坝采取一定的工程措施等。

险情的监测预警在堰塞坝险情处置过程中，发挥着重要的作用。进行堰塞坝险情的准确预警，需要建立多技术融合的监测预警体系，实时掌握堰塞坝与堰塞湖的变化趋势，并提供堰塞坝灾害预警的实时参考信息。

4.2.1 监测网络建立

监控网络的建立，是在特殊时间、特定工作环境与工作条件下开展的一项非常规的工作，必须保证监控网络的安全性、先进性和可操作性。堰塞坝的监控网络，由应急测量、水文监测、水情预报、人工巡视等组成。其中应急测量，包括控制测量、地形测量、变形监测及工程量计算等，是为了解堰塞坝的相关体型参数、指导应急方案设计与应急处置而开展的工作。水文监测主要是了解堰塞湖的库容、局地水深、库前水面到坝顶的高度、上游来水、坝体渗流、堰塞湖的库容曲线等。水情预报主要是进行降雨、溃口洪水等准确预报，以及堰塞坝坝体可能遭受的洪水标准。人工巡视，就是通过人工现场查勘了解堰塞坝的变形、渗流，以及堰塞湖等情况。

监测网络的建立，首要任务是调查了解发生的自然灾害是否对水文站的基本设施造成了破坏、水文站是否能满足监测的要求等。其次是通过流域水文局、地方省水文局收集所处河流的降水、径流和流量等资料，了解堰塞坝所在河（江）段水文特征、流域自然地理和水流特性等。最后是在条件具备的情况下，进行堰塞坝所在河（江）段的实地考察，了解具体的水流、水文情况，为水体监测路线、断面等选择提供依据。在以上调查了解的基础之上，才是开展以下具体的监测网络方案设计、实施等过程。

在唐家山堰塞坝应急处置过程中，建立了水雨情预测预报体系、堰塞坝远程实时视频监控系统、坝区安全监测系统、坝区通信保障系统以及防溃坝专家会商决策机制，为今后处理类似突发性事件提供了重要借鉴意义。

4.2.1.1　应急测量网络

堰塞坝形成的区域，可能不存在国家高程及平面控制系统，即使有，也可能因自然灾害的发生而破坏。根据堰塞坝的应急处置需要，建立相应的应急控制网络十分重要。监测网络的建立遵循便捷、快速、安全、科学的原则，包括 GPS 静态控制网、导线网、RTK 等，其中 GPS 是监测网络建立的首要手段，包括动态监测和静态监测，静态监测主要用于较高等级的监测控制，随着科学技术的发展，动态 RTK 监测正广泛用于四等以下的监测控制。

在堰塞坝的应急处置过程中，监测网络的建立需要综合坝体监测和水体监测，其中水体应急监测范围一般较小，建立的监测网络范围也较小，在该范围之内，水准面可以视为水平面，无需将测量成果归算到高斯平面上。在监测网络建立过程中，如有条件，尽量与已建立的国家或城市控制网络连接，如果控制网络周边不存在高级控制点，或者不便于连接时，也可以建立独立的网络，采用静态 GPS 技术，建立无约束控制网络。

（1）基本要求。充分利用测区已有的监测成果，建立基于 GPS 的独立控制网络。增补加设的控制测设需要满足要求：①满足监控等级发展原则，由高级向低级逐级或者越级扩展；②控制点增补精度要求根据已有控制点成果确定；③加密控制点可以埋石，也可刻标；④对于局部范围的监控点布设困难时，可以布设一级图根点作为河道观测的首级控制。

对于平面控制测量，基本的平面控制是测区控制成果，测区首级平面控制网按照 GPS 的 D 级精度要求进行改设，加密平面控制网按 V 导线或 GPS 的 E 级要求进行改设。高程的控制测量，三等高程控制测量采用几何水准方法，四等及以下高程控制可根据测区具体情况，采用相应等级的水准测量或者电磁波测距三角高程测量布设。在测量条件困难的情况下，对于五等高程控制，当精度满足要求时，可进行GPS的拟合测量。

对于某些特殊条件下，在满足精度要求的情况下，综合考虑测量目的、精度要求、卫星状况、仪器类型及数量、测区地形及交通等，可以采用GPS－RTK进行图根控制测量。开展RTK测量，基准站与流动站之间能实现电磁波“准光学通视”，流动站满足PDOP小于6、卫星数大于6，同步设置一定数量的分布于测区中部和边缘的校核点，进行已知点校核、重测比较、边长比较、角度比较、双基站校核等。

（2）网络建立。建立控制性监测网络，广泛收集堰塞湖测区及其附近已有的控制测量成果和相关资料，携带收集的测量地形图、控制站点图等资料到现场进行勘察，了解原有的三角点、导线点、水准点、GPS点的位置，分析原有地形图与现有地形、地貌是否一致。根据监测精度要求，结合测区地理条件特征，选择最佳布网方案和观测方案，保证在规定的期限内多快好省的完成任务。具体的控制网络建立流程见图4.1。

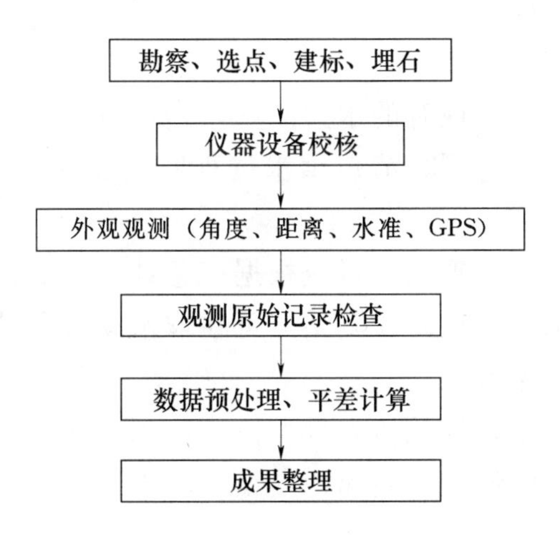

图4.1 应急测量监控网络的建立

4.2.1.2　水文监测网络

堰塞坝的水文监测，是在特殊情况下的应急监测，具有临时、紧急和及时的特征，与日常的水体观测有很多相似之处，但又有很多不同。水体监测通常是在出现与水有关的突发事件时，通过对水体等临时、紧急的监测，及时取得水文资料和水体基本信息，与常见的水体观测相比，具有工作环境复杂不便、测验控制条件差、测验时机难以把握、安全作业环境恶劣、无技术标准及规范、进度要求略宽等特点。

水文监测网络的建立，应充分利用堰塞湖上下游已建的水体监测系统和现有的水文监测站网，若其已在地震中损毁，根据现场条件尽可能恢复。当现有水（雨）情测报站点不能控制常见的暴雨中心和主要产流区，雨量站数量不足、分布不合理，缺少关键的控制性监测站等，不能满足水体监测要求时，需增设必要的水文、水位、雨量站，包括堰塞坝上游水位站、溃口水位流量监测站。为监测堰塞湖上下游洪水全过程，并为溃坝洪水复演计算提供依据，改进溃坝洪水计算方法，下游可多设立一些临时监测水文（位）站。临时监测站点在堰塞坝险情排除，完成监测任务后，除损毁恢复的水文（位）站外，一般无必要继续保留，需要继续观测的可按水文站正常工作程序设立。

1. 基本要求

（1）应充分利用现有的水文测站，当现有的水文测站或其观测项目不能满足水文预测、溃口洪水过程监测和应急处置的要求时，应增建水文站点。

（2）监测站网与观测项目应根据应急处置进展情况和监测设备运行条件实时调整，临时监测站点可在堰塞湖应急处置完成后根据需要确定撤消或保留。

（3）应与应急处置总体安排相协调，利用先进观测设备和技术手段，监测方法应便捷、快速、安全。降水量、水位观测宜采用自动测报方式。

（4）宜实测堰塞湖溃决过程中的水位、流量和溃口演变过程。

（5）监测数据的信息传输通信应根据区域地形、信道条件等结合通信方式特点分析确定，通信应有主信道和备用信道，互为备份。

（6）应急监测数据传输组网结构应根据网络规模、信息流程、信息量、节点间信息交换的频度和节点的地理位置等要求，选择联网信道和数据传输规程，配置备用信道，实现与水文信息网和应急处置指挥机构的互联。

2. 网络建立

设置人工或者自动监测仪器，进行堰塞湖的水位监测。其中人工观测水位是最基本、最有效的水位观测方法，水尺是必备的、最准确的水深观测设备，是每个水位测量点必需的水位测量设备，是水位测量基准的来源。也可以选择自动监测仪器，进行堰塞湖水位的自动监测，如压力式水位计等。

在堰塞湖周边区域，利用已有的或者新增的降雨观测仪器，进行降雨数据观测，推算堰塞湖的入流量及区间产流、汇流。通过雨量计或者雨量器来观测降水，测定时段降雨总量、降雨过程，推算降雨强度。目前，雨量监测的仪器有雨量筒，还有能够实现自动化读取、传输的翻斗式雨量计和GD50型一体化雨量站。

流量数据主要通过水文站获得。在堰塞坝的石梁、弯道、卡口和堰塞坝坝址等易形成断面控制的上游河段，或河槽的底坡、断面形状、糙率等因素比较稳定和易受河槽沿程阻力作用的河段布设流量监测断面，利用已有的或者新增的水文站进行入湖、出湖的流量监测。已有的水文站测验断面及基本设施为首选方案，不仅能够保证流量资料的及时、准确，水文站较长系列的水文资料还能够为监测的流量资料提供佐证。当无水文站时，可以采用走航式声学多普勒剖面流速仪（简称ADCP）等监测仪器进行流量监测。基于对堰塞坝的薄弱端的实地勘察，在充分保证水文应急抢险人员安全的情况下，制定渗漏点及渗流量监测方案，进行堰塞坝的渗漏点及流量监测，或者采用无线宽带视频系统监测堰塞坝的渗漏点及渗流量。

4.2.1.3　水情预报网络

对于堰塞湖的来水量需要结合短期降雨预报，判断近期可能的来水量，评估基本的洪水过程，进行入库洪水预报。同时，由于堰塞坝的不稳定性，需要根据水文监测数据分溃决方式（如1/2溃决、全溃决等）的不同进行溃口流量预报，预报溃口后下游河段的洪峰流量、淹没范围和关键水位时间等，为制定应急处置非工程措施（如撤离等）提供依据。

水情预报，基于水文监测，通过一定的计算获得具体的预报参数。通常堰塞坝坝址的水位预报通过公共静库容调洪演算、库水位涨差预报相关图或导流槽过流流量的水力计算来进行计算预报。

水情预报时间紧、对象不确定、准确性要求较高等特点，对预报过程提出了以下要求。

（1）基于应急水文监测数据（地区暴雨特性、上游径流和气象预报资料），结合堰塞坝应急处置对水情预测的要求，编制水情预测方案，开展水情预测。

（2）编制水情预测方案所引用的水文资料，应有足够的代表性，需包括大水年、中水年和小水年。流域内由于水利治理、开发等原因明显影响水文资料一致性，编制水情预测方案时，需作适当处理。

（3）当堰塞湖所在流域缺乏水文资料时，可利用邻近地区实测暴雨洪水资料，编制预报方案，综合分析比较后修正移用。也可利用堰塞湖应急监测水文资料、水位容积关系等进行预估。

（4）编制水情预测方案采用的方法、系统数学模型或经验相关关系，应符合流域水文特性。

（5）洪水预测应采用多种方案和途径，在进行现时校正和综合分析判断的基础上，确定洪水预测数据。

（6）应用数值天气预报技术进行水情预测，应综合多种数值天气预报模型的成果，合理选定。多种国内外权威数值天气预报模型的预报产品，如欧洲中期天气预报中心（ECMWF）、日本、德国和中国等发布的数值预报产品（如降水、大气高度场、风场等）进行选择应用，可用来进行短中期降雨预报。

（7）堰塞湖应急处置水情预报应建立预警机制，根据水情预测信息和堰塞体溃口洪水过程制定警报发布级别，建立警报系统。

4.2.1.4 人工巡查

人工巡查也是建立监测网络的重要部分。通过人工巡查获取堰塞湖水位变化、坝体变形与位移、周边环境、外来人员管理等数据资料，填报相关巡查登记表，为应急处置提供依据。同时，通过巡查获取部分应急监测仪器的监测数据。

不同堰塞坝具有不同的险情特点，依据应急处置措施的不同，建立不同的监测网络方案。为了实现科学处置、适度抢险的目的，部分堰塞坝仅需建立部分监测网络，实时监测水位、坝体变形等情况，在上游、下游同步设置警示标志、制定下游居民撤离方案并开展培训等；而有的堰塞坝不仅需要建立监测网络，还必须采取应急处置措施解除险情。不同的处置要求，对于监测网络的内容也不同，需要根据需要进行监测网络的建立。

对于堰塞坝险情的监测，不仅需要监测堰塞坝的险情发展变化，还必须对库区两岸山体滑塌后的潜在滑坡体边坡、下游受溃坝洪水影响较大的重要基础设施和认为有必要进行安全监测的建筑物（如受灾群众临时安置场所和抢险救援人员居住场所）建立监测网络，进行边坡表面变形、内部变形和地下水等监测，制定相应的临灾预案。

4.2.2 坝体监测

堰塞坝的坝体监测，主要监测内容有：裂缝、滑动、崩塌、溶蚀、隆起、塌陷、冒泡、旋涡、冒水、渗水坑、流土、管涌及其他异常渗水现象。变形是必测项目，其他监测项目可根据具体情况进行设置。监测的方法包括巡视检查和仪器监测，要求做到快速处理、快速分析和快速评价。

巡视检查主要内容与频次可根据实际情况和需要由应急处置指挥机构确定。对于堰塞坝变形和渗流巡视检查，宜每天一次，在高水位时应增加次数。

仪器监测内容主要包括堰塞坝的变形、裂缝、滑坡、渗流和堰塞坝两岸及近坝区边坡的稳定、地下水等。堰塞坝的环境一般比较恶劣，对监测仪器的环境适应和监测人员的作业能力要求较高，监测仪器的选择除了要考虑对地震、暴雨等恶劣环境具有较强适应性、尽可能减少地震对仪器测值影响外，还要考虑尽可能减少人工现场作业的工作量，减少观测人员置于高危环境中的工作时间，尽可能采用遥测技术。对早期实施监测极为困难的高风险与极高危害的堰塞坝，在未能实施有效监测前，可选用航空遥测的方法监测。常用堰塞坝坝体监测仪器有测量机器人、全站仪、测斜仪、渗压计、裂缝计、测缝计、杆式位移计、钢丝位移计、水管沉降仪等。对于仪器的选择应可靠、适用、便于安装和观测。由于堰塞坝应急处理阶段的不同，坝体监测范围也不同，应急处置期的监测重点在“快速”，项目设置尽量精简，而在后续处置与后期整治过程中，可参照《土石坝安全监测技术规范》（SL 551—2012）设置必要的安全监测项目。

4.2.2.1　巡视检查

依据巡查内容、路线进行巡查。巡查中，认真做好记录。记录要简单、明晰和准确，切忌笼统概述，同时应避免很多细枝末节的描述而忽略主要问题。巡查过程中发现异常情况应连续监测，及时上报。对于堰塞坝险情的监测巡查，从服务于应急预报预警和抢险的决策需求出发，建议对一些问题的描述按照表4.14的格式进行记录。

表4.14　　巡视监测样表

巡检人：＿＿＿＿＿＿　　日期：＿＿＿＿＿＿
库水位：＿＿＿＿＿＿　　时间：＿＿＿＿＿＿
天气状况：＿＿＿＿＿＿　　气温：＿＿＿＿＿＿

序号	工程部位和可能存在的问题		是否存在问题		备注
1	坝顶	（1）裂缝（纵缝和横缝）	否	是	
		（2）滑坡，塌坑或不正常沉降	否	是	
		（3）已有的裂缝缝宽是否已增大	否	是	

续表

序号	工程部位和可能存在的问题		是否存在问题		备注
2	坝下游坡	(1) 新的渗流区或潮湿区	否	是	
		(2) 已有渗流区和潮湿区状态的变化	否	是	
		(3) 新老渗流区的渗流水内是否存在土料（如渗流水变色或存在沉积物）	否	是	
		(4) 陡坡，塌坑，脱皮，滑动或不正常沉降区	否	是	
		(5) 不正常变形或位移	否	是	
3	坝上游坡	(1) 因波浪作用而产生严重的冲刷侵蚀	否	是	
		(2) 陡坡，塌坑，脱皮，滑动或不正常沉降	否	是	
		(3) 库水存在漩涡	否	是	
4	下游坝脚、坝肩和下游其他区域	(1) 新的渗流区或潮湿区	否	是	巡查范围要延伸到距坝脚15m范围。在小流量条件下，沿河道长度90m范围，检查河道内渗水和泥沙含量情况
		(2) 已有渗流区和潮湿区状态的变化	否	是	
		(3) 裂缝，塌坑，脱皮或不正常沉降	否	是	
		(4) 沿河道出现新的泥沙淤积区	否	是	
5	其他补充说明				

注　所有的描述均应包括位置信息和其他相互关联的信息。渗流区描述要包括：渗水量、水体透明度描述（清/混浊/多泥等）。裂缝描述应包括裂缝走向和尺寸，裂缝处的情况描述应包括位移量和方向。

4.2.2.2　变形监测

仪器监测，重点监测的是变形，主要包括表面变形（水平位移、垂直位移）、内部变形和裂缝等。对于表面变形监测，最为简单实用的是全站仪，内部变形常用的是测斜仪。本节重点对全站仪的表面变形监测和测斜仪的内部变形监测过程及方法进行阐述。

1. 表面变形监测

变形监测是对堰塞坝进行测量以确定其空间位置随时间的变化特征。变形监测的最大特点就是对变形体监测点进行周期观测，以求得变形体在两个周期间的变形值和瞬时变形值。每一周期的观测方案和监测网的图形、使用仪器、作业方法、观测人员都要一致。外部变形监测精度要求高，作业时应选用匹配的测量仪器及科学的测量方案。

a. 水平位移观测。水平位移观测即周期性的测定水平位移观测点相对于某一基准线的偏离值或平面坐标，求得不同周期同一观测点偏离值或平面坐标之差，用以了解堰塞坝各监测部位的水平位移变化。水平位移观测方法分两大类：①基准线法。基准线法是通过一条固定的基准线来测定监测点的位移，常见的有视准线法、引张线法、激光照直法、垂线法。②大地测量方法。大地测量方法主要是以外部变形监测控制网点为基准，以大地测量方法测定被监测点的大地坐标，进而计算被监测点的水平位移。

(1) 视准线法。视准线是指设立一条基准视线，通过仪器测定各监测点位置对该基准线的位移。

如图 4.2 为一视准线布设示意图，端墩和测墩一般多是安装有强制对中装置的混凝土墩，各墩的中心尽量位于同一直线上。

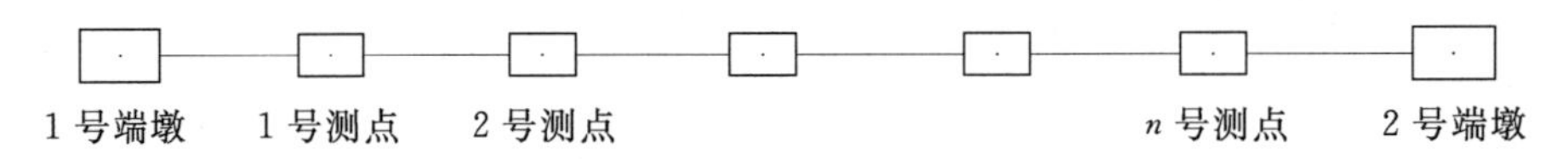

图 4.2　视准线布设示意图

利用 1 号和 2 号端墩，建立一条视准线，通过活动觇牌法、小三角等观测方法测得各监测点对于视准线的位移变化量。其中活动觇牌法是利用视准仪（也可以用望远镜放大倍率较大的经纬仪、全站仪），配合活动觇牌进行监测。一般作业流程是在视准线的一个端墩架设视准仪（经纬仪、全站仪），在另一个端墩架设后视棱镜和觇牌，用经纬仪精确照准后视觇牌中心，从而确定视准基线，在各个测点依次架设活动觇牌，由观测员根据已固定的视准线指挥活动觇牌左右移动，直至活动觇牌中心与视准线重合，此时由觇牌观测人员通过觇牌上的标尺和游标进行读数。活动觇牌的读数量程有限（一般有效量程在 100m 左右），不适宜用在水平位移变化量大的观测项目。

活动觇牌视准线测量计算方法比较简单，其水平位移计算如下：

期内位移量：

$$\Delta_i = (P_i - Q_i) - \Delta_{i-1} \tag{4.1}$$

至本次累计位移量：

$$\Delta'_i = (P_i - Q_i) - \Delta_0 \tag{4.2}$$

式中：P_i 为本次观测时的读数；Q_i为本次观测时的觇牌归零差；Δ_{i-1}为上次位移变化量；Δ_0为初始变化量。

由于存在视准线工作基点的位移变化，在实际计算时应加入基点变化的改正计算。视准线监测的项目一般位移量都比较小，基点位移变化的影响量一般可以采用按基点至测点距离的长短按内插法进行计算。同时，由于视准线不宜过长，单向观测长度应控制在 200m 范围内。

（2）极坐标法。极坐标法是最常用、最简单的监测方法，监测示意见图 4.3。

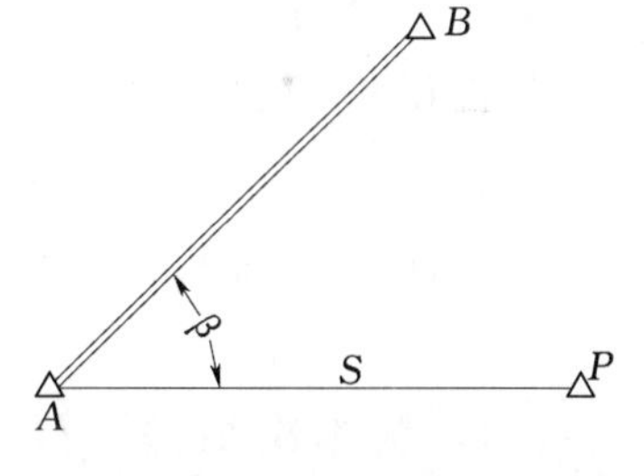

图 4.3 极坐标监测示意图

极坐标的角度及边长计算如下：

$$\alpha_{AP} = \alpha_{AB} + \beta = \arctan\frac{Y_B - Y_A}{X_B - X_A} + \beta \tag{4.3}$$

$$\left.\begin{aligned} X_P &= X_A + S_{AP}\cos\alpha_{AP} \\ Y_P &= X_A + S_{AP}\sin\alpha_{AP} \end{aligned}\right\} \tag{4.4}$$

水平位移计算如下：

期内位移量：

$$\left.\begin{aligned}\Delta_{xi} &= X_i - X_{i-1} \\ \Delta_{yi} &= Y_i - Y_{i-1}\end{aligned}\right\} \tag{4.5}$$

至本次累计位移量：

$$\left.\begin{aligned}\Delta'_{xi} &= X_i - X_0 \\ \Delta'_{yi} &= Y_i - Y_0\end{aligned}\right\} \tag{4.6}$$

b. 垂直位移观测。对堰塞坝垂直监测点进行测量，得到监测点各周期的高程，求得不同周期相同监测点的高程之差用以了解堰塞坝各监测部位的垂直位移变化。常用的垂直位移监测方法有水准测量法、三角高程测量法。

水准测量是进行垂直位移监测时最通用的方式，其方法是从水准基点起测，将各个监测点贯穿于整个水准线路中，最后回到水准基点。外业成果合格后，按水准线路平差方式计算出各监测点的高程。对监测的高程与上次测量高程、起始高程进行比较，求得各监测点的期内垂直位移变化值和累计变化值。而三角高程测量往往在一些进行水准测量比较困难、监测精度较低的监测中使用。光电测距三角高程测量一般可以代替三、四等水准测量。

垂直位移计算如下：

期内位移量：

$$\Delta_{hi} = H_i - H_{i-1} \tag{4.7}$$

至本次累计位移量：

$$\Delta'_{hi} = H_i - H_0 \tag{4.8}$$

式中：H_i 为本次高程；H_{i-1}为上次高程；H_0 初始高程。

2. 内部变形监测

内部变形一般通过将测斜仪布置在理论最大位移点处来进行监测。测斜仪一般由探头、电缆、数据采集仪（读数仪）组成。探头的传感器形式有伺服加速度计式、电阻应变片式、钢弦式、差动电阻式等多种形式，目前使用最多的是伺服加速度式。

测斜仪测量的是测斜管轴线与铅垂线之间的夹角变化量，从而计算出土层各点的水平位移大小。通常在坝内埋设一垂直并互成90°四个导槽的管子，当管子受力发生变形时，将测斜仪探头放入测斜管导槽内，逐段（一般50cm一个测点）量测变形后管子的轴线与垂直线之间的夹角θ_i，并按测点的分段长度，分别求出不同高程处的水平位移增量Δd_i，即$\Delta d_i = L\sin\theta_i$；由测斜管底部测点开始逐段累加，得任一高程处的实际位移，即$b_i = \sum \Delta d_i$；而管口累积水平位移为$B = \sum \Delta d_i$。测斜仪的工作原理见图4.4。

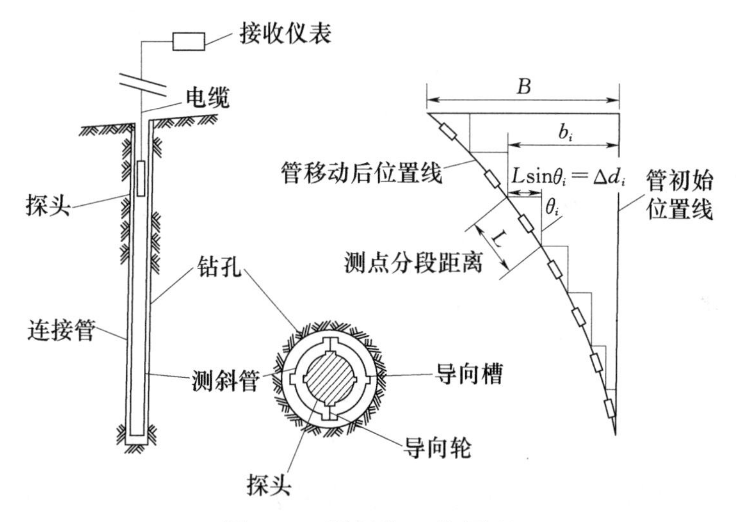

图4.4 测斜仪工作原理

测斜管可采用铝合金或塑料管，其弯曲性能应以适应堰塞坝的位移情况为适宜。测斜管内纵向的十字导槽润滑顺直，管端接口密合，理设于堰塞坝水平位移最大的位置。测斜管埋设时应采用钻机导孔，导孔要求垂直，偏差率不大于1.5%，管底部应置于深度方向水平位移为零的硬上层中至少50cm或基岩上。钻孔结束后进行下管，下管前对测斜管进行检查，底部安装底座后用密封胶进行密封，以防泥浆进入。下管前计算好长度、节数，并在接头处打好自动螺丝导孔。当孔内水位较高，对管造成较大浮力时可向管内注入清水且适当施加静压力，但不可将测斜管压弯。同时要注意导向槽的方向不发生变化，防止下入后进行纠正引起测斜管的角度旋转。下管结束后进行孔壁回填，当测斜孔较浅（小于20m）或观测时间间隔较长时，可采用细砂回填或自然塌孔消除孔壁空隙；当测斜孔较深，或埋管与观测时间间隔较短时，应采用孔壁注浆的方法。对于安装好的测斜管，测量测斜管顶端高程，安装保护盖，砌筑保护墩，并做好标记。

将测斜导管预埋设后，测定导管的位置初始值。当土层发生侧向移动时，测斜管也相应地产生形变。将测斜仪探头沿测斜管导槽底部自下而上每隔1m（或50cm）测得读数并提拉而上，直至孔口测完各个读数 X_0；然后将探头取出旋转180°，按照同样方法测得 X_{180}，X_0-X_{180} 为 x 方向在各部位的读数差。监测操作中，可分为每1m正反读数两次、每1m正反读数一次、也可分为每0.5m正反读数两次、每0.5m正反读数一次，通过比较各位置的读数差与初始值 W_0，求得各位置的相对位移变化量，即差数 ΔS_i，对差数求和得到位移量。

$$\Delta S_i = (X_0 - X_{180})/2 - W_0 \tag{4.9}$$

$$\Delta S = \sum_{i=1}^{N} \Delta S_i \tag{4.10}$$

最后，对同一位置的位移量矢量合成，可求得沿深度的位移量。利用测斜仪定期对管道的形变情况进行监测，然后通过纵向比较各期的监测数据，就能够得到管道沿深度在监测期间的变形情况。当侧向位移大于5mm/d时，需结合变形速率的变化趋势来进行堰塞坝的内部变形判断，并采取措施。

对堰塞坝产生的裂缝或边坡裂缝进行位置、长度、宽度、深度、错距等监测，以了解裂缝的变化情况。一般采用丈量方式，采用检定过的钢尺等进行精密量距。裂缝观测示意图见图4.5。

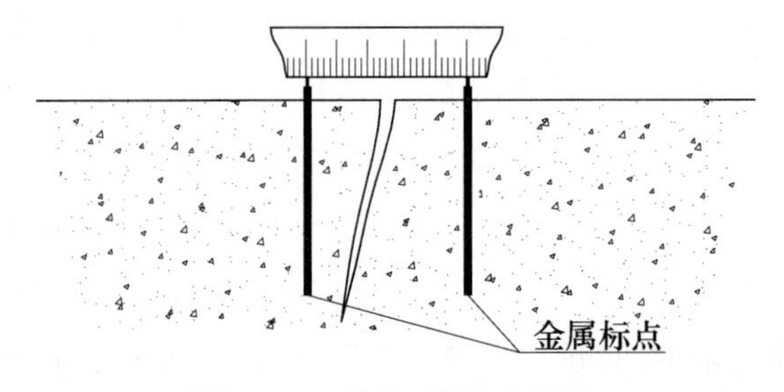

图4.5　裂缝观测示意图

4.2.2.3　渗流监测

渗流监测包括渗流压力、渗流量和水质监测，对于堰塞坝的险情处置，重点关注的是渗流压力和渗流量。

1. 渗流压力监测

渗漏压力监测，包括监测断面上的压力分布与浸润线位置的确定。监测断面宜选在堰塞坝的最大坝高、地质条件复杂坝段，一般不得少于三个，并尽量与地形、应力监测断面相结合。监测断面上的测点布置，应根据堰塞坝的断面大小和渗流场特征，设计3～4条监测铅直线。对于铅直线上的测点布置，应根据坝高和需要监测的范围、渗流场特征，并考虑通过流网分析确定浸润线位置，沿不同高程布点。最后，根据监测目的、土体透水性、渗流场特征以及埋设条件等，选用测压管或者振弦式压力计。作用水头小于20m的堰塞坝、渗透系数大于或者等于10^{-4}cm/s的土中、渗压力变幅小的部位、监测渗透体裂缝等，宜选用测压管；作用水头大于20m的堰塞坝、渗透系数小于10^{-4}cm/s的土中、监测不稳定渗流场渗流过程及不宜埋设测压管的部位，宜选用振弦式孔隙压力计，其量程应与测点实有压力相适应。

对于振弦式孔隙压力计，其结构详见图4.6。压力计中有一敏感的不锈钢膜片，连接振弦，膜片上的压力变化引起膜片移动，该微小移动位移量将通过振弦元件的张力和震动频率进行测量，振动频率的平方正比于膜片上的压力。两个线圈，紧靠钢弦对称布置，

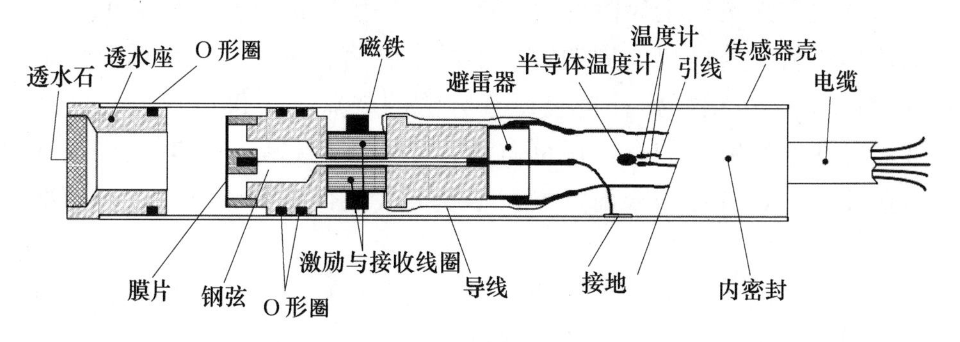

图4.6　振弦式孔隙压力计结构图

使用时，一个变频的脉冲信号（扫描频率）加到线圈上，使得钢线在其固有频率上振动；激励结束时，钢弦继续振动，但固有频率的正弦信号在线圈上逐渐减弱，并传输到读数仪上，在此被解调和显示。

2. 渗流量监测

渗流量监测，需根据堰塞坝的地质条件、渗漏水的出流和汇集条件以及所采取的测量方法确定。对堰塞坝体的渗流量测量，应分区、分段测量，所有的集水和量水设施应避免客水干扰。当坝体下游有渗漏水出逸时，一般应在下游坝趾附近设导渗沟（可分区、分段设置），在导渗沟出口或排水沟内设置量水堰测量出逸（明流）流量。当透水层深厚、地下水位低于地面时，可在坝下游河床中设测压管，通过监测地下水坡降计算出渗流量。测压管的布置，顺水流方向布置两根，间距 10～20m；垂直水流方向，根据控制过水断面及其渗透系数的需要布置适当排数。

根据堰塞坝的不同渗流量大小和汇集条件，进行不同渗流量监测方法的选择。当渗流量小于等于 1L/s 时宜选择容积法；当渗流量为 1～30（含）L/s 时宜采用量水堰法；当渗流量大于 30L/s 或者受落差限制不能设置量水堰时，应将渗漏水引入排水沟中通过测流速进行渗漏测量。

4.2.2.4　遥感监测

遥感监测是高风险和极高危险堰塞坝早期监测的有效手段，也是降低观测人员安全风险的有效措施。遥感监测可全天候获取大范围数据资料，速度快、周期短、手段多、信息量大。卫星遥感中的“高空作业”可很好弥补传统调查方法的缺点，不仅可获取实时或准实时堰塞坝灾害信息，还可监测其发展演化趋势，尤其是“星载雷达技术”具有穿透云雨特点，不受天气条件影响，可以实时而准确地获取堰塞坝的信息。

遥感监测可贯穿于堰塞坝的调查、监测、预警及评估的全过程。利用遥感技术结合实地调查信息，可以解译地表地质条件、地形、地表特征等信息。遥感技术能快速、实效获取堰塞坝地区多波段、多时相信息，通过堰塞坝发生前后的遥感数据对比和分析，从宏观上对区域性堰塞坝进行直观的、全面的动态综合解译和现状调查。在堰塞坝的应急处置中，利用遥感技术可实现堰塞坝的动态监测。如2008年四川汶川“5·12”大地震中利用多源遥感数据对唐家山堰塞坝进行了动态跟踪监测，获取了多期唐家山堰塞湖回水长度、水面面积和堰塞湖库容等信息，为堰塞坝的科学处置提供了科学依据。

对于遥感图像的处理，可以通过遥感图像上呈现的形态、色调、影纹结构等与周围背景存在的区别来进行识别处理。一般情况下，在堰塞坝的下游存在明显滑坡体或崩塌堆积物，且完全堵塞河道，造成坝体上游河道显著加宽，下游出现断流，利用光学和SAR数据可判断；当堰塞坝水位高过坝体时，在坝体顶部有溢流现象；与正常河流相比，堰塞湖水体由于坝体的阻隔，水流缓慢，泥沙沉积，水体相对清澈，水面有大量漂浮物存在，利用光学图像可显著判别。

4.2.3 水体监测

堰塞坝的水体监测包括降雨监测、库容监测、流量监测、水位及水面线监测、水深测量、溃口水位、流量、流速监测，其方法应操作简便、快捷，满足一定精度要求。

水体监测是在特殊环境条件下的水文观测，监测条件十分恶劣，人身安全保障程度差，突发溃坝或大量级人工泄洪时必须反应快捷。采用先进观测设备和技术手段，对降水、水位资料进行自动监测可较好地保证监测资料的时效性和保障人员安全。常用的仪器设备有翻斗式雨量计、免棱镜激光全站仪、红外测距仪、电波流速仪、激光流速仪、卫星电话、高精度的GPS、远程视频监视装置等。

4.2.3.1 降雨监测

翻斗式雨量计是我国较为常用的雨量监测设备，结构简单、实用，性能稳定，信号输入简单、自动化，价格低廉、易于维护，可靠性较高，无故障工作时间一般都超过两年，采用固态存储介质自动记录或者介入自动化系统，进行计算机处理。由筒身、底座、内部翻斗三部分组成，核心部件是传感器和相应的记录仪，翻斗式雨量计的传感器为翻斗，翻斗也是其计量装置，根据分辨率、准确度要求的不同，设置有一层或者两层翻斗，一层翻斗式雨量计的工作原理见图4.7。

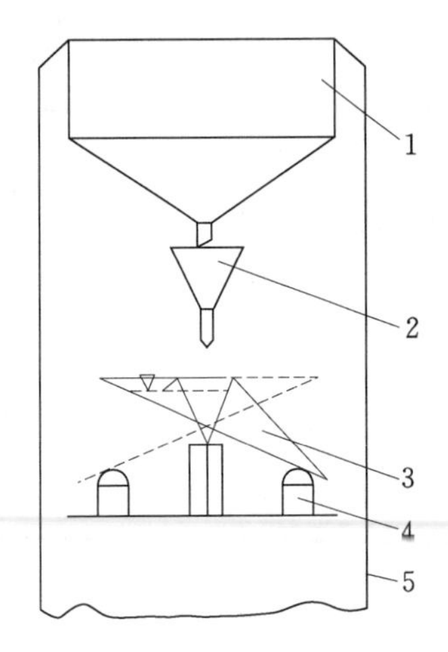

图4.7　翻斗式雨量计的工作原理图

1—进水漏斗；2—过度漏斗；3—计量翻斗；4—节流管；5—雨量筒身

雨量翻斗是一机械双稳态结构，在机械平衡和定位作用下，处于两种倾斜状态，如图4.7中的实线和虚线位置。降雨通过承雨口进入雨量计，通过进水漏斗进入翻斗的某一侧斗内，当流入水量达到一定阀值时，翻斗将失去原有平衡，向一侧翻转。翻斗发生翻转以后，受调节螺钉制约，停于虚线位置，翻斗内雨水流出，另一侧空斗进入承接水状态，继续雨量计量，如此循环。

翻斗雨量计的安装与一般的雨量计相同，安装过程中需要进行固定、调平、信号线埋设等工作。安装完成的翻斗雨量计即可自动工作，输出机械接触信号。

对于雨量监测，还可以通过GD50型一体化雨量站进行监测。GD50型一体化雨量站可用于任何需要自动监测降雨量的站点。本身为一小系统，可自动采集、存储长达一年的降雨数据，存储的数据可通过蓝牙下载到PDA上，还支持GPRS或GMS通信，可作为雨量遥测站应用于水情遥测系统中。

4.2.3.2　库容监测

依据《水库水文泥沙观测规范》(SL 339—2006)，库容监测包括库容观察和淤积计算，常用地形法或者断面法进行。

堰塞坝形成以后，许多地方人员、设备无法到达，可以采用免棱镜全站仪测量，对于部分碎部点采用 RTK 施测。水下地形测量采用 Trimble GNSSRTK 实时定位和导航，高精度数字测深仪实测水深，计算机直接采集同步定位数据和水深数据。水位接测采用水尺观读或免棱镜全站仪施测。为保证人员和设备的安全，部分堰塞坝的库容监测过程中，可以采用冲锋舟作为测船，搭载技术人员和设备进行测量。基于以上监测数据，利用地理信息平台进行数字化成图，生成地形图，进行堰塞坝的库容及淤积计算。

应急处置过程中，对于堰塞坝的库容监测频次，需要根据救援指挥部的统一安排，结合上游来水及淤积情况，实时开展，随时了解库容变化及淤积发展情况。

4.2.3.3 流量监测

流量是反映水资源和江河湖库等水体的水量变化的基本资料，是堰塞坝抢险水体监测工作中最重要的水文特征值。对堰塞坝流量监测主要包括入湖、出湖流量监测。在可能的情况下，尽可能地利用已有水文站进行监测；在没有水文站可以利用的情况下，常用走航式 ADCP 法进行监测。

1. 测验断面布设

对堰塞坝河（江）段，通常在其上游、下游各布设一个测流断面，以掌握堰塞坝（河段）进、出水量及堰塞坝（河段）槽蓄量的变化情况。流量测验断面应选在河岸顺直、等高线走向大致平顺、水流集中的河段中央，测验断面水流平顺、两岸水面无横比降，无漩涡、回流、死水等发生，地形条件应便于观测。

当断面控制和河槽控制发生在河段的不同地址时，应选择断面控制的河段作为测验河段。在几处具有相同控制特性的河段上，应选择水深较大的窄深河段作为测验河段。测验河段宜顺直、稳定、水流集中，无分流岔流、斜流、回流、死水等现象。堰塞坝出口站的测验河段应选在堰塞坝的下游，避开水流较大波动和异常紊动的影响。

2. 有水文站条件下的流量监测

基于对形成堰塞坝的测验河段上下游水文站分布情况的调查，当有水文站存在时，应尽可能地利用已有水文站进行流量监测。即使发生的自然灾害对已有水文站的测验设施有所损毁，也应在尽快恢复水文测站基本设施的情况下，开展流量的监测工作。对水文站而言，流量监测的方法较多。即使在自然灾害的影响下，总会有一种方法可以及时进行监测。同时，已有水文站对测验断面的断面资料、水流特性有充分的了解，大多数水文站的水位流量关系较为稳定。当通过施测流量资料检测到水位流量关系未发生变化时，可通过监测测验断面的水位，推算出测验断面的流量。当水位与流量关系发生明显变化时，应通过水文站的测验设备进行水位、流量监测，以重新建立新的水位流量关系，并根据断面面积的变化确定水位流量关系的变化范围。利用现有水文站进行流量监测是最简便、快捷的方法。

3. 无水文站条件下的流量监测

当堰塞坝的测验河段上下游无水文站时，需要基于对形成堰塞坝的测验河段的调查及现场查勘的基础上，制定出流量测验方案。考虑到堰塞坝水文监测的特点，建议采用走航式声学多普勒剖面流速仪（简称ADCP）进行流量监测。ADCP利用声波的多普勒频移效应测量水体的流速，具有不扰动流场、测验历时短、测速范围大、测验数据量大、风险小的特点。近年来，水文监测使用较多的是将ADCP仪安装在船上，横跨断面可测得所到之处无数根垂线的流速分布，得到全断面数据，称为走航式ADCP流量测验。

（1）走航式ADCP的构成。ADCP仪器主体是一个三声束或四声束换能器，电子部件、磁罗经、倾斜计、温度传感器和底部跟踪固件都在此整体结构中。具有用来连接GPS定位系统的GPS接口、RS-232或RS-422数据的通信接口。通常利用个人计算机（PC机）或便携机运行专用软件接收处理测得的数据，从而生成测速测流结果，同时利用通信电缆连接ADCP和计算机。

（2）走航式ADCP的安装。在形成堰塞坝的测验河段利用走航式 ADCP 进行流量监测。通常将 ADCP 安装在大功率的冲锋舟测艇上，仪器在冲锋舟侧或者冲锋舟体下垂直进入水流中，跟随冲锋舟横跨水流测量流速及断面流量。由于运用了冲锋舟作为载体，可以有效地避免铁磁性物体对 ADCP 磁罗经的影响，减少了外磁场干扰对测速准确性的影响。

（3）走航式 ADCP 的测验方法。使用走航式 ADCP 实施监测时，在监测过程中应严格保持测船沿测流断面匀速行驶，船速尽量小于断面平均流速。一次流量测验包含往返 2 次共测取 4 个流量成果。一个测次流量最终成果应为测量多个单次流量的均值。如果多个航次中的任一次流量与平均值的相对误差大于 5%，应补测一个往返。以合理的航次成果计算该次流量成果，直至满足上述条件为止。起始水边和结束水边的距离可以采用手持测距仪进行测量或目测。

（4）走航式 ADCP 的特性和测速准确性。走航式 ADCP 在国内应用已有近 20 年的历史。随着仪器本身的技术改进和使用技术的提高，已开始在国内推广。其优点在于测流速度快，机动性强。测船横跨断面就能完成流量测量，特别适用于大江大河、河口、洪水时的流量测量，也适合堰塞坝的流量测验。走航式 ADCP 通过横跨流量断面，可以得到完整的流速流向、水深、断面数据；无论是应用河底跟踪还是 GPS，测船都能自动定位，无需附加其他的定位装置。

但走航式 ADCP 也有不足之处，主要体现在：在含沙量较大、流速较大的地点使用效果不好，受影响的程度与仪器性能有关。在河底存在“走沙”的情况下，必须使用 GPS 定位系统代替河底跟踪系统。

在流量监测中，还有流速仪法、浮标法、电波流速仪法等流量测量方法。其中电波流速仪法施测表面流速，是通过水面流速系数的换算、借用之前的断面成果推算过水断面的流量，该方法常作为水文应急监测的备用方法，根据应急水文监测的具体情况灵活选用。

4. 监测数据的误差处理

考虑到自然灾害发生后河段的变化情况，通常在需要开展水体监测的河段，其控制条件较差，水流常常表现为非恒定流，所测水位流量关系为非稳定的单一关系。如果上、下测流断面距离较近，可能会出现区间水量不平衡的问题。国内尚无水体监测成果精度要求的相关技术规范及标准，建议按下列要求采用。

(1) 上、下断面测流的允许误差为8%～10%，特殊情况下不超过15%。

(2) 当上、下断面测流误差较大（超10%）时，需要调查区间汇流，并对堰塞坝（河段）槽蓄量进行计算分析。

(3) 如果通过分析能够确定上、下测流断面之一的水流条件较好，水位流量关系呈较稳定的单一关系，则可以此断面的测量成果为标准，另一个断面的测验成果作为参考和验证。在水位流量关系较好的断面，尽量多布置测次或按上述要求布置流量测次。

(4) 必要时，考虑迁移测流断面的位置。

4.2.3.4 水位监测

采用“挖、爆、冲”等工程措施，实现增加堰塞坝上下游落差、降低堰塞湖水位的效果，河道形态将处于不断变化中，必须进行水位及沿程水面线的监测。其不仅是防洪安全的需要，也是堰塞坝排险决策和指挥的重要依据。

水位观测主要采用人工观测，观测位置分布在堰塞湖库尾、堰塞坝上端、堰塞坝下端和出库流量监测断面等位置，其中堰塞坝上端的水位资料是重中之重，下端及出库流量观测位置的两个观测点，将随着水位的涨落增设新的水尺。水位观测过程中，重点是接测水尺的零点高程确定，当在进行几何水准联测过程中，因交通不便、距离较远等影响水位成果的一致性时，可依据《全球定位系统实时动态测量（RTK）技术规范》（CH/T 2009—2010）中关于高程控制测量的技术要求，采取GPS、RTK法进行零点接测，该方法高效、系统统一，且精度较高。

对于水面线监测，还可以直接采用免棱镜全站仪进行观测。

4.2.3.5　溃口参数监测

堰塞坝的溃口水流参数监测包括溃口水位、流速、流量监测，具有突发、峰高量大、变化急骤、流量监测难度大等特点，与一般的暴雨洪水监测存在显著不同，一般的水位测站的定点测流方法在溃口处难以直接使用（过流断面和流速直接量取困难）。对于溃口水位监测，有免棱镜激光全站仪法；溃口流速监测有溃口浮标测流法、溃口光学测速仪法和电波流速仪测流法；溃口流量监测基于流速监测经计算获得。

1. 溃口水位监测

堰塞坝发生溃决或者处置过程中发生溃决，随着引流渠溯源淘刷的不断加强，溃口口门不断加大，速度不断加快，测量人员必须尽可能远离溃口保证安全。选用成熟的无人立尺测量技术，配以高精度的免棱镜激光全站仪，可安全地对口门宽及溃口水位进行监测。

免棱镜激光全站仪的基本结构见图 4.8。其有脉冲和相位两种测距方法，脉冲测距的基本原理是直接测定仪器所发射的脉冲信号往返于被测距离的传播时间来计算距离；相位法测距是通过测量连续的调制信号在待测距离上往返传播产生的相位差来间接测量传播时间，计算测距。免棱镜激光全站仪核心部件为两个发射管，一个是用于测量反射棱镜或反射板的红外激光发射管，另一个是用于免棱镜测量的红外激光发射管。

基于免棱镜激光全站仪测距，进行溃口口门几何尺寸计算，平距 D、高差 Z、口门宽 B 分别如下：

$$D = L[\cos\alpha - (2\theta - \gamma)\sin\alpha] \tag{4.11}$$

$$Z = L[\sin\alpha + (\theta - \gamma)\cos\alpha] \tag{4.12}$$

$$B = D_{12} + D_{22} - 2D_1 D_2 \cos\beta \tag{4.13}$$

式中：L 为免棱镜激光全站仪测得的斜距；α 为天顶距；θ 为曲率修正数；γ 折光修正数；D_1、D_2 为溃口左右平距；β 为溃口左右的水平夹角。

溃口水位 G 的计算如下：

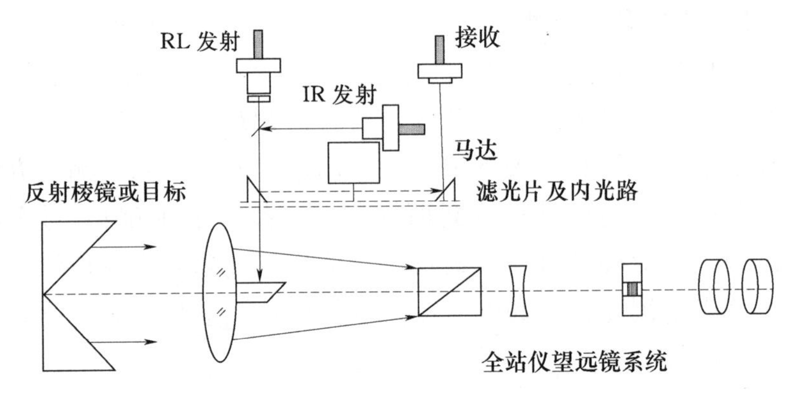

图 4.8 免棱镜激光全站仪基本结构图

$$G = H + S\cos\left(\alpha \pm \theta + \frac{\gamma}{2}\right) + \frac{S_2(1-K)}{2R} \tag{4.14}$$

式中：H 为测点高程；S 为仪器视线高，即测站点高程与仪器高之和；α 为垂直角；θ 为垂直角指标差；γ 为免棱镜激光全站仪的发散角；K 为大气折光系数；R 为地球半径。

2. 溃口流速监测

(1) 浮标测流法。对于流速仪无法监测的水流，浮标测流是一种简单有效的测流方法。浮标系数的确定是浮标测流的关键环节，浮标系数是一个受多因素影响的综合系数，风力、风向、浮标形式与材料、入水深度、水流情况、河道过流断面形状和粗糙度等水力、气象因素都会对其系数的选取产生影响，必须综合各影响因素，结合具体水流情况，通过选定不同的浮标参数才能保证浮标测流的效果。简单可靠的浮标系数确定方法，是在野外对同一浮标，选取与所测河流较为近似的水流情况进行浮标参数率定。

浮标测流还受到溃口过流断面的影响。浮标测流需要借助断面虚流量的计算断面，但是堰塞坝溃决无断面可借。对此，对溃口口门不太大且较为稳定的溃决，可以直接利用溃口过流断面；对于溃口口门不稳定的溃决，口门水深可近似取溃口中央水面高程减去坝脚高程，也可直接用超声波测深仪测量，然后通过计算得到近似过流断面，计算如下：

$$A \approx b(Z_1 - Z_2) \tag{4.15}$$

式中：A 为溃口水流近似断面；b 为溃口口门宽（手持红外测距仪测量）；Z_1 为溃口中央水面高程；Z_2 为坝脚高程。

（2）光学流速仪法。光学测速仪是一种测量水面流速的仪器，无需深入水中，能够测量最高达 15m/s 的流速。测流过程中，观测者置于溃口一侧，仪器俯视水流，调节仪器转镜的角速度，逐渐增大转速，此时从镜中看到一个接着一个的运动图像，当调节转镜的转速与水流速同步时，目镜中水面的运动画面逐渐停止，即可从转速仪上读取转镜的角速度 ω，同时量出仪器光轴到水流面的距离 Δh 以及瞬时物像角 θ，然后通过计算得到溃口水流流速 $v_{\max}$：

$$v_{\max} = \Delta h \sec^2[\theta(2\omega)] \tag{4.16}$$

对于常用的有 12 个镜轮的光学测速仪，只要读取转镜的平均角速度$\overline{\omega}$，量出仪器光轴到水流面的距离 Δh，即可计算溃口水流流速 $v_{\max}$：

$$v_{\max} \approx 2.188 \Delta h \overline{\omega} \tag{4.17}$$

（3）电波流速仪法。电波流速仪是应用多普勒效应设计的，由运动型雷达升级改造而成，增加了流速平均、回波强度指示、角度改正输入和计时秒表功能，专门用于水面流速测流，操作安全、高效快捷。电波测速仪使用电磁波，频率高达 10Hz，属于微波波段，在空气传播衰减很慢。测流过程中，无需解除流体，不受泥沙、气泡等影响。在唐家山堰塞坝的泄流槽泄洪监测以及坝体渗流量的监测过程中使用了 SVR 电波测速仪。

电波流速仪测速示意见图 4.9。测速过程中，电波测速仪发生的微波斜向射向测速水面，部分微波被吸收，部分发生折射或者散射，小部分微波被迎水面波浪的迎波面反射回来，产生多普勒频移信息被仪器天线接收。通过发出信号与发生信号的频率差，即可计算出溃口水流流速 v：

$$v = \frac{C}{2 f_0 \cos\theta} f_D \tag{4.18}$$

式中：C 为电磁波在空气中的传播速度，为 3×10^8m/s；θ 为发射角与水流方向的夹角；f_0 为发生的电磁波的固有频率；f_D 为多普勒频率。

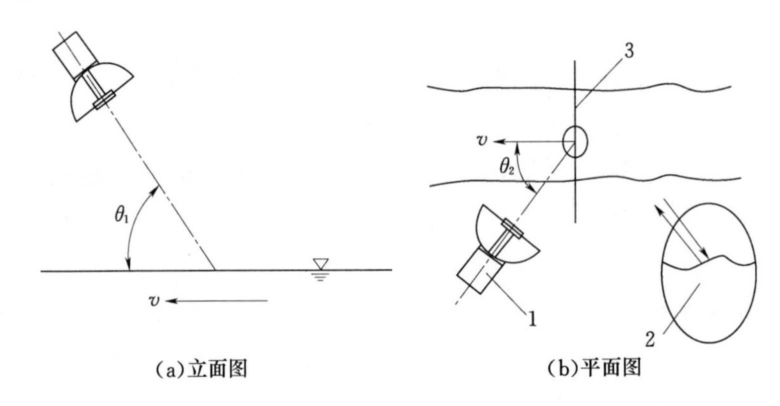

图 4.9　电波流速仪测速示意图

1—电波流速仪；2—水面波浪；3—测流断面

电波测速仪发生的电磁波呈椭圆状发散于水面，其椭圆形状大小与测程、电磁波发生角有关，因此电磁波测速仪测量的是水面流速的椭圆形区域的面平均流速，是垂直于测流断面的流速分量，与机械转子式的测速仪原理不一样，机械转子式测速仪测的是点的平均流速。

3. 溃口流量监测

基于以上溃口口门流速，计算虚拟流量 Q_f：

$$Q_f = v_{max} b h \tag{4.19}$$

式中：v_{max}为光学流速仪或者电波流速仪测得的水面流速；b 为溃口口门宽度（手持红外测距仪测量）；h 为溃口水深（由浮标法取得或超声波测深仪测量）。

对于虚拟流量，进行修正即可获得溃口水流流量 Q_k，如下：

$$Q_k = Q_f C_f \tag{4.20}$$

$$C_f = Q / Q_f \tag{4.21}$$

式中：C_f为小于 1 的修正系数；Q 为流速仪精确得到的流量；Q_f 为同时、同地（与流速仪精确测量同步进行）用光学流速仪或电波流速仪测得的水面流速计算出的虚拟流量。

当溃口流量显著增加后，流量大、流速快、水深大、人员无法靠近，又无断面测验设施设备，只能施测其过水断面的宽度，无法施测水深的变化过程时，可采用坝上水位与渠道测流断面水位差以及流速测量成果，用测流时段的非黏性河床公式和最大冲刷深度公式，估算过水断面水深，进而估算流量。

4.2.4 险情预警

基于监测网络的实时监测，持续获取实地实时与长期观测数据，配合实地调查，进行变化趋势分析为灾害预警阀值设定与调整提供依据。通过设定预警阀值、建立预警体系和应对措施，保证应急处置人员、设备和下游影响范围人员生命财产安全。对于部分仅设置了水文应急监测网络的堰塞坝险情，未实施具体的工程除险措施，险情预警更加重要，该种情况在国外的应急处置过程中较为常见。本小节重点对预警水位、溃坝警戒值和下游警戒范围的确定进行阐述，分析堰塞坝险情的具体预警过程。

4.2.4.1 预警水位

堰塞坝的预警水位，是堰塞坝安全标准的重要阀值。影响应急处置预警水位的设定因素很多，但对于最后确定的预警水位，都必须保证从预警水位上升至开始泄流水位或可能溃坝水位的时间能满足应急处置人员、设备转移和下游影响范围人员撤退的要求。对于不同的情况，分别考虑。

当堰塞坝内存在软弱带、局部薄弱及渗透变形等缺陷，水位上涨产生滑坡或渗透破坏，可能导致堰塞坝整体失稳时，应根据软弱带、局部薄弱及渗透变形区等缺陷的分布位置确定其可能溃坝水位。堰塞坝应急处置的预警水位由可能溃坝水位、库水位上升速度、作业人员撤离时间、堰塞坝沉陷和预警超高确定。当堰塞坝存在漫顶风险时，堰塞坝应急处置的预警水位应根据堰塞坝挡水段堰顶高程、库水位上升速度、作业人员撤离时间、堰塞坝沉陷和预警超高等因素分析确定。当采用引流槽作为应急处置措施时，预警水位应根据槽底高程、库水位上升速度、作业人员撤离时间、堰塞坝沉陷和预警超高等因素分析确定。

在预警水位确定过程中，最大波浪爬高、风壅水面高度可按《碾压式土石坝设计规范》（SL 274—2001）计算确定；堰塞坝沉陷量可根据堰塞坝岩、土成分及其密实程度等情况计算分析确定，当资料缺乏时，可按堰塞坝高的1%～3%估算；预警超高水位可以根据堰塞湖的风险等级确定，见表4.15。

表4.15　　预警超高水位

堰塞湖风险等级	Ⅰ	Ⅱ	Ⅲ	Ⅳ
预警超高水位/m	3.0～2.5	2.5～2.0	2.0～1.5	1.5～1.0

影响堰塞坝沉降和水位变化的因素较多，有些难以确定，为安全考虑，在分析最大波浪爬高、最大风壅水面高度、堰塞坝沉陷量影响的基础上，对于预警水位的确定还需增加一个水位加高值作为储备，加高水位可根据堰塞湖风险等级按表4.16确定。

表4.16　　预警超高水位

堰塞湖风险等级	Ⅰ	Ⅱ	Ⅲ	Ⅳ
加高水位/m	1.5	1.0	0.7	0.5

4.2.4.2　溃坝警戒值

堰塞坝发生溃决破坏时，溃坝所形成的洪水涌波传递速度快，倘若采用溃坝发生时的坝体变形量或是下游河道水位变化作为预警基准，对于下游生命财产的撤离，反应时间可能不足。因此，关于溃坝警戒基准值的确定，需要根据坝体的物质组成，判别坝体可能的破坏方式（具体属于哪一种），参考块石启动流速，以坝体溢流口发生冲刷为临界条件，推估临界流速、水位与降雨等的关系，确定坝体的破坏临界，如以雨量值作为防灾预警时期的溃坝警戒基准等。

4.2.4.3　下游警戒范围

溃坝对于下游安全性的影响评估与警戒范围的划定，可以利用水理模式与土砂冲淤模式，进行各种可能溃坝条件下的境况模拟（不同溃坝延时、不同降雨条件与坝高条件等），分析堰塞坝溃决后洪水波朝下游传递时可能造成的溢堤问题，以及下游土砂冲淤问题，完成下游安全性评估与警戒范围划定，提供防灾应急期间的疏散避难规划与减灾工程处理对策。

基于现场勘查和动态监测，预测堰塞湖溃决时间及泛滥范围，撤离设置在泛滥范围内的灾民安置点及抢险救援人员的临时驻扎场所，并制定下游危险区的临灾预案。

4.2.4.4 险情预警

堰塞坝的险情预警分为三阶段，第一阶段为预测阶段的预警，目的是掌握可能于短期溃决的堰塞坝，以掌握时效为第一考虑。而堰塞坝形成后若短期未溃决即进入第二阶段预警，此阶段预警通知范围较明确，预警发布条件偏保守。若堰塞坝维持至紧急处置完成，则进入第三阶段预警。三个阶段的预警流程见图 4.10。

（1）第一阶段预警。堰塞坝的第一阶段预警至关重要，以时效性为第一考虑因素，以快速、高效为重要因子考虑必要的应急处置手段。该阶段，是堰塞坝应急处置过程中极为重要的阶段，各种因素决定着险情的发展变化与灾变过程，对于应急处置决策、应急处置方案与过程等影响明显，集抢险应急期与应急处置效果综合考虑为一体。

该阶段，需要建立预警监测体系，考虑的事项包括堰塞坝的重要性及对下游影响的严重性；堰塞坝的可能的破坏方式；堰塞坝的寿命预测，即可能破坏的时间；堰塞湖上游淹没区范围的预测；堰塞坝一旦溃决的影响范围预测等。综合以上考虑因素，采取应急应对措施。关于第一阶段预警的内容，其评价方法与取值手段，在 4.3 中将进行分别阐述。

（2）第二阶段预警。堰塞坝形成以后若短期未溃决即进入第二阶段预警。第二阶段的预警并不是指险情已经解除，而是灾变条件尚处于孕育之中，短期坝体未破坏。随着余震、降雨等外在条件的不断变化，坝体上游面水压力增加、浸润线上升等，导致坝体危险因子上升，险情加剧。第二阶段的险情预警，基于第一阶段的预警基础，预警范围与内容较为明确，从险情的处置原则考虑，预警的

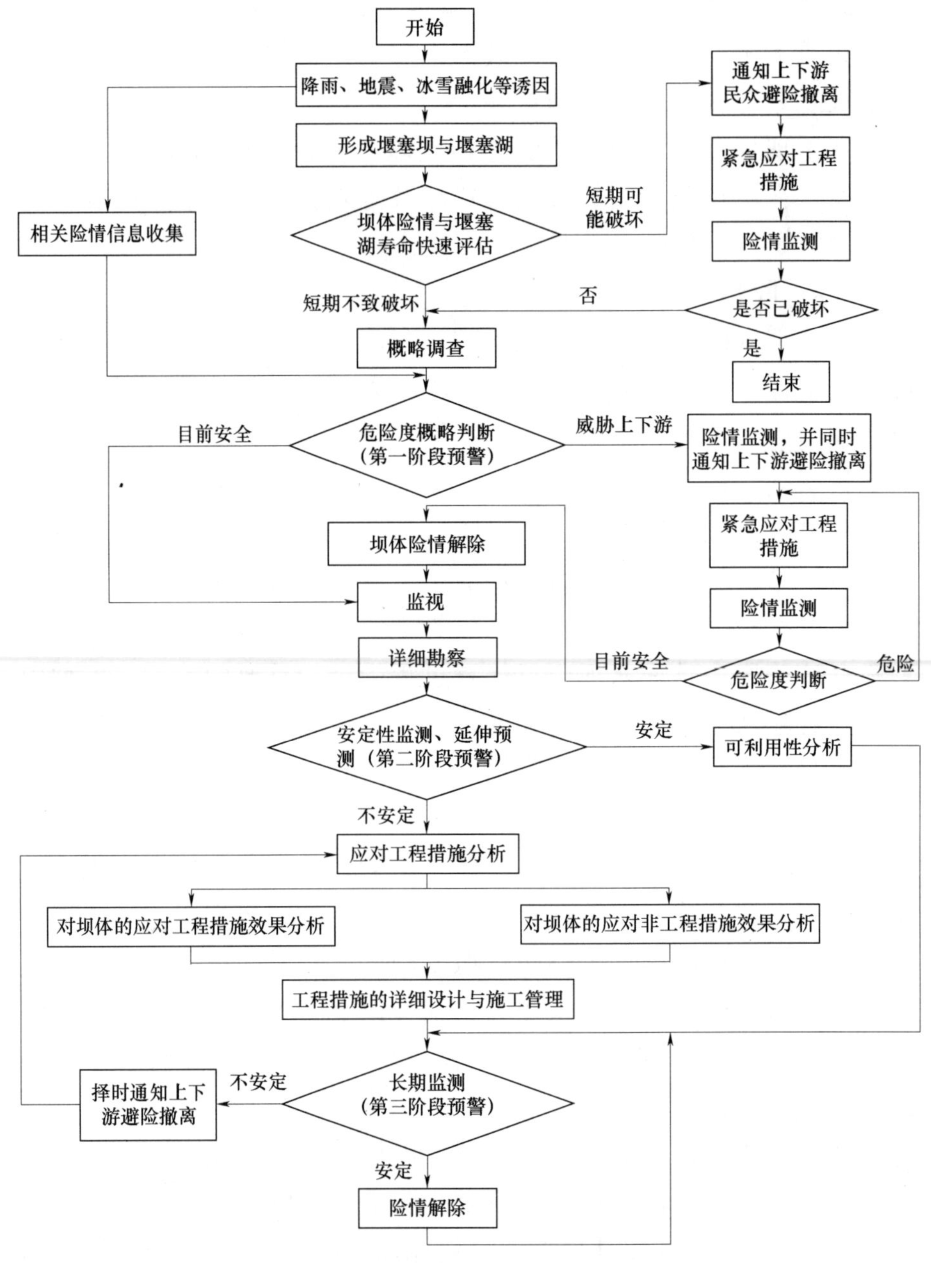

图 4.10　堰塞坝险情的预警流程

条件发布偏保守。

该阶段，需要对险情的基本情况作出详细调查，包括堰塞坝与堰塞湖的各种参数、主要的外在影响因素等，开展持续的险情监测，综合第一阶段的考虑因素，确定采取的工程与非工程应急处置措施。

（3）第三阶段预警。若堰塞坝维持至紧急处置完成，则进入第三阶段预警，该阶段指的是堰塞坝险情未从根本上解除，只是短时间之内险情趋于稳定，一旦外界条件发生变化也将加剧险情的发展。该阶段，综合了险情的处置与堰塞坝的开发利用，属于中长期处置阶段，而第一、第二阶段为应急处置阶段。

该阶段，需要开展应急处置工程效果的分析评判、坝体的开发利用分析、利用工程的设计施工等。此阶段预警基于监测仪器测得的直接物理量作为预警的发布参考，且为多目标预警，对象包括管理者、工程单位与受影响保全对象等。

4.3　堰塞坝险情研判

堰塞坝的险情研判，主要是分析堰塞坝的结构形态参数、寿命、可能的溃决模式，确定其风险等级，进行安全评价，计算溃决参数与溃决洪水，为堰塞坝的下一步快速应急处置提供理论支撑，是堰塞坝应急情况下的有效处置与有效应对的关键。堰塞坝形成之初的安全性状及其可能具有的风险状态是应急决策的重要依据，因此即使存在诸如应急决策时间要求紧、工程材料信息匮乏和缺失等不利因素的影响下，也要基于险情勘察和监测，尽可能快速全面地对堰塞坝的险情特征进行准确和合理评价。

4.3.1　规模估算

对于部分堰塞坝，由于环境特殊，无法开展及时有效的险情勘察、测量，只能获取坝体部分结构形态参数，而对于坝高、库容等重要结构参数却无法短时间之内获得。为此，可以通过经验公式进行估算，在条件具备的情况再进行实测修正，保证应急情况下能够对坝体的结构有一初步了解。本节介绍坝高与库容的经验计算公式，便于应急情况下的参考应用。

4.3.1.1　坝高

堰塞坝的坝高与崩塌、滑坡、泥石流等地质灾害的规模以及河沟（谷）的形态、大小有关，坝高从几米到几百米不等。国内外堰塞坝坝高的分布有明显的差异，国外堰塞坝规模较小，坝高多小于20m，而我国的堰塞坝大多数是由于地震诱发，规模相对较大，坝高从几十米到上百米都有存在。

关于坝高预测，很多学者基于典型堰塞坝的实测资料，分析其地形和河道形状资料，以崩塌体的体积或者坝体为变量，经过回归分析得到用于预测堰塞坝坝体坝高的经验公式。其中，台湾交通大学防灾工程研究中心通过整理分析国内外544座堰塞坝的崩落滑移体积、坝体体积与堰塞坝的坝高案例资料，经回归分析得到堰塞坝坝高 H 与崩塌滑移体 V_h ，以及坝体体积 V_d 之间的经验关系：

$$H=(V_h/0.7146)^{4.23} \tag{4.22}$$

$$H-(V_d/0.3265)^{3.085} \tag{4.23}$$

我国学者柴贺军基于对我国滑坡堵江资料的统计分析，发现堰塞坝的坝体体积 V_d 与堰塞坝的坝高 H 之间存在一定的线性关系，见式（4.24）。关于式（4.23）与式（4.24）的预测结果，经对比分析，两者的在坝体体积较大时预测的结果差异相对较小。

$$H=-355.7+65.01\lg V_d \tag{4.24}$$

以上坝高预测未考虑河水对滑坡或者崩塌岩土体的冲蚀作用，以及所造成的体积流失。堰塞坝的坝高总体上与滑坡或者崩塌岩土体的体积成正比，即边坡崩塌或土石移动堆积的土石方体积愈大，形成的堰塞坝坝高愈高。若能概略估得崩塌的体积或者坝体的体积，即可利用式（4.22）～式（4.24）计算堰塞坝的坝高。

4.3.1.2　库容

堰塞坝形成于不同的地形地貌条件，库容受到的影响较为复杂，其中坝高、河谷与河道形状是关键影响因素。堰塞湖的库容由几千立方米到几亿立方米不等，大部分堰塞坝的库容为10万～1亿 m^3 。

目前关于堰塞湖库容预测的研究成果较少，已有的成果也多为经验性的总结。其中，台湾交通大学防灾工程研究中心通过整理分析国内外544座堰塞坝的崩落滑移体积、坝体体积与堰塞湖的库容案例资料，经回归分析得到堰塞湖的库容与崩塌滑移体，以及坝体体积之间的经验关系：

$$V=16.454V_h^{0.7768} \tag{4.25}$$

$$V=3.7569V_d^{0.9705} \tag{4.26}$$

式中：V 为堰塞湖的库容；V_h 为崩塌滑移体的体积；V_d 为堰塞坝的坝体体积。

通过崩塌滑移体、坝体体积进行库容预测，仅从统计的角度获得，考虑的是拦蓄水位的高低，对于河谷地形地貌等条件未考虑。通过国内外544座堰塞坝的统计曲线可以看出，堰塞湖库容与崩塌滑移体的体积、坝体的体积成正比关系，即崩塌滑移体或者坝体体积越大，堰塞湖库容也就越大。若能概略估得崩塌的体积或者坝体的体积，即可利用式（4.25）、式（4.26）粗略求出堰塞湖的库容。

4.3.2　寿命预测

堰塞坝的寿命是指从堰塞坝形成到破坏的整个过程的历时。其寿命长短不一，从几分钟、几小时到几天不等，有的堰塞坝甚至存在上百年，也有的堰塞坝至今未发生溃决，如1911年塔吉克斯坦东南部的穆尔加布河上形成的萨雷兹堰塞坝至今未发生溃决。影响堰塞坝寿命的因素很多，包括坝体体积、长度、物质组成、地质构造以及上游河流的来水量等。大多数情况下，滑坡、崩塌或者泥石流形成的堰塞坝一年以内就溃决，一年之内没有发生破坏的，则发生溃决的可能性较小，但也不排除一些突发因素导致溃决。

根据近100年以来国内外形成的堰塞坝的寿命统计，得到堰塞坝的寿命曲线，见图4.11。由图4.11可知，在全世界范围内，9%的堰塞坝寿命小于1h，22%的小于1d，44%的小于1周，59%的小于1个月，91%的寿命小于1年，即约90%的堰塞坝在一年内发生溃决，约60%的堰塞湖在一个月内发生溃决。

目前关于堰塞坝的寿命预测，多数是基于溃坝案例的调查，经

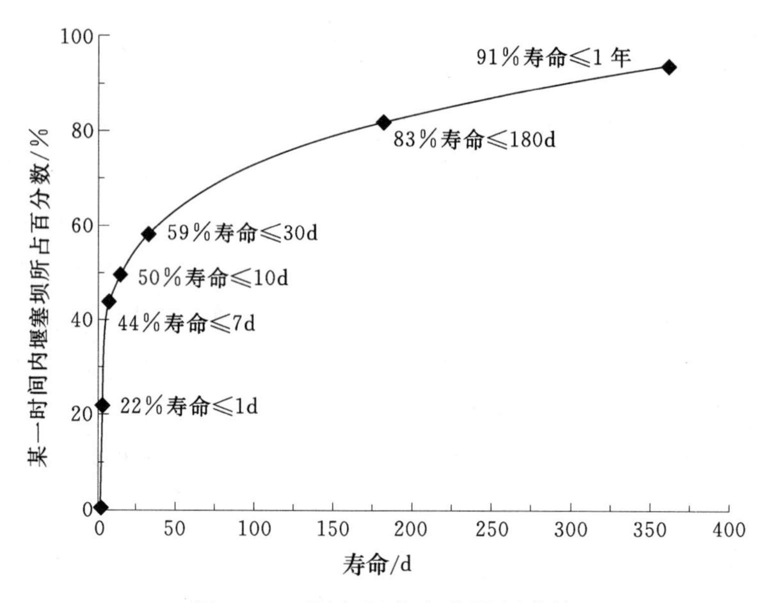

图 4.11　堰塞坝的寿命特征曲线

过汇总分析拟合而得，具有一定的经验性。本文介绍通过堰塞坝的坝体体积和溢顶时间进行堰塞坝的寿命估算两种方法。

4.3.2.1　由堰塞坝的坝体体积预测堰塞坝的寿命

台湾交通大学防灾工程研究中心通过整理分析国内外 544 座堰塞坝的坝体体积与其寿命的关系资料（图 4.12），发现堰塞坝的坝体体积与其寿命之间存在相关关系。经回归分析，推导出了关于堰

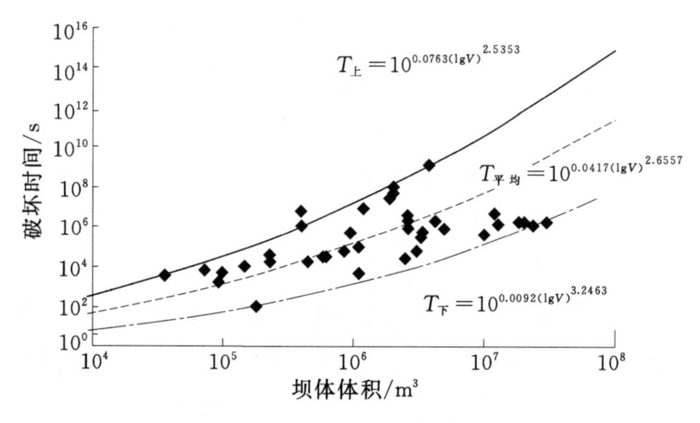

图 4.12　坝体体积与寿命关系曲线图

塞坝的坝体体积与破坏时间，即坝体寿命之间的上边界、下边界方程，以及平均破坏时间与坝体体积之间的关系式：

上边界方程：

$$T_{上} = 10^{0.0763(\lg V)^{2.5353}} \tag{4.27}$$

下边界方程：

$$T_{下} = 10^{0.0092(\lg V)^{3.2463}} \tag{4.28}$$

平均破坏时间与坝体体积的关系：

$$T_{平均} = 10^{0.0417(\lg V)^{2.6557}} \tag{4.29}$$

式中：V 为堰塞坝的坝体体积；T 为坝体破坏的时间。

通过堰塞坝的坝体体积预测其寿命，方法简单、快速，但是没有考虑不同破坏机制下的坝体寿命之间的区别，难以分离不同的破坏机理。

4.3.2.2 由溢顶时间预测因溢流而造成坝体破坏的坝体寿命

坝体的溢顶时间与其寿命之间存在很大的相关性。同时，坝顶溢流冲刷破坏占堰塞坝破坏方式的绝大多数，因此可以通过分析溢流冲刷破坏的堰塞坝的寿命来总体反应堰塞坝的寿命。

统计分析国内外堰塞坝溃决案例的溃决时间与堰塞湖库容、径流量之间的关系（图 4.13、图 4.14），经回归分析得到通过溢顶时间预测因溢流冲刷而造成破坏的堰塞坝的寿命计算经验公式：

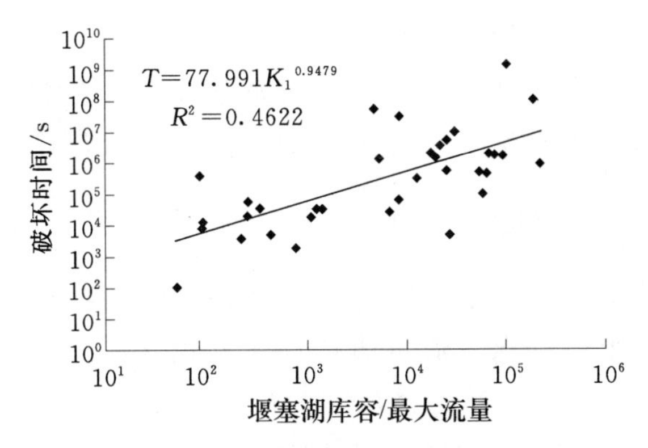

图 4.13 堰塞坝的寿命与堰塞湖库容/最大流量的关系曲线图

堰塞坝的寿命与堰塞湖库容/最大流量之间的关系：

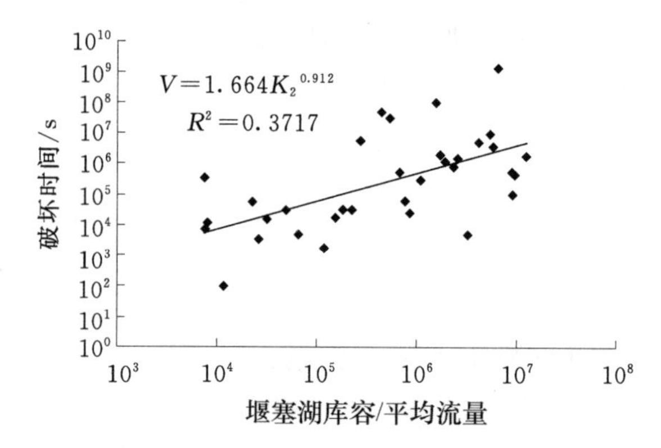

图 4.14　堰塞坝的寿命与堰塞湖库容/平均流量的关系曲线图

$$T=77.991K_1^{0.9479} \tag{4.30}$$

堰塞坝的寿命与堰塞湖库容/平均流量之间的关系：

$$T=1.664K_2^{0.912} \tag{4.31}$$

式中：T 为堰塞坝的破坏时间，即寿命；K_1 为堰塞湖库容与最大流量的比值；K_2 为堰塞湖库容与平均流量的比值。

堰塞湖库容/平均流量为衡量溢顶时间的重要因子，根据式(4.30)、式（4.31）可知溢顶时间越长，坝的寿命越久。通过该式的计算，能对坝体的寿命进行初步的预测。

对于坝体的溢流时间可由堰塞坝体积与上游河道入流量扣除渗透出流量之比获得。上游河道入流量，可以利用形成堰塞坝地区的邻近相同河流水文站的流量数据按面积比方式估算。堰塞坝坝址的入流量等于堰塞坝坝址附近水文站流量乘以发生在堰塞坝坝址上游的集水面积与该水文站上游集水面积之比，具体计算见式（4.32）：

$$Q_{堰塞湖}=Q_{邻近雨量站}\frac{A_{堰塞湖}}{A_{邻近水文站}} \tag{4.32}$$

渗透出流量，在概估上游水位、下游水位、坝长以及渗透系数后，即可推算出渗透出流流量值，具体见式（4.33）：

$$q=k(H_1^2-H_2^2)/2D \tag{4.33}$$

式中：q 为渗透出流量；H_1 为上游面水位；H_2 为下游面水位；D 为坝宽；k 为渗透系数。

通过式（4.33）的计算，若堰塞坝入流量较渗透流出的水量低时，堰塞坝亦不致有太大危害。

4.3.3 溃决模式

堰塞坝的溃决，从溃决规模上分为全溃和局部溃，从时间上分为瞬时溃和逐渐溃，由山体滑坡和泥石流等形成的堰塞坝在坝体结构与溃坝特性等方面与人工土石坝比较接近，溃决形式一般为逐渐溃决。从溃决模式上，分为漫顶溢流、潜蚀管涌和坝坡失稳三种主要溃决模式。根据统计，因漫顶溢流造成的堰塞坝破坏占到了堰塞坝溃决模式的80%以上。

4.3.3.1 影响因素

堰塞坝的溃决是坝体与湖水相互作用的结果，其主要影响因素包括库容、坝高和组成材料。

（1）库容。库容对于堰塞坝的溃坝影响，反映在蓄水量上。溃口形成之前，湖水存在对堰塞坝的持续渗漏作用，库容越大，持续渗漏时间越长，渗流通道的发展变化也越明显，越容易形成各种溃决。一旦溃口形成，用于对溃口持续冲刷的水能也就越充足，持续冲刷时间越长，冲蚀越强烈。在溃口水流的持续冲刷作用下，溃口尺寸也越大，易于形成较大的峰值水流。较大的溃口峰值流量，进一步加剧了溃口的发展，湖水的下泄，以及坝体的溃决破坏，与溃口的形成与发展、坝体的溃决模式与速度存在彼此促进的关系。

（2）坝高。坝高对于堰塞坝的溃决影响，主要来源于高压力水头。坝体越高，水头越大，向下的冲击力越强，形成的较大速率的水流对坝体的冲蚀也越强；坝体越高，可冲蚀的土层越厚，易于形成较大的溃口深度。在常见坝高较高的堰塞坝中，多数存在巨大的块石，阻止溃口的深度下切，影响坝体溃坝模式的发展变化，有可能使得坝体的溃决过程变得更加复杂，溃决模式与过程的可控性降低。如唐家山堰塞坝，在泄流槽泄流过程中，存在的巨大块石影响了槽体的下切，使得坝体从逐渐溃决向整体溃决的可能性大大增加。

（3）组成材料。当坝体主要由大块石或弱风化碎裂岩等物质组成时，坝体抗水流冲蚀能力较强，坝顶发生漫溢后坝体能承受一定的水头不致发生溃决，但是当水位继续上升而超过某一极限水位时，将引发坝体局部（或全部）突然坍塌，造成坝体快速溃决。相反，当坝体含细粒泥沙或碎石土较多时，坝体抗水流冲蚀能力相对较弱，水位上升漫顶溢流后，漫溢水流将逐渐冲蚀坝坡下游及坝顶，造成下游坡的不断后退与坝顶高程的逐渐降低。冲蚀过程刚开始时比较缓慢，随着溃口的逐渐扩大和漫溢水流的增强，溃决过程也将迅速加快。当坝体断面被削弱到一定程度时，在特定的水流条件下剩余坝体可能发生突然溃决。

4.3.3.2　溃决模式

相比于人工土石坝，堰塞坝易于发生漫顶溃决，而极少发生管涌和坝坡失稳，究其原因：①堰塞坝的坝宽可达几百米甚至上千米，而人工坝的坝宽相对较小，在相同的水头下，堰塞坝的水力梯度小于人工坝水力梯度，不易发生管涌破坏；②堰塞坝中粗大颗粒较多，往往形成架空骨架，较易发生渗流但不易发生管涌；③堰塞坝是由滑坡、泥石流等地质灾害带来的大量岩土体快速堆积而成，坝体坡度相对较缓，一般不易发生坝坡失稳。

在堰塞坝的溃决模式中，对于某一堰塞坝的溃决而言，存在一种溃决模式导致的破坏，也存在多重溃决模式多重作用导致的破坏，但是存在一种主要的溃决模式。如随着堰塞湖水位上升至堰塞坝的坝顶高程，堰塞坝出现漫顶溢流，随着水流对坝体下游坡面的不断冲刷与下渗，坝体破坏进一步发展，出现坝坡失稳引起的破坏，坝坡失稳进一步加剧漫顶破坏的发展，其中的漫顶破坏为主要溃决模式。漫顶溢流、管涌溃决和坝坡失稳三种溃决模式为非人工影响下的溃决模式，其中的漫顶溃决最为常见，也是最主要的溃决模式，但是随着人类社会发展，人类改造自然的能力不断加强，堰塞坝的溃决出现了另外一种模式，即人工溃决模式。人工溃决模式，指的是在堰塞坝形成初期，堰塞湖水位尚未达到危险水位的情况下，为了防止形成巨大的、危险性的天然水体而提前采取爆破或者人工开挖等手段，诱发堰塞坝在未达到最危险水位的情况下提前溃决的模式。人工诱发破坏模式在近年来的堰塞坝险情处置过程中越来越常见，如2008年“5·12”汶川大地震形成的唐家山堰塞坝破坏。

1. 漫顶溢流

(1) 产生的条件。堰塞坝由低透水性、高强度岩土组成，上游蓄水充足，湖面水位上升速率大于渗流速度，没有溢洪道和其他泄洪设施，且坝体没有足够的渗流强度，则易于形成漫顶溃决，其溃决模式见图4.15。漫顶溢流溃决，是堰塞坝溃决的主要模式，在险情研判中，必须重点分析。

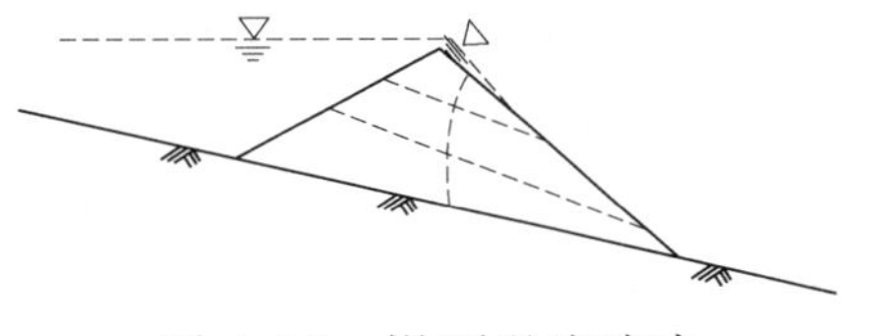

图4.15 漫顶溢流溃决

(2) 溃决过程。在堰塞湖水位上升过程中，因没有其他排泄设施直至湖水漫顶，漫顶洪水冲蚀坝顶和下游坝坡，使坝体变薄、变低，开始冲刷速率缓慢，随着漫顶湖水的增加，冲刷速率逐渐加剧，最后发展成突然溃决，湖水瞬间得到释放，携带坝体岩石、土块等，对下游形成巨大冲击。该种溃决模式，在我国的堰塞坝溃决中较为常见，如岷江上的叠溪堰塞坝、雅砻江上的唐古栋堰塞坝等都是因漫顶溢流导致的破坏，该种破坏方式引起的水灾最为严重。另外，发生于2000年的西藏波密的一大型滑坡堵塞波密易贡藏布江，形成了由大量灰岩和花岗岩块石碎屑、崩坡堆积物组成的堵塞长度近2.5km的堰塞坝。坝体形成两月以后，湖水漫顶，开始时洪水量较小，逐渐增加，坝顶物质在冲刷的作用下被带走，最终导致了坝体溃决，造成了极大的危害。

2. 潜蚀管涌

(1) 产生的条件。当堰塞坝由较高透水性、低强度岩土体组成时，则易形成潜蚀管涌溃决，其溃决模式见图4.16。

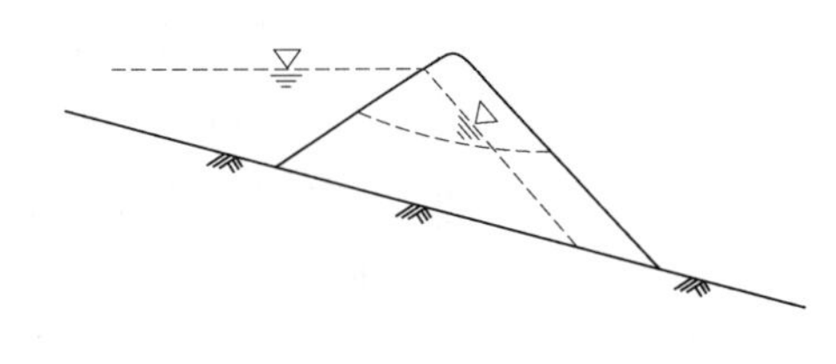

图4.16 潜蚀管涌溃决

另外，当堰塞坝的坝基强度不够或存在地质缺陷时，因坝基潜蚀管涌，也能导致坝体溃决。该种溃决模式，坝体材料尚未饱和，滑动岩土体暂堆积于坝体下游坡趾处，在泄流洪水的冲刷下形成大规模泥石流。

（2）溃决过程。随着堰塞湖水位不断上升，坝体内浸润线逐步形成并不断抬高，坝基和坝体内的渗透比降逐渐增大，当渗流产生的渗透比降大于坝体材料的临界渗透比降时，在坝体中形成渗透力和动水压力，土体中的细小颗粒不断被渗透水流带走，发生潜蚀。潜蚀的形成，使坝体结构松散，强度下降，土石体发生渗透变形。强烈的潜蚀会在出口处侵蚀成空洞，空洞的形成缩短了渗流路径，水力梯度增加，进一步增加了空洞出口处的水流侵蚀。形成的空洞沿着水流梯度线向溯源发展，形成溯源冲刷，呈现冲刷与溯源相互促进的关系，加速了险情的发展，直至形成一条水流集中的通道。通道中的水流携带大量坝体细颗粒冲出，形成管涌。管涌不断发展，使渗漏通道越来越大，渗透水流的冲蚀能力也不断增强，形成贯穿坝体的漏洞。漏洞中的渗透水流不仅将继续对周围坝体材料产生冲刷，使漏洞直径变大，而且渗水集中后，还会造成对坡面的冲刷。潜蚀发展成为管涌、漏洞，造成颗粒的逐渐流失，引起坝坡变形，包括沉降、滑坡、变薄、变低，最后突然溃决。

由于堰塞坝材料与结构的特殊性，坝体组成中石、大石、巨石居多，渗透能力较强，块石不易被渗流带走，加之坝体宽厚，所以由管涌导致的堰塞坝溃决不是很多，但是在世界上也曾出现过，如 1966 年在苏联中南部的 Lsfayramsay 河上，雅什库滑坡堰塞坝的溃决就是因为管涌而导致的结果。

3. 坝坡失稳

（1）产生的条件。当堰塞坝由高透水性、低强度岩土体组成时，且在水位显著上升前有渗流水出现在坝体下游坡面，即蓄满前坝体就产生了渗流，则易形成坝坡失稳溃决，溃决模式见图 4.17。

（2）溃决过程。当堰塞湖水位上升至一定高度时，如持续时间

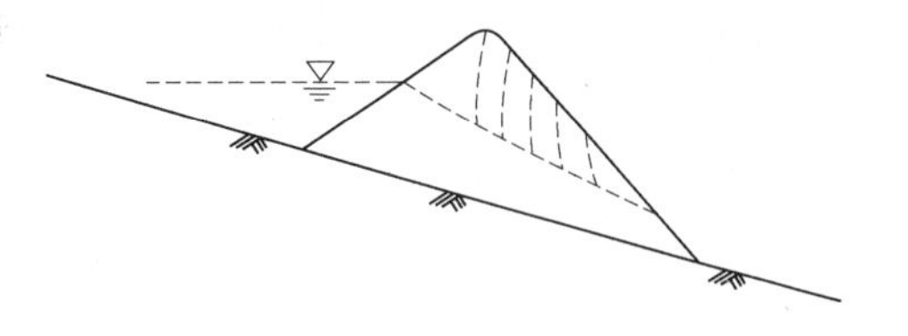

图 4.17 坝坡失稳溃决

较长，则坝身（在浸润线以下部分）呈浸水饱和状态，抗剪强度降低，自重增加，下滑力增大。若土石体强度不足，渗流水促使发生局部坝体滑动失稳，随着时间发展，溯源冲刷，滑动面朝上游发展，直至坝顶溃决。如果堰塞坝较窄，坝体上游、下游坝坡在发生累积性破坏的过程中，坝顶可能先产生破坏，坝顶降低，然后湖水漫顶而溃决。由于常见堰塞坝的特有物质组成和形态结构，发生坝坡失稳溃决的堰塞坝极为少见。

4. 人为诱发破坏

（1）产生的条件。堰塞坝形成以后，依据坝体体积、坝高、堰塞湖库容、下游人民生命财产情况等确定其风险等级，然后根据风险等级确定是否采取工程应急措施在水位上升至危险水位之前降低水位或者诱发坝体提前破坏。若决策对堰塞坝采取工程应急处置措施，则将堰塞坝因处置而导致的溃决破坏定义为人工诱发破坏。

（2）破坏过程。一般在坝体的低矮部位利用原有的垭口，采用人工开挖、机械开挖或者爆破开挖等方式将垭口的泄流高程最大限度地降低至坝体危险湖水位以下，并且按照流量计算形成一定过流能力、坡度的过流断面。在泄流槽过流过程中，利用下泄水流下切侵蚀槽体，形成溯源冲刷，通过溯源冲刷引起坝体破坏。

人为诱发破坏能将下泄流量控制在下游能够承受的范围之内，一定程度上降低下泄洪水对下游造成的影响，因此是堰塞坝形成以后防灾减灾的主要措施。

综合漫顶溢流、侵蚀管涌、坝坡失稳与人工诱发破坏的材料、诱发因素及破坏形态，汇总于表 4.17，可以参考此表进行堰塞坝的溃决模式预判。

表4.17　　堰塞坝的溃决模式与形态

序号	溃决模式	破坏位置	坝体材料	诱发因素	破坏形态
1	漫顶溢流	整个坝体	低透水性、高强度岩土体	堰塞湖的上游入水量大于坝体的渗流量	坝顶因漫坝洪水的冲刷、搬运作用导致坝体顶部和下游坝坡表面遭受冲刷，土石体流失，坝体变薄，最终造成坝体总体破坏
2	侵蚀管涌	坝体或坝基	高透水性、低强度岩土体	湖水在坝体中渗透导致渗漏或者水在松散坝基中渗漏	湖水在坝体中渗漏，造成土体中的小颗粒被运走流失，发生管涌现象。如果堰塞坝的坝基仍为形成前的松散的河床物质，湖水可能通过坝基渗漏，造成背面坡脚及地表发生喷沙冒水现象而形成空洞，造成坝坡失稳或坍塌
3	坝坡失稳	前坝坡或者后坝坡	较高透水性、低强度岩土体	湖水渗透、坝表面雨水渗透	湖水或雨水大量渗透导致坝土体的饱和度增加和土体的抗剪强度降低，引起坝坡发生滑坡，导致坝体破坏
4	人工诱发破坏	坝体		应急处置措施	降低坝高使湖水漫坝，或爆破使坝体失稳

4.3.4　风险评价

进行堰塞坝的风险评价，获取关于堰塞坝的长度、宽度、高度、坝体结构、库容、堰塞湖回水长度等数据是关键。在地震救援的应急期，限于地震后交通通信条件，要想全面了解以上参数，特别是堰塞坝的坝体结构、材料参数等详细数据，几乎不可能。目前，对于堰塞坝的风险评价，主要参考的数据是堰塞坝的坝高、堰塞湖的最大库容和堰塞坝的坝体结构。

2008年“5·12”汶川大地震发生之前，我国还没有建立专门的堰塞坝风险等级评价方法。汶川大地震以后，在水利部的领导下，吸取汶川“5·12”地震形成的堰塞湖的风险评价经验与教训，进行了堰塞湖的风险评价方法研究，编制完成了《堰塞湖风险等级划分标准》(SL 450—2009),按照该规范,单个堰塞湖的风险性应急评价,包括堰塞坝的危险性评价、堰塞湖对上游、下游的影响评价、堰塞湖的风险评价,具体流程如下。

(1)确定堰塞湖的规模。采用遥感等测量手段,获取堰塞湖的库容数据。对于堰塞湖的规模,按照表1.3进行划分。

(2)确定堰塞坝的危险等级。进行堰塞坝的材料野外快速鉴别,确定堰塞坝的组成材料属于以土质为主或大块石为主,还是以土含大块石或大块石含土。采用相应的测量手段,进行堰塞坝的坝高测量。利用堰塞湖的规模等级、堰塞坝的物质组成、堰塞坝的坝高数据,三项指标,查表1.4,确定堰塞坝的危险等级。

(3)确定堰塞坝溃决损失的严重性。依据堰塞湖的库容规模,确定堰塞湖一旦溃决可能受到影响的下游人口、重要城镇、公共与重要设施三项指标,依据该三项数据指标,查表1.7,确定堰塞坝溃决的损失严重性。

(4)确定堰塞湖的风险等级。根据以上确定的堰塞坝危险性等级与堰塞坝溃决的严重性等级,查表1.8,确定堰塞湖风险等级。

在堰塞坝的风险评价过程中,应根据堰塞坝所处河流长年洪水资料,采用堰塞坝应急处置期洪水标准,预测堰塞坝应急处置期可能最大来水量和堰塞湖水位,作为风险评价的基本依据。

4.3.4.1 堰塞坝危险性评价

对于具体堰塞坝的危险性判别,可根据堰塞湖的规模、坝体物质组成及坝体高度三指标,参考表1.4进行。对于表1.4,参考过程中,应注意当3个分级指标同属一个危险级别时,该危险级别为堰塞坝的危险性级别;3个分级指标中有2个同属一个危险级别并高于另一分级指标的危险级别时,堰塞坝的危险性级别为2个分级指标对应的危险级别;3个分级指标中1个所属危险级别相对较高,另2个分级指标同属次一级危险级别,堰塞坝的危险性级别为相对较高危险级别;3个分级指标中1个所属危险级别相对较高,另2个分级指标最多有一个属次一级危险级别,将 3 个分级指标中所属最高危险级别降低一级作为该堰塞坝的危险性级别。

由于堰塞坝形成原因的复杂性，不同成因的堰塞坝其物质组成、结构特征等存在明显的差异，在进行堰塞坝危险性判别时，可根据现场情况、堰塞坝潜在致灾可能性、异常表现和工程治理的难易程度，适当提高或降低堰塞坝的危险级别。

对具备挡水能力的堰塞坝，还应进行必要的渗流计算和边坡稳定计算，对防渗性能差和短期内可能会漫顶的堰塞坝，应根据堰塞坝物质组成、可能冲刷水头，分析堰塞坝抗冲刷破坏能力，具体内容在 4.4 中详细阐述。

4.3.4.2　上下游影响评价

对上游、下游影响评价主要是指在堰塞湖最大可能蓄水高程下和可能的溃决方式时对上游、下游人口和重要城镇、重要设施以及有毒、有害、放射性等危险品的生产与仓储设施等可能产生的影响进行评价。对于高风险及以上级别的堰塞坝，应在上游、下游影响初步调查的基础上进行上游、下游影响评价。而对于初步判断为极高风险和高风险的堰塞坝，应对其上游、下游影响作进一步评价，以便进一步确定其风险级别。

（1）对上游的影响。堰塞坝形成是突发事件，通常在堰塞坝堵塞河道后很短的时间内即形成大面积淹没，需要在资料和时间有限的情况下快速进行淹没区的评价，可以采用坝前水位水平延伸法。

（2）对下游的影响。对于下游的堤防工程或河岸高度等资料，若在堰塞湖溃坝灾害发生后开始调查，则可能花费较长时间，延滞救灾时效。因此，下游影响范围的确定应以溃坝洪水计算为基础，根据现有地形资料、利用溃坝洪水分析计算得到的溃坝洪峰流量推求下游河道各断面水位，预测洪水淹没区域及影响范围，洪水淹没影响范围应考虑高速水流气浪波及区。溃坝洪水分析计算可根据 4.4 提供的计算方法进行计算。

基于溃坝洪水淹没区计算，结合溃决影响区的风险人口、重要城镇、公共或重要设施等情况，将堰塞湖溃决损失严重性级别划分为极严重、严重、较严重和一般，具体参考表1.7。对于表1.7，进行堰塞坝溃决损失判别过程中，以单项分级指标中所属溃决损失严重性最高的一级作为该堰塞坝溃决损失严重性的级别，同时根据堰塞坝溃决的泄流条件、影响区的地形条件、应急处置交通条件、人员疏散条件等因素，可在表1.7基础上调整堰塞坝溃决损失严重性级别。

4.3.4.3 堰塞湖风险评价

依据堰塞坝的危险级别和堰塞坝溃决损失严重性将堰塞湖分为极高风险级（Ⅰ）、高风险级（Ⅱ）、中风险级（Ⅲ）和低风险级（Ⅳ）。其等级判别方法应根据实际情况确定，条件具备时，应优先通过计算分析确定；条件受限时，宜参照表1.8确定或者进行数值分析，当查表和数值分析法确定的堰塞湖风险等级不同时，宜取其中的高等级为堰塞湖的风险等级。无论何种判别方法，都包括定量指标和定性指标的确定，定量指标需通过调查、计算得到，定性指标需根据掌握的资料和专家经验综合确定。

1. 查表法

根据待评价堰塞湖的堰塞坝危险性和溃决损失严重性所属级别，综合表1.4、表1.7按式（4.34）确定。

$$D=\text{int}(\omega_1 x_1+\omega_2 x_2) \tag{4.34}$$

式中：D为堰塞湖风险等级分值；ω_1、ω_2为堰塞坝危险性、溃决损失严重性在评价堰塞湖风险等级时的重要性系数，取值为$\omega_1=0.4$、$\omega_2=0.6$；x_1、x_2为待评价堰塞湖的堰塞坝危险性、溃决损失严重性的相应分值。

由于堰塞湖问题的复杂性和堰塞湖安全风险影响因素的不确定性，堰塞湖风险等级评判过程中有时指标的相对重要性会发生变化，有时仅依据坝体物质组成、坝体高度、堰塞湖库容、堰塞湖下游影响区风险人口、重要城镇和公共或危险设施6个静态指标不足以客观反映堰塞湖的风险等级，需要考虑堰塞湖处置面临的外部条件，如有无强余震、有无滑坡等，以及堰塞湖蓄水量、水位上涨速度等因素，可采用数值分析方法对堰塞湖的风险进行评价计算。

2. 数值分析

堰塞湖风险等级评判的数值分析方法是基于风险理念采用模糊数学方法对堰塞湖的风险等级进行评判。数值分析方法中的指标重要性系数反映单项指标个体对等级评判总体的影响，各项指标重要性系数应反映多数经验丰富专家根据已有经验和面对个体特点对指标相对重要性做出的综合判断，具体值的确定可根据情况灵活选用各种方法，如专家打分法、调查统计法、层次分析法等。

通过数值分析进行堰塞湖风险等级判别，包括以下步骤。

（1）风险评价指标体系的确定。风险评价指标，包括堰塞坝物质组成、堰塞坝高度、堰塞湖库容、影响区风险人口、重要城镇和公共或危险设施。该6项评判指标中堰塞坝物质组成是从内因角度反映其失事可能性的指标，其余5项指标是反映后果严重性的指标。考虑其他更多因素影响的等级评判时可参照进行。

（2）评价指标中各分级指标的不同等级值域的确定。一个定量指标的不同等级指标值域即为该指标分为4级时相应级的上下限值，定性指标的不同等级指标值域从数量上都统一为（0，25）、[25，50）、[50，75）、[75，100]，具体见表4.18、表4.19。

表4.18　　各分级指标的不同等级值域

值域	*a*	*b*	*c*	*d*	*e*
堰塞坝的物质组成	0	25	50	75	100
堰塞坝坝高/m	1	15	30	70	150
堰塞湖库容/万m^3	1	100	1000	10000	100000
风险人口/人	1	10000	100000	1000000	100000000
重要城镇	0	25	50	75	100
公共或重要设施	0	25	50	75	100

表 4.19　　堰塞湖风险分级与分级指标值域

堰塞湖风险等级	Ⅰ	Ⅱ	Ⅲ	Ⅳ
分级指标值域	$[d, e]$	$[c, d)$	$[b, c)$	(a, b)

（3）各指标的重要性系数确定。通过专家调查，采用层次分析法确定各指标重要性系数，重要性系数 $a_i(i=1, 2, \cdots, n$，其中 n 为指标数)，满足如下要求：

$$\sum_{i=1}^{n} a_i = 1 \tag{4.35}$$

各评价指标的重要性系数，可参考表 4.20 取值。

表 4.20　　各评价指标的重要性系数

评价指标	堰塞坝的物质组成	堰塞坝的坝高	堰塞湖的库容	风险人口	重要城镇	公共或重要设施
重要性系数	0.23	0.12	0.05	0.38	0.08	0.14

（4）依据堰塞坝实际情况，确定评价指标体系中各分级指标的数值和所属值域。堰塞坝物质组成的分级指标确定根据组成成分中土石含量及其石块的大小综合确定；堰塞坝的坝高、库容及风险人口通过调查或测量获得；重要城镇根据影响区城镇重要性、数量及其与堰塞湖距离进行综合评定；公共或重要设施根据影响范围内水利工程、工矿企业、生命线系统、军事设施的分布情况、与堰塞湖距离及影响区的通信状况综合评定。最后参考表 4.18、表 4.19 确定值域。

（5）选定隶属函数，计算单个分级指标评判矩阵 $\boldsymbol{R}$ 中的各元素值。

单个分级指标评判矩阵 $\boldsymbol{R}$：

$$\boldsymbol{R} = \begin{bmatrix} \Upsilon_{11} & \Upsilon_{12} & \Upsilon_{13} & \Upsilon_{14} \\ \Upsilon_{21} & \Upsilon_{22} & \Upsilon_{23} & \Upsilon_{24} \\ \Upsilon_{31} & \Upsilon_{32} & \Upsilon_{33} & \Upsilon_{34} \\ r & r & r & r \\ \Upsilon_{n1} & \Upsilon_{n2} & \Upsilon_{n3} & \Upsilon_{n4} \end{bmatrix} \tag{4.36}$$

其中：

$$\Upsilon_{i1}(x_i)=\begin{cases}0 & (x_i \geqslant e)\\ \dfrac{e-x_i}{e-d} & (d<x_i<e)\\ 1 & (x_i=d)\\ \dfrac{x_i-c}{d-c} & (c<x_i<d)\\ 0 & (x_i \leqslant c)\end{cases} \tag{4.37}$$

$$\Upsilon_{i2}(x_i)=\begin{cases}0 & (x_i \geqslant d)\\ \dfrac{d-x_i}{d-c} & (c<x_i<d)\\ 1 & (x_i=c)\\ \dfrac{x_i-b}{c-b} & (b<x_i<c)\\ 0 & (x_i \leqslant d)\end{cases} \tag{4.38}$$

$$\Upsilon_{i3}(x_i)=\begin{cases}0 & (x_i \geqslant c)\\ \dfrac{c-x_i}{c-b} & (b<x_i<c)\\ 1 & (x_i=b)\\ \dfrac{x_i-a}{b-a} & (a<x_i<b)\\ 0 & (x_i \leqslant a)\end{cases} \tag{4.39}$$

$$\Upsilon_{i4}(x_i)=\begin{cases}0 & (x_i \geqslant b)\\ \dfrac{b-x_i}{b-a} & (a<x_i<b)\\ 1 & (x_i=a)\\ \dfrac{x_i}{a} & (0<x_i<a)\end{cases} \tag{4.40}$$

式中：a、b、c、d、e 为第 i 项指标相应各风险等级的界值，见表4.18、表4.19；x_i为第 i 项的分级指标值。

（6）计算风险分级综合决策向量 $\boldsymbol{B}=\boldsymbol{A}\circ\boldsymbol{R}$。根据确定的堰塞湖风险等级评判指标体系中各项分级指标的重要性系数和计算得到的单个分级指标评判矩阵，采用线性变换方法计算风险分级综合决策向量 $\boldsymbol{B}=\boldsymbol{A}\circ\boldsymbol{R}$，如下：

$$\boldsymbol{B}=[\boldsymbol{B}_1,\ \boldsymbol{B}_2,\ \boldsymbol{B}_3,\ \boldsymbol{B}_4]=\boldsymbol{A}\circ\boldsymbol{R}$$

$$=[a_1,\ a_2,\ \cdots,\ a_n]\circ\begin{bmatrix}\Upsilon_{11} & \Upsilon_{12} & \Upsilon_{13} & \Upsilon_{14}\\ \Upsilon_{21} & \Upsilon_{22} & \Upsilon_{23} & \Upsilon_{24}\\ \Upsilon_{31} & \Upsilon_{32} & \Upsilon_{33} & \Upsilon_{34}\\ r & r & r & r\\ \Upsilon_{n1} & \Upsilon_{n2} & \Upsilon_{n3} & \Upsilon_{n4}\end{bmatrix} \tag{4.41}$$

式中：$\boldsymbol{A}=(a_1,\ a_2,\ \cdots,\ a_n)$；$a_1,\ a_2,\ \cdots,\ a_n$ 为指标的重要性系数；$\circ$ 为模糊关系合成算子。

采用最大隶属原则，依据式（4.42）、式（4.43），计算出分级综合决策向量中的最大值，其相对应的评价集中的评语作为模糊综合评判的结果，即 G 为堰塞湖的风险等级（Ⅰ、Ⅱ、Ⅲ或者Ⅳ）。

$$G=i\quad if\quad \boldsymbol{B}_i=\max(\boldsymbol{B}_1,\ \boldsymbol{B}_2,\ \boldsymbol{B}_3,\ \boldsymbol{B}_4) \tag{4.42}$$

当向量 $\boldsymbol{B}$ 中出现两个相等最大分量 $\boldsymbol{B}_i$、$\boldsymbol{B}_j$ 时，则有：

$$\boldsymbol{B}_i=\boldsymbol{B}_j=(\boldsymbol{B}_1,\ \boldsymbol{B}_2,\ \boldsymbol{B}_3,\ \boldsymbol{B}_4)(j>i) \tag{4.43}$$

当仅依据堰塞湖库容、堰塞坝高度、堰塞坝物质组成以及堰塞湖影响区风险人口、重要城镇、公共或重要设施情况6项指标不足以客观反映堰塞湖的风险等级时，可适当调整堰塞湖风险等级的分级指标。

4.3.4.4 流域堰塞湖风险评价

对于堰塞湖的危险性流域评价，目前还没有一个完善的评价方法。当前的评价主要采取的是在单个堰塞湖危险性评价的基础上，结合流域分析及堰塞坝溃决后对下游产生的可能危害，经堰塞坝溃决洪水（泥石流）沿程演化的模拟计算来进行流域堰塞湖的危险性评价。模拟计算，主要计算洪水（泥石流）流量和水位，利用这两个指标来评价沿程的破坏力，保证评估结果的科学、合理。流域堰塞湖（堰塞湖串）危险性评价的具体方法、流程与计算路线如下。

1. 进行单个堰塞湖危险性评价

根据单个堰塞湖危险性评价方法，先后进行单个堰塞湖的规模、堰塞坝的风险等级与溃决损失的严重性确定，依据以上三项指标确定单个堰塞湖的危险性。

2. 堰塞湖溃决沿程洪水（泥石流）模拟演算

基于堰塞湖库容、流域地形、受影响的下游构建筑物情况，采用洪水演化数值分析软件，进行溃决洪水的分析，经分析获取洪水（泥石流）的流量与水位，具体见 4.4。

3. 流域堰塞湖危险性评价

根据单个堰塞湖的危险性评价，结合溃决洪水模拟，确定流域堰塞湖的风险等级。对于地震形成的堰塞湖，限于时间的紧迫性，在应急评估中一般都不考虑流域的社会经济指标。

4. 案例分析

以四川汶川"5·12"大地震以后，通口河、绵远河、石亭江、茶坪河和石坎河形成的典型的 33 个堰塞湖为重点，开展流域堰塞湖风险评价案例分析。

（1）风险评价基本参数。四川汶川"5·12"大地震形成的 33 个典型堰塞湖，由于已有 11 处堰塞湖出现过满顶溢流且出入水量基本平衡或已有工程措施进行处理，另有 3 处尚无资料，这里仅对剩余的 19 处堰塞湖的危险性进行风险评价，19 个堰塞湖的风险评价参数见表 4.21。

表 4.21　　堰塞湖的风险评价参数

序号	堰塞湖名称	所在行政区	所在河流	坝高/m	宽高比	库容/万 m^3	坝体结构
1	唐家山	绵阳市北川县	通口河（湔江河）	82～124	9.8	9160～30200	块石夹土
2	南坝（文家坝）	绵阳市平武县	石坎河	20～50	23.2	500	碎块石为主
3	肖家桥	绵阳市安县	茶坪河	80	4.3	2000	碎块石为主
4	小岗剑电站上游	德阳市绵竹县	绵远河	92	2.0	440	块石夹土

续表

序号	堰塞湖名称	所在行政区	所在河流	坝高/m	宽高比	库容/万 m^3	坝体结构
5	苦竹坝下游	绵阳市北川县	通口河（湔江河）	60	3.3	200	块石为主
6	新街村	绵阳市北川县	通口河（湔江河）	约20	10.0	200	土质为主
7	岩羊滩	绵阳市北川县	通口河（湔江河）	20	3.6	—	土夹块石
8	孙家院子	绵阳市北川县	通口河（湔江河）	50	7.5	560	块石夹土
9	罐子铺	绵阳市北川县	通口河（湔江河）	60	6.5	585	块石夹土
10	唐家湾	绵阳市北川县	通口河（湔江河）	30	13.3	200	碎块石为主
11	马槽滩上	德阳市什邡市	沱江石亭江	40～50	4.0	60	块石夹土
12	马槽滩中	德阳市什邡市	沱江石亭江	40～50	2.3	25	块石夹土
13	马槽滩下	德阳市什邡市	沱江石亭江	40～50	3.3	60	块石夹土
14	红村电站厂房	德阳市什邡市	沱江石亭江	40～50	2.0	150	块石夹土
15	一把刀	德阳市绵竹市	绵远河	25	4.0	50	大块石为主
16	白果树	绵阳市北川县	通口河（湔江河）	10～20	20.0	—	块石夹土
17	燕子岩	德阳市什邡市	沱江石亭江	10	4.0	3	块石夹土
18	木瓜坪	德阳市什邡市	沱江石亭江	15	6.7	4	块石夹土
19	小岗剑电站下游	德阳市绵竹市	沱江绵远河	30	5.0	80	块石为主

（2）单个堰塞湖的风险评价。按照前面建立的单个堰塞湖评价

方法，进行单个堰塞湖的风险评价，结果见表4.22。

表4.22　　单个堰塞湖的风险评价结果

序号	堰塞湖名称	所在县、市	所在河流	单个堰塞湖危险等级	流域堰塞湖危险等级	单个的溃决形式	受上游影响的溃决形式
1	唐家山	绵阳市北川县	通口河（湔江河）	极高危险		分布溃决	
2	南坝（文家坝）	绵阳市平武县	石坎河	高危险		分布溃决	
3	肖家桥	绵阳市安县	茶坪河	高危险		局部溃决	
4	小岗剑电站上游	德阳市绵竹县	绵远河	高危险		瞬时溃决	
5	苦竹坝下游	绵阳市北川县	通口河（湔江河）	中危险	极高危险	局部溃决	瞬时全溃
6	新街村	绵阳市北川县	通口河（湔江河）	中危险	极高危险	瞬时溃决	瞬时全溃
7	岩羊滩	绵阳市北川县	通口河（湔江河）	高危险	极高危险	渐进式溃决	瞬时全溃
8	孙家院子	绵阳市北川县	通口河（湔江河）	中危险	极高危险	渐进式溃决	瞬时全溃
9	罐子铺	绵阳市北川县	通口河（湔江河）	高危险		渐进式溃决	瞬时全溃
10	唐家湾	绵阳市北川县	通口河（湔江河）	高危险		分布溃决	
11	马槽滩上	德阳市什邡市	沱江石亭江	中危险		分布溃决	
12	马槽滩中	德阳市什邡市	沱江石亭江	中危险		渐进式溃决	
13	马槽滩下	德阳市什邡市	沱江石亭江	低危险	中危险	局部溃决	渐进式溃决
14	红村电站厂房	德阳市什邡市	沱江石亭江	中危险	中危险	局部溃决	渐进式溃决

续表

序号	堰塞湖名称	所在县、市	所在河流	单个堰塞湖危险等级	流域堰塞湖危险等级	单个的溃决形式	受上游影响的溃决形式
15	一把刀	德阳市绵竹市	绵远河	中危险	高危险	分布溃决	瞬时全溃
16	白果树	绵阳市北川县	通口河（湔江河）	低危险	极高危险	渐进式溃决	瞬时全溃
17	燕子岩	德阳市什邡市	沱江石亭江	低危险	中危险	局部溃决	渐进式溃决
18	木瓜坪	德阳市什邡市	沱江石亭江	低危险	中危险	局部溃决	渐进式溃决
19	小岗剑电站下游	德阳市绵竹市	沱江绵远河	低危险	高危险	分布溃决	瞬时全溃

1）通口河流域。该流域共分布8个堰塞湖，其中极高危险堰塞湖1个——唐家山；高危险堰塞湖3个——岩羊滩、罐子铺、唐家湾；中危险堰塞湖3个——苦竹坝、新街村、孙家院子；低危险堰塞湖1个——白果村。

2）绵远河流域。该流域共分布3个堰塞湖，其中高危险堰塞湖1个——小岗剑电站上游；中危险堰塞湖1个——一把刀；低危险堰塞湖1个——小岗剑电站下游。

3）石亭江流域。该流域共分布6个堰塞湖，其中中危险堰塞湖3个——马槽滩上、马槽滩中、红村电站厂房；低危险堰塞湖3个马槽滩下、木瓜坪、燕子岩。

4）石坎河流域。南坝（文家坝）堰塞湖为高危险堰塞湖。

5）茶坪河流域。肖家桥堰塞湖为高危险堰塞湖。

（3）流域堰塞湖的风险评价。在水流自上而下的流动特性作用下，同一流域存在水流上下关系的堰塞湖群之间存在较为密切的联动效应，在上游堰塞湖出现溃决的情况下，下游的堰塞湖也极有可能出现溃决的风险。同时，由于上游堰塞湖的蓄水作用，河流断流，从而保证了下游堰塞湖的安全，降低了溃坝的风险，流域堰塞湖存在错综复杂的联动与灾害链关系。

根据单个堰塞湖的评价结果，按照前面建立的流域堰塞湖风险评价方法，对通口河流域、绵远河流域与石亭江流域的堰塞湖进行流域堰塞湖风险评价，见表4.22。

1）通口河流域堰塞湖：该流域堰塞湖包括位于唐家山下游通口河干流的5个堰塞湖（苦竹坝下游、新街村、白果村、岩羊滩、孙家院子），在唐家山堰塞湖溃决的情况下，该5个堰塞湖都将会溃决，产生级联效应，逐级增大溃决洪水的流量、泥沙和危害，危险等级相应上升为极高危险级。

2）绵远河流域堰塞湖：在小岗剑上堰塞湖溃决的条件下，小岗剑下堰塞湖和一把刀堰塞湖也将增加其危险性，危险等级相应提升为高危险级。

3）石亭江流域堰塞湖：在马槽滩中堰塞湖溃决的条件下，马槽滩下、木瓜坪、红村电站厂房、燕子岩4个堰塞湖危险性也将增加，危险性等级相应提升为中危险级。

（4）堰塞坝危险性次序分析。为了按轻重缓急的顺序来处理这些危险堰塞湖，避免新的灾害产生，造成新的人员伤亡和财产损失，对极高和高危险堰塞湖进行次序分析非常必要。在前面单个堰塞湖风险评价的基础上，考虑堰塞坝的宽高比、可能溃决形式（表4.22），综合分析通口河流域堰塞湖，其危险性由高到低依次为唐家山、南坝（文家坝）、小岗剑电站上游、肖家桥、唐家湾、罐子铺和岩羊滩（高危或高危以上）。

以上堰塞湖的危险性应急评估，并未考虑在已形成的堰塞湖基础之上，在降雨或者泥石流等影响下，新增形成的堰塞湖。例如，2008年汶川大地震以后，大地千疮百孔，大量的崩塌、滑坡形成的松散固体物质堆积在沟谷和坡面，在雨季来临之时极有可能在强降雨的水动力条件下触发大规模的山区泥石流。泥石流进入下游主河，进一步堵塞主河，形成新的泥石流堰塞坝，产生更多的堰塞湖。这些新增的堰塞湖，在进行流域堰塞湖的危险性应急评估时，必须综合考虑。

4.4 溃决洪水计算

目前，溃坝洪水分析计算还没有一致认可的方法，实际计算时，可采用多种方法分析计算可能的溃坝洪水。通过溃坝洪水计算，确定坝体在某种溃决形式下的坝址最大流量、流量过程线，以及向下游的演进过程。洪水演进过程包括沿程各处的流量、水位过程线和洪峰水位、流量到达时间。

在堰塞坝溃坝洪水计算过程中，强调的是快速而尽可能准确，其相关基本资料的获取应通过多种途径收集，包括历史资料、周边其他工程建设资料、现代科技手段测绘资料等，做好资料的可靠性分析。

4.4.1 溃坝主要参数

堰塞坝的溃决参数主要指溃口顶宽 W_t、溃口底宽 W_b、溃口深度 H_b、溃决历时 T_b、峰值流量 Q_p，具体见图 4.18。其中，溃口顶宽指坝顶高度上的溃口宽度，溃口底宽指溃口底部的宽度，溃口深度指溃决前坝顶最低点到溃决后溃口最底面的垂直距离，峰值流量指堰塞坝溃决过程中洪水每秒的最大下泄量，溃决时长指从堰塞坝溃决开始到溃决完成的整个过程的时长。

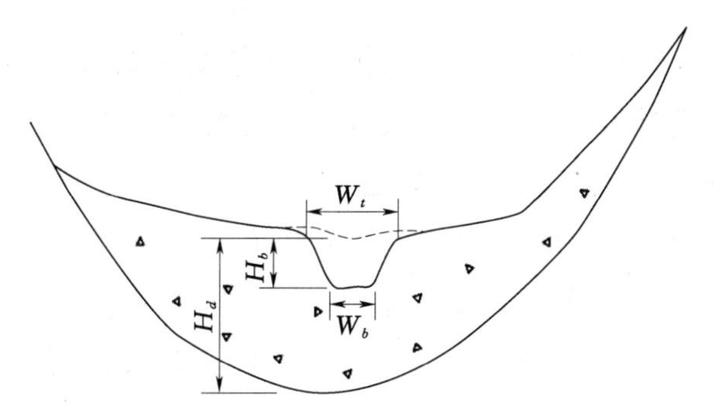

图 4.18 堰塞坝的溃口参数示意

溃口的口门形状可近似为矩形或梯形，口门最终尺寸应根据堰塞坝物质组成、结构、地质条件综合拟定。口门从初始口门形态逐步发展至最终口门形态的过程可近似线性化处理。

堰塞坝溃决方式和溃口形态具有一定的不确定性，实际工作中可依据河谷形态和堰塞坝形态做大致判断，再根据已有的经验公式做进一步分析确定。根据堰塞坝岩土结构状况，可在漫顶不溃，1/10溃、1/5 溃、1/3 溃、1/2 溃、全溃等溃决方式中拟定几种可能的溃决方式。

4.4.1.1　经验计算

假定溃口形状为矩形（$W_t=W_b=b_m$），其溃口宽度可根据铁道部科学研究院公式、黄河水利委员会公式或者谢任之公式估算溃口宽度范围，然后结合堰塞坝实际的物质组成、地质特征和水文情势等，进行合理性分析后确定最终溃口宽度。

铁道部科学研究院公式：

$$b_m = KW^{0.25}B_0{}^{0.167}H_0{}^{0.5} \tag{4.44}$$

黄河水利委员会公式：

$$b_m = KW^{0.25}B_0{}^{0.25}H_0{}^{0.5} \tag{4.45}$$

谢任之公式：

$$b_m = KWH_0/3A = (\varphi W^{-0.577})WH_0/3A = \varphi W^{0.423}H_0/3A \tag{4.46}$$

式中：b_m 为溃口宽度；K 为与坝体土质有关的系数（应用铁道部科学研究院公式计算时，黏土类、心墙土取值 1.19，均质黏土类取值 1.98；应用黄河水利委员会公式计算时，黏土类取值 0.65，壤土取值 1.3；使用谢任之公式计算时，$K=\varphi W^{-0.577}$）；W 为库容，m^3；B_0 为溃坝时坝前水面宽度，m；H_0 为坝前水深，m；A 为坝趾（原始河床）断面过水面积，m^2；φ 为土质系数，可结合堰塞坝的物质组成，查表 4.23 获得。

表 4.23　土质系数 φ 取值

土粒	材料及密实度	φ
1	松散，不密实	12.5
2	材料较均质，密实度好	6.70
3	土石混合，岩石坚硬，土料较多、较密实	3.65
4	土料较少的土石混合坝，质量较差的堆石坝，土石混合，土料较少，密实度差	1.68
5	土石混合较均匀，密实度好	0.495

溃决历时与堰塞坝物质组成、上游来水、溃决时坝前水位等诸多因素有关，难以事先估计，拟定计算方案时，可假定不同的溃决历时，分析各种可能情况下溃坝洪水危害，然后综合选定。对于溃口水深，条件允许时，宜针对不同频率的入流洪水过程线进行调洪演算，确定可能的起溃水位。

4.4.1.2　经验模型预测

1. 控制变量

对堰塞坝的几何参数进行无量纲处理，得到五个无量纲的控制变量，分别如下。

（1）坝高因子（H_d/H_r）：描述最大水头高度或者水的势能。

（2）高宽比（H_d/W_d）：描述水力梯度的大小，影响坝坡的侵蚀以及水的渗流及侵蚀速率。

（3）坝体形状系数（$V_d^{1/3}/H_d$）：描述坝体抗冲刷的能力，影响溃决时长、洪水下泄速率以及洪水下泄过程中带走的土石量。

（4）湖面形状系数（$V_l^{1/3}/H_d$）：描述堰塞坝的库容，影响坝体溃决下泄的水量以及溃口尺寸、溃决时长和峰值流量。

（5）坝体侵蚀度 α：描述坝体在水流冲刷的作用下，冲蚀速率与水流速度之间的关系。

对溃决参数进行无量纲处理，得到峰值流量 $Q_p/(g^{1/2}H_d{}^{5/2})$、溃口深度 H_b/H_r、溃口顶宽 W_t/H_r、溃口底宽 W_b/H_d、溃决时长 T_b/T_r，5 个无量纲溃口控制变量，其中 $H_r=1\text{m}$，$T_r=1\text{h}$。

2. 经验模型

以处理后的坝体几何参数为自变量 X_i，以处理后的坝体溃决参数 Y_i 为因变量，采用最小二乘法建立坝体参数与坝体溃决参数之间的参数预测模型。不同参数之间定量关系的回归函数公式包括加法公式和乘法公式：

$$Y_i = b_0 + \sum_{i=1}^{n} b_i X_i \tag{4.47}$$

$$Y_i = b_0 \prod_{i}^{n} X_i^{b_i} \tag{4.48}$$

包括坝高因子、高宽比、坝体形状系数、湖面形状系数和坝体侵蚀度的经验模型定义为全参数模型，包括高宽比、湖面形状系数和坝体侵蚀度的经验模型定义为三参数模型，见表 4.24。

表 4.24　溃决参数快速预测经验模型

溃口参数	快速预测模型		侵蚀度 α	R^2
	模型	计算公式		
峰值流量 Q_p	全参数模型	$Q_p = 3.13 H_d^{0.12} W_d^{0.302} V_d^{-0.106} V_1^{0.453} e^{\alpha}$	−0.489（高） −1.918（低）	0.93
	三参数模型	$Q_p = 3.13 H_d^{-.169} V_1^{0.507} e^{\alpha}$	−0.564（高） −1.834（低）	0.92
溃口深度 H_b	全参数模型	$H_b = H_d^{0.84} W_d^{-0.169} V_d^{0.089} V_1^{0.04} e^{\alpha}$	−0.978（高） −1.221（低）	0.90
	三参数模型	$H_b = H_d^{0.875} V_1^{0.016} e^{\alpha}$	−0.321（高） −0.710（低）	0.82
溃决历时 T_b	全参数模型	$T_b = H_d^{0.275} W_d^{-1.224} V_d^{0.439} V_1^{0.232} e^{\alpha}$	2.235（高） 2.105（低）	0.94
	三参数模型	$T_b = H_d^{-.425} V_1^{0.236} e^{\alpha}$	−0.610（高） −0.662（低）	0.88

续表

溃口参数	快速预测模型		侵蚀度 α	R^2
	模型	计算公式		
溃口顶宽 W_t	全参数模型	$W_t=1.593H_d+85.249\frac{H_d}{W_d}-3.438\frac{V_d^{1/3}}{H_d}+15.963\frac{V_d^{1/3}}{H_d}+\alpha$	−66.10（高） −86.01（低）	0.84
	三参数模型	$W_t=H_d^{0.594}V_1^{0.182}e^{\alpha}$	−0.498（高） −1.177（低）	0.81
溃口底宽 W_b	全参数模型	$W_b=-0.006H_d^2-0.047\frac{H_d^2}{W_d}+0.017V_d^{1/3}+0.047V_d^{1/3}+\alpha H_d$	1.314（高） 0.638（低）	0.85
	三参数模型	$W_b=-0.007H_d^2+0.053V_d^{1/3}+\alpha H_d$	1.361（高） 0.711（低）	0.80

所得模型的可信度通过系数 R^2 的大小来控制，R^2 的计算公式为：

$$R^2=1-\frac{\sum(Y_j-\overline{Y}_j)^2}{\sum(Y_j-Y_{ave})^2} \tag{4.49}$$

式中：Y_j 为因变量的实际值；$\overline{Y}_j$ 为因变量的计算值；Y_{ave} 为因变量实际值 Y_j 的平均值。$R^2\leqslant1$，R^2 的值越大说明模型的可信度越高，即模型对数据有较高的拟合度。

以上两套模型，高宽比、湖面形状系数和坝体侵蚀度这三个参数对于坝体溃决参数的影响大于坝高因子与坝体形状系数对坝体溃决参数的影响。

4.4.2 坝址溃坝洪水

对于规模较大且坝下游有重要城镇或设施的堰塞湖，应进行溃坝洪水计算；对于规模较小、风险较低的堰塞湖，在资料较为缺乏时，可采用经验公式估算溃坝洪水。如果资料满足要求，应根据调洪演算和堰流公式等手段，假设不同的溃口形状、溃决历时、溃口发展过程，按照水量平衡原理，计算坝址溃坝流量过程。计算过程中，湖区库容可按静库容考虑，有条件时，应考虑用整体模型进行动库容计算。

若考虑堰塞坝逐渐溃决时，可采用溃坝洪水数学模型计算坝址洪峰流量及过程线。但是在堰塞坝险情的应急处置过程中，应以堰塞坝瞬时溃决为极限条件进行坝址溃决洪水计算。

4.4.2.1 瞬时全溃坝址洪峰流量

瞬时全溃坝址洪峰流量可通过圣维南公式或谢任之公式进行计算。

圣维南公式：

$$Q_m = 0.296 B_0 H_0^{1.5} \sqrt{g} \tag{4.50}$$

式中：Q_m 为坝址处的洪峰流量，m^3/s；B_0 为溃坝时坝前水面宽度，m；H_0 为坝前水深，m。

谢任之公式：

$$Q_m = \lambda B_0 H_0^{1.5} \sqrt{g} \tag{4.51}$$

$$\lambda = m^{m-1}\left(\frac{2\sqrt{m} + \dfrac{u_0}{\sqrt{gH_0}}}{1+2m}\right)^{1+2m} \tag{4.52}$$

式中：m 为溃口形状参数（矩形断面取值 1，三角形断面取值 2，二次抛物线断面取值 1.5，四次抛物线断面取值 1.25）；λ 为流量系数；u_0 为坝前水流流速，m/s；其他参数意义同式（4.50）。

4.4.2.2 瞬时局部溃决洪峰流量

瞬时局部溃决洪峰流量计算，包括垂向和横向两方向的溃决流量。

1. 垂向

瞬时垂向局部溃决洪峰流量可根据美国水道实验站公式或黄河水利委员会公式进行计算。

美国水道实验站公式：

$$Q_m = \frac{8}{27}\sqrt{g}\left(\frac{B_0 H_0}{b_m h}\right)^{0.28} b_m h^{1.5} \tag{4.53}$$

黄河水利委员会公式：

$$Q_m = \frac{8}{27}\sqrt{g}\left(\frac{B_0}{b_m}\right)^{0.4}\left(\frac{11H_0 - 10h}{H_0}\right)b_m h^{1.5} \tag{4.54}$$

式中：h 为溃口顶上水深；b_m 为溃口宽度，m；其他参数意义同式(4.50)。

2. 横向

瞬时横向局部溃决洪峰流量计算如下：

$$Q_m = \frac{8}{27}\sqrt{g}\left(\frac{B_0}{b_m}\right)^{0.25} b_m H_0^{1.5} \tag{4.55}$$

$$h = H_0 - h_d \tag{4.56}$$

式中：h_d 为堰塞坝残留体高度，m；其他参数意义同式 (4.54)。

3. 坝址流量过程线

瞬时溃坝流量过程与洪峰流量 Q_m 、溃坝前下泄流量 Q_0 、溃坝库容 W 有关，其形状可简化为 4 次抛物线和 2.5 次抛物线。具体流量过程计算如下：

首先根据洪峰流量 Q_m 和溃坝库容 W 初步确定泄空时间 T ：

$$T = \frac{KW}{Q_m} \tag{4.57}$$

式中：K 为计算系统，2.5 次抛物线取值 3.5，4 次抛物线取值 4～5。

然后利用洪峰流量 Q_m 、溃坝前下泄流量 Q_0 和泄空时间 T ，查表 4.25 确定流量过程线。

表 4.25　　　　洪峰流量过程线

t/T		0	0.01	0.05	0.1	0.2	0.3	0.4	0.5
Q/Q_m	4 次抛物线	1.0		0.62	0.48	0.34	0.26	0.207	0.168
	2.5 次抛物线	Q_0/Q_m	1.0		0.62	0.45	0.36	0.29	0.23
t/T		0.6	0.65	0.7	0.8	0.9	1.0		
Q/Q_m	0.13	0.13		0.094	0.061	0.03	Q_0/Q_m		
	2.5 次抛物线		0.16				Q_0/Q_m		

最后验算过程线与 $Q=Q_0$ 直线之间的水量是否等于溃坝库容。如不相等，则须调整初步确定的时间 T 值，直到两者相等为止。

另外，也可按下式计算时间 T：

$$T=\frac{W}{\left(\frac{\overline{Q}}{Q_m}\right)Q_m-Q_0} \tag{4.58}$$

式中：$\frac{\overline{Q}}{Q_m}$ 为流量过程线中的平均值。

4.4.3　溃坝洪水演进

溃坝洪水的下游演进计算是评估溃坝灾害损失的主要依据，与溃坝形式、溃决洪水过程线、溃坝洪峰流量、入流过程、下游水位、下游河道断面形态及沿程各处距离坝址的距离等因素有关。

4.4.3.1　资料充分时的洪水演进计算

基于堰塞坝险情监测资料，在掌握坝下游河道水文特性、主要控制站水文资料、河道地形或大断面等资料时，可采用一维非恒定流水流模型进行溃坝洪水的下游演进计算。

一维非恒定流水流模型基本方程如下：

水流连续方程：

$$B\frac{\partial Z}{\partial t}+\frac{\partial Q}{\partial X}=0 \tag{4.59}$$

水流运动方程：

$$\frac{\partial Q}{\partial t}+\frac{\partial}{\partial X}\left(a_1\frac{Q^2}{A}\right)=-gA\left(\frac{\partial Z}{\partial X}+S_f\right) \tag{4.60}$$

式中：A 为过水断面面积，m^2；B 为河宽，m；Z 为水位，m；X 为距离，m；Q 为流量，m^3/s；t 为时间，s；S_f 为水力坡度；a_1 为动量修正系数。

对于一维非恒定流水流模型的求解，可以采用有限差分法、有限体积法等数值方法进行离散和求解。

4.4.3.2 资料缺乏时的洪水演进计算

若坝下游资料较缺乏时，按照下式估算下游沿程洪峰流量：

$$Q_{xm} = \frac{Q_m W}{W + \frac{Q_m L}{vK}} \tag{4.61}$$

式中：Q_{xm} 为下游 x 处的洪峰流量，m^3/s；Q_m 为坝址处的洪峰流量，m^3/s；W 为溃坝下泄总流量，m^3；L 为下游断面至坝址距离，m；K 为经验系数，山区取值 1.1～1.5，半山区取值 1.0，平原取值 0.8～0.9；v 为河道洪水期断面最大平均流速，m/s，有资料地区可取实测最大值，无资料地区，山区取值 3.0～5.0m/s，半山区取值 2.0～3.0m/s，平原取值 1.0～2.0m/s。

对于最大流量的到达时间，可按下式进行计算：

$$t_2 = K_2 \frac{L^{1.4}}{W^{0.2} H_0^{0.5} h_{mx}^{0.25}} \tag{4.62}$$

式中：t_2 为最大流量到达时间，s；K_2 为计算系数，取值范围 0.8～1.2；W 为溃坝下泄总流量，m^3；H_0 为坝前水深，m；h_{mx} 为最大流量时的平均水深，可根据断面水位流量关系求得；L 为下游断面至坝址距离，m。

4.5 堰塞坝稳定性分析与判断

在堰塞坝形成初期，其稳定性判定受堰塞坝地质条件不清、地形测量困难、材料物理力学参数无法合理选取等限制，开展堰塞坝的稳定性判断并不容易。当前开展堰塞坝的稳定性判断，一般都是借助三维激光雷达进行地形测量及初步地质勘察，通过震前、震后滑坡区地形图对比，明确堰塞坝稳定的结构性有利因素；然后采取经验及反演方法确定岩土体物理力学参数，通过渗流计算与抗滑稳定分析，提出堰塞坝稳定性定性评价意见，为制定堰塞坝除险措施及下游群众转移避险预案提供参考。

4.5.1　影响因素

堰塞坝有的存在了几百年甚至上千年，而有的形成后不久就发生了破坏，其存在时间的长短（即稳定与否）主要受以下因素的影响：堰塞坝的体积、尺寸、形状以及形成类型；渗流的速度；集水区物质沉积的速度以及堰塞湖入流量的速度；堰塞坝的几何特征、内部结构、材料特性以及颗粒级配等。综合起来，影响堰塞坝稳定的因素可概括为内因和外因两大部分，内因为坝体形态与规模（体积等）、材料组成及结构（坝高、坝坡等），外因为堰塞湖湖水体积、集水区面积、湖水下渗。其中材料组成、坝坡和湖水下渗是影响堰塞坝稳定的关键因素。

4.5.1.1　材料组成

材料组成对于堰塞坝的稳定性影响，可以通过河流推移理论进行阐述。对于物质组成一定的坝体，假设在水流作用下，不考虑颗粒间的黏性，可冲刷走的块石的最大粒径为 D_{max}，则作用在直径为 D_{max} 的块石上的力如下：

水流正面推力：

$$P = \tau \alpha D_{max}^2 \tag{4.63}$$

水流上举力：

$$F_y = \lambda_y \gamma \alpha D_{max}^2 \frac{{u_b}^2}{2g} \tag{4.64}$$

颗粒的有效重力：

$$W = (\gamma_s - \gamma) A D_{max}^3 \tag{4.65}$$

附加阻力（方向向下）：

$$R = K(\gamma_s - \gamma) M D_m D_{max} \tag{4.66}$$

式（4.62）～式（4.65）中：τ 为水流剪力；α 和 A 为 D_{max} 的面积系数和体积系数；λ_y 为上举力系数；u_b 为作用在最大粒径为 D_{max} 的块石上的底流流速；g 为重力加速度；D_m 为混合岩土体的平均粒径；γ_s 为砾石的重度；γ 为水的重度；K 为无因次系数。

为保持坝体稳定，即滚动力矩平衡，则当 $\gamma_s = 2650\text{kg/m}^3$、

$\gamma=1000\text{kg/m}^3$，有：

$$v_0 = 0.786\sqrt{\frac{(\gamma_s-\gamma)}{\gamma}\left(\frac{h}{D_{90}}\right)^{1/6} g(2.5MD_m + D_{\max})} \tag{4.67}$$

$$M = 0.75 - \frac{0.65}{2+\eta} \tag{4.68}$$

$$\eta = D_{60}/D_{10} \tag{4.69}$$

式中：v_0 为砂石启动的水流速度；γ_s 、γ 分别为砾石和水的重度；h 为水深；D_{10} 、D_{60} 、D_{90} 为堰塞坝的组成物质中质量占 10%、60% 和 90%的块石粒径。

组成堰塞坝的物质粒径愈大、愈不均匀，其启动需要的水流速度就愈大。反之，则组成坝体的颗粒易于被水冲刷带走。对于某一水流条件而言，堰塞坝的粒度组成控制着漫顶洪水对岩土体的搬运和侵蚀作用。例如，四川岷江上游叠溪地震形成的由第四系湖相沉积、灰岩、片岩、千枚岩碎块组成的叠溪堰塞坝，抗剪强度和抗冲刷强度都非常低，在湖水漫顶后，侵蚀迅速发展，坝体不久就溃坝，该堰塞坝的破坏就是因为坝体物质组成颗粒总体偏细、偏碎，相对均匀，缺乏足够的抗冲刷能力造成的。国外的堰塞坝因组成物质偏细影响坝体稳定的事例也不在少数，如 1990 年 1 月 2 日，厄瓜多尔北部发生了一 360 万 m^3 的巨型滑坡，滑坡堵塞 Pisque 河，形成上下游长 450m、左右岸宽 60m、高 58m 的堰塞坝，上下游坡度约为 25°。坝体材料由细砂、淤泥质粉砂组成，零星分布有凝灰岩和砂岩碎片、碎块以及角砾，具体的材料物理性质见表 4.26。该堰塞坝形成以后的第 23 天，堰塞湖蓄水达到了 250 万 m^3，且湖水通过坝顶开始向下溢流。溢流的开始阶段，流量仅为 $0.015\text{m}^3/\text{s}$，5h 以后，流量增加至$0.4\text{m}^3/\text{s}$，坝顶开始受到水流的侵蚀下切，流量不断增加，24h 以后坝体突然全部溃决，洪峰流量达到了 $700\text{m}^3/\text{s}$。结合该堰塞坝的破坏过程，经分析表 4.26 的材料参数可以作为判断堰塞坝是否有可能从溢流冲刷发展为溃决的参考标准。

表4.26　Pisque河堰塞坝的材料特征

材料性质	饱和水含量/%	天然含水量/%	天然重度/(kN/m³)	干重度/(kN/m³)
材料参数	30.5～34.2	2.2～2.4	13.2～14.0	12.9～13.7
材料性质	饱和重度/(kN/m³)	黏聚力/kPa	内摩擦角/(°)	渗透系数/(10^{-4}cm/s)
材料参数	17.1～18.1	19.6	19.0	0.6～1.9

当堰塞坝由大量大块石、碎块石和少量的土体组成时，通常比较宽厚，体积较大。坝体由大块石组成，内部空隙较多，湖水可以通过块石间缝隙渗流，且渗流量都比较大，能够与上游进湖来水保持动态平衡。水流通过块石缝隙向下游渗流过程中，若渗出的水流清澈，则可以判断渗流已不再具有对坝体的强侵蚀冲刷作用。如1933年四川叠溪地震时，在岷江右岸的则白沟内发生的大型崩塌堵江，形成了一上下游长250m、宽350m、高135m的堰塞坝，堵塞则白沟积水成鱼儿寨海子（堰塞湖），水深达到了15～25m。经过几十年的冲刷，当前下游水流清澈，枯水季节的渗流量约为2.0m³/s，因此，渗水已失去了对坝体的冲刷作用，坝体稳定。发育于西藏八宿县雅鲁藏布江左岸大支流泊龙藏布江的然乌湖，湖面海拔3800m，湖长26km，湖宽平均1～2km，是迄今2000年左右的一次岩土体崩塌形成的堰塞坝拦蓄江水而成，湖的泄流出口出露的都是巨大的花岗岩岩体，岩体直径3～5m，有的甚至达到了10～20m，湖水通过块石缝隙下泄，渗流量较大，渗流清澈，从坝体的物质组成和渗流情况判断，坝体目前是稳定的。

4.5.1.2　坝坡坡度

堰塞坝的上下游坡度对堰塞坝的稳定性影响，主要是通过影响坝坡的抗滑稳定性来体现。根据边坡的稳定性分析理论，一定条件下的某一边坡坡度越小，其抗滑稳定性必然越高，越不容易产生滑坡，堰塞坝的坝坡坡度对于其坝体的稳定性影响也同样如此。虽然堰塞坝在形成过程中，其上下游坝坡都远远小于自然休止角，但是当坝顶较薄，上下游坝坡坡度相对较陡时，在湖水下渗的影响下，坝体组成颗粒的抗剪强度降低，加之坝坡重力的倾斜向下的分力作用，坝体则很容易发生滑坡。坝坡一旦滑坡，坝体内的渗径缩短，渗流侵蚀加强，必然影响堰塞坝的稳定。

因上游、下游坝坡坡度较陡，造成堰塞坝险情甚至坝体破坏的，国内外也不乏案例。1992 年 6 月 13 日发生在南美哥斯达黎加 Rio Toto 地区方量为 3 亿 m^3 的巨型滑坡，堵塞 Toto 河形成上下游长 600m、垂直河流宽 75m、坝体最大高度 100m、最小坝高 70m 的堰塞坝，见图 4.19。堰塞坝的坝坡相比较陡，下游最大坝坡达到了 1∶6。坝体形成后的第 3 天，上游普降暴雨，来水增加，库水位上升，在渗流的影响下下游坝坡出现了多次滑坡，加之坝体由大量的块石组成（最大粒径为 8m），最终导致坝体溃决，形成碎屑流。

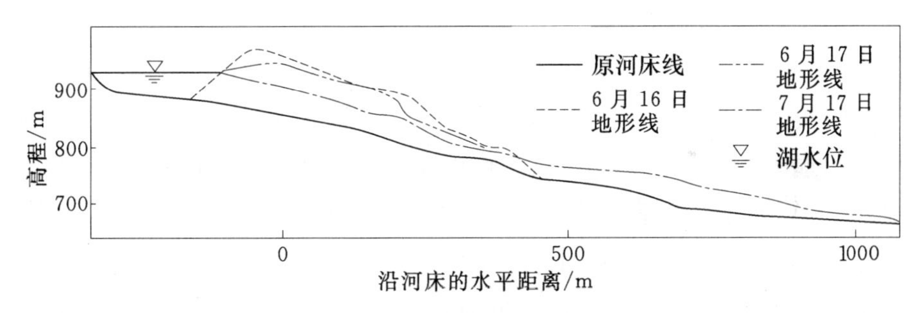

图 4.19　Rio Toto 堰塞坝的破坏过程示意图

4.5.1.3　湖水下渗

堰塞坝的破坏，湖水下渗引起的坝体材料的抗剪强度下降是其中的一个主要因素。室内试验表明土体在水流的下渗作用下，强度将会发生较大的变化，因水分饱和而造成土体抗剪强度较干燥时降低不小于 10%。对于堰塞坝而言，水土饱和影响的主要是浸润线以下的坝体部分，岩土体的饱和度越大，抗剪强度降低越明显。堰塞湖水位越高，随着坝体浸润线的上升，坝体保水部分越接近坝顶，对坝体的稳定就越不利。因此，堰塞坝形成初期，控制堰塞湖水位上升是保证坝体稳定的关键。

如果堰塞坝的地基为原河床的砂卵砾石层，随着堰塞湖水位的上涨，渗流比降增加，湖水将通过堰塞坝的坝基向下游渗漏，在下游坝脚处发生冒沙、管涌、地面隆起等现象，逐步引起坝后滑塌，最后导致坝体破坏。

当堰塞坝的坝高较矮时，而河床的水动力条件较好，在有限的渗流断面情况下，通过坝体下渗的流量小于上游入流量，堰塞湖水位上涨，坝体浸润线随之抬高或坝顶溢流而导致坝体破坏。该影响堰塞坝稳定的控制因素，是我国大量大江大河中形成的堰塞坝在河流下游无法长期存在的原因，而在河流的上游、支流或者小型沟谷中发育的堰塞坝，由于上游入湖流量有限，水动力条件不足，从而导致有些堰塞坝得以长期存在。

4.5.2 稳定性分析与判断

目前，堰塞坝的稳定性分析与判断的常用方法包括一些经验性判断和基于岩土力学理论的确定性分析方法。经验判断是根据历史上发生的一些堰塞坝案例，选取其中的一些主要控制因素，通过统计拟合分析，来预测堰塞坝稳定与否的一种方法。由于不同的学者选取的堰塞坝的案例数量和控制因素的种类有所不同，因此其对同一座堰塞坝安全性的评估结果也可能不同，但对于堰塞坝的应急评估而言，经验法仍不失为一种较行之有效的方法。

确定性分析方法是基于岩土力学理论，采用水利工程设计的一些基本原则，对堰塞坝的渗透稳定性和抗滑稳定性等用数值计算进行分析判断的一种方法。确定性分析方法由于能够考虑堰塞坝的工程地质、结构特性、外部影响因素的规模和程度以及计算方法较完善等，其结果的可靠性较高。但堰塞坝形成初期基本资料的匮乏，采用确定性分析方法得到的结果仍可能存在很大的不确定性。因此在资料匮乏的情况下，采用确定性方法进行堰塞坝的稳定性判断，尚需掌握一些基本的方法和原则。

4.5.2.1 经验性判断

对于堰塞坝的稳定性经验判断，常用的判断方法包括 Canuti 提出的堆积体指数法（Blockage Index，BI）和 Casagli 对堆积体指数法进行改进提出的无量纲堆积体指数法（Dimensionless Blockage Index，DBI）。

1. 堆积体指数法

Canuti（1998 年）、Casagli 和 Ermini（1999 年）利用收集到的亚平宁北部山区的堰塞坝数据资料，经分析研究提出了用于堰塞坝稳定性判断的堆积体指数法（Blockage Index，BI），计算方法如下：

$$BI = \lg\left(\frac{V_d}{A_b}\right) \tag{4.70}$$

式中：A_b为流域面积，km^2；V_d为坝体体积，m^3。

式（4.70）的堆积体指数计算，比较适合于滑坡形成的堰塞坝的稳定性判断。通过滑坡堰塞坝的坝体稳定计算，建立表 4.27 的稳定性判断标准。可以看出，堰塞坝越高、上游汇水面积越大，坝体的稳定越低；坝体体积越大，其稳定性越高。堰塞坝的稳定性与形成堰塞坝的物源和形成过程有关。

表 4.27　　滑坡堰塞坝的稳定性判别标准（*BI*）

序号	指标	坝体状态	备注
1	$BI>5$	稳定	*BI* 为堆积体指数
2	$4<BI<5$	介于稳定与不稳定之间	
3	$3<BI<4$	不稳定	

2. 无量纲堆积体指数法

Casagli 和 Ermini 根据对 84 座滑坡堰塞坝（阿尔卑斯和亚平宁山区 36 座、日本 17 座、美国和加拿大 20 座、新西兰和印度等其他国家 11 座）坝体稳定资料的统计分析，对堆积体指数法进行了改进，提出了无量纲堆积体指数法（Dimensionless Blockage Index，DBI）。DBI考虑了堰塞坝体积、流域面积和堰塞坝高度3个因素，反映了堰塞坝自重、河流的流量和水能以及堰塞坝遭遇漫顶和管涌破坏时的重要参数，是在堰塞坝形成之初资料缺乏时快速评价堰塞坝稳定性的一种评估方法。

无量纲堆积体指数法（DBI），基于以下三条理论基础：①坝体体积（V_d）是影响坝体稳定的主要稳定因素，同时也决定了坝体的自重；②流域面积（A_b）是造成坝体失稳的主要失稳因素，同时也决定了河流的流量和水能；③坝高（H_d）是评价堰塞坝遭遇漫顶和管涌破坏时的重要参数，一方面，堰塞坝的坝体高度影响坝体下游坡度、漫顶时水流速度和冲蚀程度；另一方面，控制着坝前水位和坝体内水力比降。

无量纲堆积体指数法（DBI）的无量纲指数DBI定义如下：

$$DBI = \lg\left(\frac{A_b H_d}{V_d}\right) \tag{4.71}$$

式中：H_d为坝高；A_b为流域面积；V_d为坝体体积。

无量纲堆积体指数法（DBI）同样比较适合滑坡形成的堰塞坝的稳定性判断。经过84座堰塞坝无量纲堆积体指数法的计算，建立了滑坡形成的堰塞坝的稳定性判断标准，见表4.28、图4.20。

表4.28　滑坡堰塞坝的稳定性判别标准（*DBI*）

序号	指标	坝体状态	备注
1	$DBI<2.75$	稳定	DBI为无量纲堆积体指数
2	$2.75<DBI<3.08$	介于稳定与不稳定之间	
3	$DBI>3.08$	不稳定	

采用无量纲堆积体指数法进行堰塞坝的稳定性判断，仅需知道坝体体积、流域面积、坝高三个参数即可，方法简便。但是由于无量纲堆积体指数法无法反映堰塞坝的材料特性，评估由降雨、泥石流或地震等不同形式形成的堰塞坝体积、流域面积和堰塞坝高度均一致的堰塞坝时，其结果并不一定能反映实

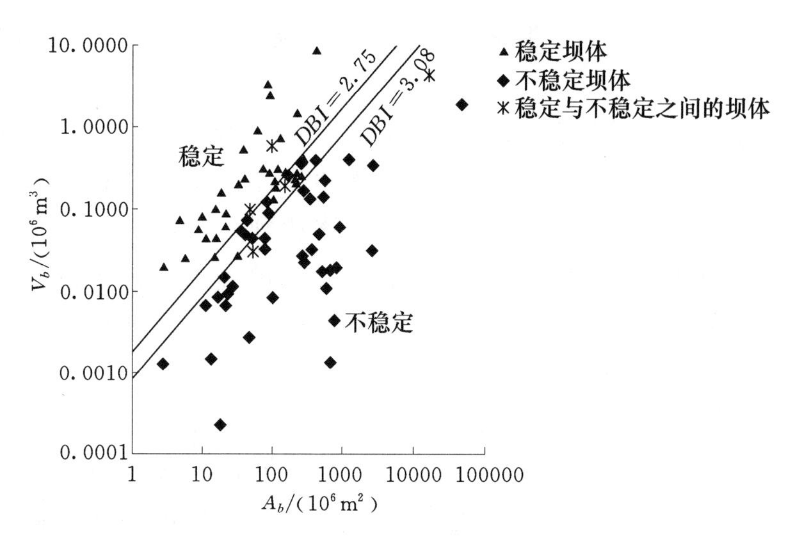

图 4.20　84 座滑坡坝无量纲堆积体指数法计算结果

H_d—坝高；A_b—流域面积；V_d—坝体体积

际情况，因此使用时应注意其适用性，并应与实际情况进行验证。

4.5.2.2　稳定性计算

根据堰塞坝的工程特点，进行坝体稳定的确定性计算，包括渗流稳定计算、抗滑稳定计算和抗冲刷稳定计算 3 个方面。

1. 渗流稳定计算

渗流计算分为稳定渗流计算和非稳定渗流计算。稳定渗流计算分析适用于上游水位在足够长的时间内保持相对稳定的情况，并经过长时间达到稳定渗流状态，形成稳定的浸润线。通过计算取得各种不同水位条件下坝体和坝基的渗流场分布、坝体浸润线以及逸出点位置。堰塞坝形成之初，如果上游来水量较小且坝体的渗透性较低，则短期内难以在坝体内形成稳定的渗流场；反之如果上游来水量较大，坝体渗透性较强，则在坝体内就会很快形成稳定渗流场。因此对于堰塞坝而言，应将不同上游水位条件下的稳定渗流作为控制工况来考虑。一般稳定渗流计算应包括以下内容：①不同水位条件下坝体浸润线及下游出逸点的位置、坝体和坝基内等势线的分布和流网分布；②不同水位条件下坝体和坝基的渗流量；③不同水位条件下坝坡出逸与下游坝基表面的出逸比降以及不同土层之间的渗透比降。

非稳定渗流是指蓄水初期或水位快速上升、下降时，坝体内浸润线位置和形状随时间而逐步变化的渗流。通过非稳定渗流计算得到不同时刻的浸润线位置以及坝体达到稳定渗流所需要的时间，了解堰塞坝形成后，堰塞湖水位上升过程中坝体内的渗流场发展变化规律、判别非稳定渗流期坝体的渗透变形或破坏的可能性，以及堰塞坝遭遇长期降雨时的渗流场发展变化特征。一般应急处置条件下非稳定渗流计算的主要内容应包括：上游水位上升条件下，坝体渗流场的发展变化规律；不同历时坝体浸润线的位置、下游坝坡出逸点的发展趋势、下游坝基表面的出逸比降以及不同土层之间的渗透比降、坝体和坝基内等势线的分布和流网分布；不同历时坝体和坝基的渗流量；长期降雨条件下，降雨入渗对坝体的影响。

（1）稳定与非稳定渗流计算的基本方程。对于稳定渗流，根据达西渗透定律，x、y、z方向的渗透流速可分别表示为：

$$\left.\begin{aligned} v_x &= -k_x \frac{\partial H}{\partial x} \\ v_y &= -k_y \frac{\partial H}{\partial x} \\ v_z &= -k_z \frac{\partial H}{\partial z} \end{aligned}\right\} \tag{4.72}$$

将式（4.72）代入式（4.73）：

$$\frac{\partial v_x}{\partial x} + \frac{\partial v_y}{\partial y} + \frac{\partial v_z}{\partial z} = 0 \tag{4.73}$$

得：

$$\frac{\partial}{\partial x}\left(k_x \frac{\partial H}{\partial x}\right) + \frac{\partial}{\partial y}\left(k_y \frac{\partial H}{\partial y}\right) + \frac{\partial}{\partial z}\left(k_z \frac{\partial H}{\partial z}\right) = 0 \tag{4.74}$$

式（4.74）即为描述无源汇和各向异性稳定渗流场的基本微分方程。对于各向同性渗流场，即$k_x = k_y = k_z = k$，则式（4.74）为：

$$\frac{\partial^2 H}{\partial x^2}+\frac{\partial^2 H}{\partial y^2}+\frac{\partial^2 H}{\partial z^2}=0 \tag{4.75}$$

式（4.75）为著名的拉普拉斯（Laplace）方程。

对于具有恒定降雨入渗或蒸发量 ω 的水平面稳定渗流场，其基本微分方程为：

$$\frac{\partial}{\partial x}\left(K_x \frac{\partial H}{\partial x}\right)+\frac{\partial}{\partial y}\left(K_y \frac{\partial H}{\partial y}\right)=-\omega \tag{4.76}$$

式中：K_x、K_y分别为 x、y 方向的导水系数，等于相应渗透系数 k 与无压渗透深度 h 或有压含水层厚度 T 的乘积。

对于各向同性渗流场，即 $K_x=K_y=K$ 时，则式（4.76）为：

$$\frac{\partial^2 H}{\partial x^2}+\frac{\partial^2 H}{\partial y^2}=-\frac{\omega}{K} \tag{4.77}$$

式（4.77）为著名的泊松（Poisson）方程。

对于非稳定渗流，指的是其基本表征量随时间变化而变化的渗流情况，渗流分析主要考虑的是渗流的基本方程与边界条件。对于非稳定渗流的表征量随时间变化而变化的数学表达式，表示为：

$$H=f_1(x,y,z,t) \tag{4.78}$$

$$v=f_2(x,y,z,t) \tag{4.79}$$

关于堰塞坝非稳定渗流计算的数学模型问题，主要包括以下三种模型：

第一种模型：在区域内，其渗流满足：

$$\frac{\partial^2 H}{\partial x^2}+\frac{\partial^2 H}{\partial z^2}=0 \tag{4.80}$$

在自由面上，其渗流满足：

$$\frac{\partial H^*}{\partial t}=-\frac{k}{n}\left(\frac{\partial H}{\partial z}-\frac{\partial H^*}{\partial x}\frac{\partial H}{\partial x}\right) \tag{4.81}$$

式中：H^* 为自由面上点的水头。

第二种模型：在区域内，其渗流满足：

$$\frac{\partial^2 H}{\partial x^2}+\frac{\partial^2 H}{\partial z^2}=0 \tag{4.82}$$

在自由面上有因自由面变动而引起的流量补给 $q_f(t)$，即：

$$q_f(t) = \mu \frac{\partial H^*}{\partial t} \cos\theta \tag{4.83}$$

并满足条件：

$$H^* = z \tag{4.84}$$

式中：θ 为自由面外法线方向 n 与坐标轴 z 之间的夹角；z 为自由面上水质点的位置高度。

第三种模型：在区域内，其渗流满足：

$$\frac{\partial^2 H}{\partial x^2} + \frac{\partial^2 H}{\partial z^2} = \frac{\mu}{k \overline{H}} \frac{\partial H}{\partial t} \tag{4.85}$$

在自由面上，其渗流满足：

$$H^* = z \tag{4.86}$$

式中：$\overline{H}$ 为渗流平均深度。

非稳定渗流分析的第一种和第二种模型实质上是相同的，只是在处理自由面上的流量补给的方式不同，由于式（4.80）中已考虑了 $H^* = z$ 的条件，故在第一种模型中无需再考虑这一条件。第三种模型实质上是将因自由面变动而引起的水量变化平均地加在区域的各点上。这种模型只适用于均质渗透介质和缓变流情况，对多数堰塞坝的渗流问题不能满足其均值渗流与缓变渗流的要求。进行堰塞坝的非稳定渗流分析，以第一或者第二种模型计算为宜。

（2）稳定与非稳定渗流的计算工况与内容。根据渗透稳定性评价和抗滑稳定分析的要求，一般情况下非稳定渗流和稳定渗流计算应满足下述基本工况。

非稳定渗流计算工况：①上游水位自堰塞坝形成初水位蓄至可能最高水位，如果最高水位超过堰塞坝坝顶，则最高水位按坝顶高程控制，下游水位按实际水位控制；②长期降雨入渗工况。

稳定渗流计算工况：①上游最高水位与下游实际水位组合；②上游不同高程水位对下游实际水位。

根据稳定渗流与非稳定渗流的区别，将稳定渗流与非稳定渗流的计算工况组合与计算内容汇总于表4.29。基于表4.29的工况组合，即可根据渗流与非稳定渗流的基本方程进行堰塞坝的渗流计算。

表4.29　　渗流计算工况与内容

渗流形式	计算工况	计算内容
非稳定渗流	（1）上游水位从堰塞坝形成初水位蓄至最高高程，如果最高水位超过堰塞坝坝顶，则最高水位按坝顶高程控制，下游水位按实际水位推判；（2）长期降雨入渗工况；（3）上游水位骤降工况	（1）上游水位变化条件下，坝体渗流场的演变规律；（2）不同历时坝体浸润线的位置、下游坝坡出逸点的发展规律、坝体和坝基内等势线的分布和流网等；（3）不同历时坝体和坝基的渗流量；（4）不同历时坝坡出逸与下游坝基表面的出逸比降以及不同土层之间的渗透比降；（5）上游水位降落时上游坝坡内的浸润线位置或孔隙压力
稳定渗流	（1）上游最高水位与下游实际水位；（2）上游不同高程水位与下游实际水位；（3）上游水位降落时上游坝坡稳定最不利情况	（1）不同水位条件下坝体浸润线及下游出逸点的位置、坝体和坝基内等势线的分布和流网等；（2）不同历时坝体和坝基的渗流量；（3）不同历时坝坡出逸与下游坝基表面的出逸比降以及不同土层之间的渗透比降

（3）渗流稳定性判断。渗流稳定性判断包括渗流破坏形式判别与抗渗比降判断。

渗流破坏形式判别，对于均匀无黏性土的渗透破坏形式只有流土一种形式，不均匀无黏性土的渗透破坏形式有管涌和流土两种形式，主要取决于细料填充粗料孔隙的程度。细料填满粗料孔隙的土，渗透破坏形式为流土，否则为管涌，具体的判别方法及判别标准见表 4.30。

表 4.30　　无黏性土渗透破坏形式的经验判别

序号	土颗粒组成特性	判别方法		渗透破坏形式
1	均匀土	不均匀系数 $C_u \leqslant 5$		流土
2	不均匀土（$C_u > 5$）	细料含量法 /%	$P > 35$	流土
			$P < 25$	管涌
			$P = 25 \sim 35$	过渡
		孔隙直径法 /mm	$D_0 < d_3$	流土
			$D_0 > d_5$	管涌
			$D_0 = d_3 \sim d_5$	过渡
		渗透系数法 /%	$K < 0.003$	流土
			$K > 0.03$	管涌
			$K = 0.003 \sim 0.03$	过渡

注　D_0 为土的孔隙平均直径，mm；$D_0 = 0.63nd_{20}$；d_3、d_5 为等效粒径，mm，小于该粒径的土质量占总土质量的 20%；n 为土的孔隙率（以小数计）。

抗渗比降，根据无黏性土的破坏形式（流土或管涌），进行渗流比降的计算，计算方法详见表 4.31。

表 4.31　　渗透比降计算

无黏性土的渗流破坏形式	计算方法	备注
流土	$J_n = (G_s - 1)(1 - n)$	G_s 为土粒相对密度（旧称比重）；d_5 为土粒粒径，小于该粒径的土质量占总土质量的 5%
管涌	$J_{cn} = 2.2(G_s - 1)(1 - n)^2 \dfrac{d_5}{d_{20}}$	

对于各类土抗渗比降的变化范围及其允许值归纳于表 4.32。

若有反滤层做保护，上述允许值可提高 3 倍。

表 4.32　　各类土抗渗比降变化范围及允许值

抗渗比降	土的渗透破坏形式				
	流土		过渡型	管涌	
	$C_u \leqslant 5$	$C_u > 5$		级配连续	级配不连续
J_n	0.8～1.0	1.0～1.5	0.4～0.8	0.2～0.4	0.1～0.3
$J_{允许}$	0.4～0.5	0.5～0.8	0.25～0.4	0.15～0.25	0.1～0.2

2. 抗滑稳定计算

堰塞坝抗滑稳定计算应对上游可能最高水位时下游边坡，遇地震时上游、下游边坡，应急处置工程措施对应的下游边坡，根据地形地质条件，选择代表性断面进行抗滑稳定计算，抗滑稳定安全系数应满足《堰塞湖风险等级划分标准》（SL 450—2009）的规定。

（1）强度指标的选取与应用。在应急处理阶段，由于工程资料的不充分，没有时间进行现场或室内试验，因此在进行稳定计算分析时，其强度参数的选取可采用以下方法：①根据堰塞坝材料的工程类别，近似选择相近材料的强度参数；②通过附近工程的相同或相近材料的类比分析，选择强度参数；③通过对堰塞坝形成的临界条件反演，获取材料的强度参数，并与前两种方法确定的参数进行全面分析，以最终获得稳定计算所需的强度参数。

在综合治理阶段，具有充足的时间，可以进行现场或室内试验以获得堰塞坝材料的强度参数。一般室内测定土的抗剪强度指标常用三轴压缩试验或直接剪切试验，在试验方法上按照排水条件的不同分为不固结不排水剪、固结不排水剪、固结排水剪与快剪、固结快剪、慢剪。对于不固结不排水三轴试验，即直剪试验中的“Q剪”，相应的黏聚力和摩擦角指标分别为 C_{uu}、ϕ_{uu}；固结排水试验，即“S 剪”，相应的黏聚力和摩擦角指标分别为 c'_d、ϕ'_d 或 c'、ϕ'；固结不排水试验，即“R 剪”，相应的黏聚力和摩擦角指标分别为 C_{cu}、ϕ_{cu}；测孔压的不固结或固结不排水试验，即“Q′剪”或“R′剪”，相应的有效黏聚力及有效摩擦角指标为 c'_{uu}、φ'_{uu} 或 c'_{cu}、φ'_{cu}。

（2）计算工况。稳定计算的工况包括以下几种情况：①蓄水阶段水位上升至各类关键高程时的下游坡稳定；②遇到可能遭遇的最大余震时的上下游坡稳定；③降雨导致坡面饱和时的上下游坡稳定；④应急处理引起水位骤降时的上游坡稳定；⑤稳定渗流期的下游坝坡稳定；⑥稳定渗流期遇到地震时的上下游坡稳定。

荷载及组合按《水工建筑物抗震设计规范》（SL 203—1997）采用，地震堰塞湖应急处置期余震荷载应作为基本荷载。

（3）计算方法。基于极限平衡理论的边坡稳定分析方法有很多，常用的有瑞典条分法和毕肖普法等。瑞典条分法假定滑裂面为圆弧形，将条块重量向滑面法向分解求得法向力；毕肖普法在瑞典法的基础上考虑了土条间的作用力。此外，还有适用于非圆弧滑裂面的陆军工程师团法、罗厄法和简化 Janbu 法。

（4）坝坡渐进滑动模拟。由于堰塞坝一般规模较大，坝顶较宽，在稳定计算时，坝体下游边坡的局部滑坡不一定会导致坝体的整体塌滑，即使是下游坝坡产生了多次连续渐进滑坡，只要坝顶能保持一定宽度，也可保证堰塞坝的整体稳定。

坝坡渐近滑动分析具体的实现方法是先进行坝坡稳定分析，了解坝坡是否会发生局部滑动，如果下游坝坡发生局部滑动，则计算其滑动的规模和范围，再对局部滑动后的坝坡进行稳定分析，以此类推，直到计算到坝坡不产生局部滑动为止。堰塞坝坝坡渐近分析流程详见图 4.21。

3. 抗冲刷稳定计算

抗冲刷能力计算包括堰塞坝各层材料的抗冲刷能力及堰塞坝的冲刷破坏形式。

山体滑坡、崩塌和泥石流等形成的堰塞坝在坝体结构与溃坝特性等方面与人工土石坝虽然有诸多相似性。但是，目前专门针对堰塞坝开展的材料冲刷研究还比较少见，大多是与人工土石坝的溃坝研究相结合，或借用人工土石坝溃坝模拟的研究成果，开展相应的抗冲刷研究。无论是人工土石坝还是堰塞坝，溃坝过程通常分为瞬间溃决（突然溃决）和逐渐溃决，其方式主要取决于坝型和溃坝原

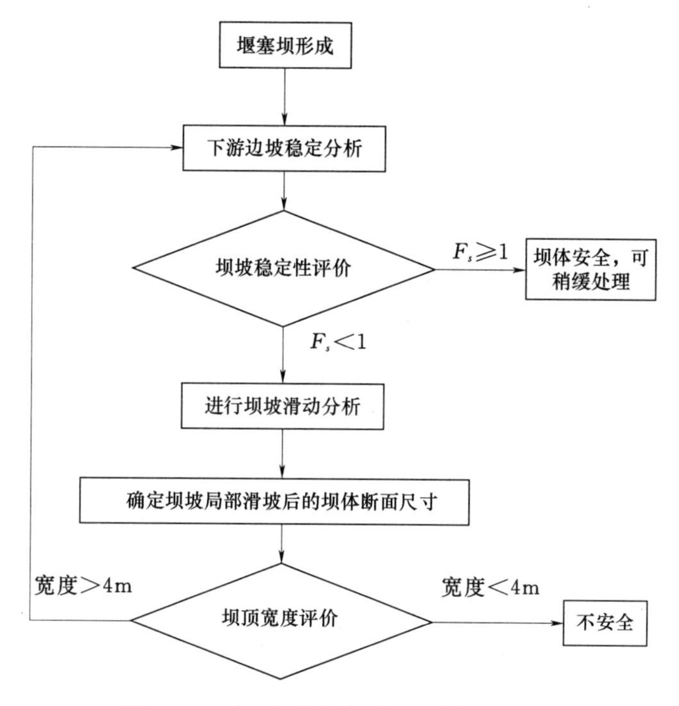

图 4.21　堰塞坝坝坡渐近分析流程图

因。堰塞坝的溃决一般都是逐渐溃决，是一个水、土（坝体材料）两者相互作用的过程，持续时间较长。

对于堰塞坝的抗冲刷计算，最大可能冲刷水头和堰塞坝材料特性是计算堰塞体物质起始冲刷流速，判断堰塞坝的抗冲刷能力和溃决模式的基本依据，是评估堰塞坝抗冲刷破坏能力的基本要素，可通过现场调查和计算快速获取。计算过程中，由于堰塞坝形成机理不同，结构组成和含水量差异较大，对于抗冲刷能力的评估，一定要考虑其形成机理和成因的影响。

依据堰塞坝组成材料的级配情况，按照国内外通用的一般散体颗粒启动流速张瑞瑾、沙莫夫和唐存本计算公式进行堰塞坝物质冲刷能力初步分析。以上公式适用于粒径小于 200mm 的散体颗粒，基本满足堰塞坝的颗粒粒径要求；对粒径大于 1m 的块石，采用基岩抗冲和伊兹巴斯公式估算其抗冲流速。

泥沙启动流速张瑞瑾公式：

$$u_c = 1.34\sqrt{\frac{\gamma_s-\gamma}{\gamma}gd}\left(\frac{h}{d}\right)^{\frac{1}{7}} \tag{4.87}$$

泥沙启动流速沙莫夫公式：

$$u_c = 1.14\sqrt{\frac{\gamma_s-\gamma}{\gamma}gd}\left(\frac{h}{d}\right)^{\frac{1}{6}} \tag{4.88}$$

泥沙启动流速唐存本公式：

$$u_c = 1.53\sqrt{\frac{\gamma_s-\gamma}{\gamma}gd}\left(\frac{h}{d}\right)^{\frac{1}{6}} \tag{4.89}$$

基岩抗冲流速计算：

$$V = (5\sim7)\sqrt{d} \tag{4.90}$$

抗冲流速伊兹巴斯公式：

$$u_c = K\sqrt{\frac{\gamma_s-\gamma}{\gamma}2gd} \tag{4.91}$$

式（4.87）～式（4.91）中：γ_s 为泥沙颗粒（或块石）的容重；γ 为水的容重；d 为泥沙颗粒（或块石）粒径；g 为重力加速度；h 为水深。

通过式（4.87）～式（4.91），得到堰塞坝的不同水深、不同粒径下的启动流速和抗冲流速，见表4.33、表4.34。

表4.33　　不同粒径与水深下的坝料启动流速

序号	计算公式	粒径/mm	水深/m	启动速度/(m/s)
1	唐存本公式	20	1	1.66
2			3	2.02
3		200	1	3.50
4			2	4.03
5	沙莫夫公式	20	1	1.23
6			2	1.42
7		200	2	3.00
8			3	3.21

续表

序号	计算公式	粒径/mm	水深/m	启动速度/(m/s)
9	张瑞瑾公式	20	1	1.32
10			2	1.46
11		200	1	3.00
12			3	3.45

表 4.34　不同粒径下的坝料抗冲流速

序号	计算公式	粒径/m	抗冲流速/(m/s)
1	伊兹巴斯抗冲流速计算公式	1	7.5
2		1.5	9.1
3	基岩抗冲流速计算公式	1	7.1
4		1.5	8.56
5		2	9.8

根据堰塞坝的上层级配组成，在堰塞湖蓄水及溢流过程中，材料浸润膨胀，黏性增加，很容易形成稀性泥石流，呈现出三种冲刷形式：①下切冲刷，床面加深加宽；②弯道凹岸冲刷，岸线扩大；③溯源冲刷，临时跌坎后退，这三种冲刷形式共存加剧坝体冲刷下切的速度。

4.6 堰塞坝漫顶溢流计算

漫顶溢流作为堰塞坝破坏的主要溃决模式（约占堰塞坝破坏的80%以上），因此，本节重点对因漫顶溢流引起的堰塞坝溃决模式计算进行分析阐述。

堰塞坝的漫顶溢流溃决包含了水流冲刷、泥沙输移和坝体冲蚀变化等复杂的物理过程。当堰塞坝内水位不断上涨超过坝顶后，下泄洪水的冲刷和边岸的坍塌导致溃口形成并不断扩大；坝体材料的输移量随漫顶水流沿程发展而变化，从溃口处至坝体下游，漫顶水流对于坝体的冲刷输移量不断增大并逐渐趋于平衡；溃口边岸因受侧向侵蚀而逐渐拓宽，随着边岸的侵蚀后退坝体坡度逐渐变陡并最终发生坍塌，溃口边岸的坍塌展宽直接影响了洪水的下泄变化过程；溃口的发展和泄流的历时主要取决于下泄水流对坝体材料的冲刷作用，水流最终持续到流速降低至坝体材料能够抵挡住冲刷为止。堰塞坝漫顶溢流计算，包括非平衡输沙理论、相关泥沙运动力学公式及边岸侵蚀和崩塌模式。

4.6.1　溃口冲刷计算

堰塞坝漫顶溢流溃口冲刷分为顶部冲刷段和下游坡面冲刷段两部分，见图4.22，溃口断面形状可概化为梯形。图4.22中Z_m为初始坝顶高程，Z_b为坝体顶部Δt时刻后冲刷高度，h_w为库内水位，h_c和h_d分别为坝体顶部和坝体下游坡面溃口段的水深值，L_c和L_d分别为坝体顶部和坝体下游坡面溃口段的长度，θ_u和θ_d分别为坝体上游坡面和下游坡面的角度。

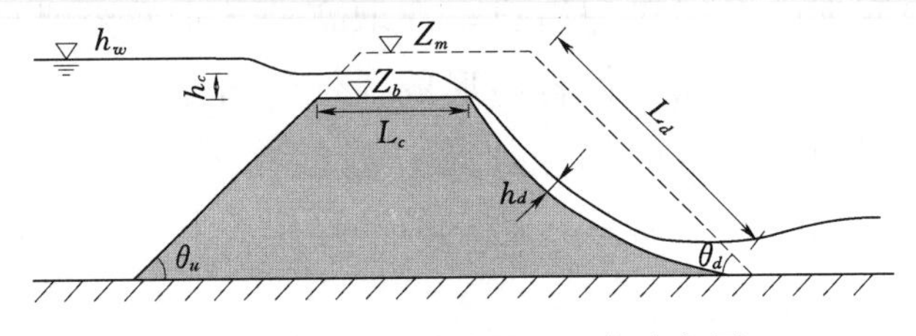

图4.22　堰塞坝漫顶溢流示意图

当堰塞坝内水位逐渐上升至溃口底部高程以后，坝体顶部开始出现冲刷，坝顶溃口段和下游坡面冲刷变化过程可以通过下式表达：

$$\rho'_s L_c \frac{\mathrm{d}z_b}{\mathrm{d}t} = q_{s,\mathrm{in}} - q_{s,\mathrm{out}} \tag{4.92}$$

式中：ρ'_s为坝体材料的干密度；z_b坝顶顶部溃口高度；L_c为坝体顶部溃口长度；t为时间；$q_{s,\mathrm{in}}$、$q_{s,\mathrm{out}}$分别为入流断面和出流断面的单宽输沙量，包括推移质和悬移质。

悬移质输沙采用含沙量沿程变化方程进行计算：

$$S_{out}=\frac{1}{f_s}S_*+\left(S_{in}-\frac{1}{f_s}S_*\right)e^{-a_* f_s \frac{\omega_s}{q}x} \tag{4.93}$$

式中：S_{in}、S_{out} 分别为入流断面和出流断面的悬移质含沙量；S_* 为平衡状态下悬移质输移；q 为单宽流量；ω_s 为浑水中的泥沙沉速；x 为反应水深对河床稳定的影响系数。系数 a_*、f_s 可由下式确定：

$$f_s=\left(\frac{S_{out}}{S_*}\right)^{0.1/\arctan\left(\frac{S_{out}}{S_*}\right)} \tag{4.94}$$

$$a_*=\frac{1}{N}\exp\left(8.21\frac{\omega_s}{k_m u_*}\right) \tag{4.95}$$

$$N=\int_0^1 f\left[\frac{\sqrt{g}}{c_n C},\eta\right]\exp\left[5.33\frac{\omega_s}{k_m u_*}\arctan\sqrt{\frac{1}{\eta}-1}\right]d\eta \tag{4.96}$$

$$f\left[\frac{\sqrt{g}}{c_n C},\eta\right]=1-\frac{3\pi\sqrt{g}}{8c_n C}+\frac{\sqrt{g}}{c_n C}(\sqrt{\eta-\eta^2}+\arcsin\sqrt{\eta}) \tag{4.97}$$

$$c_n=0.15\left[1-4.2\sqrt{S_v}(0.365-S_v)\right] \tag{4.98}$$

式中：k_m 为浑水的卡门系数；c_n 为涡团参数；g 为重力加速度；η 为相对水深；u_* 为摩阻流速；S_v 为体积含水量；C 为谢才系数，通过 $C=R^{1/6}/n$ 计算；n 为糙率，根据计算段的摩阻状态来确定。

平衡状态下悬移质水流输沙率的计算如下：

$$S_*=2.5\left[\frac{(0.0022+S_v)v^3}{k_m\frac{\gamma_s-\gamma_m}{\gamma_m}gh\omega_s}\ln\left(\frac{h}{6D_{50}}\right)\right]^{0.62} \tag{4.99}$$

式中：S_v 为体积含沙量；k_m 为体积比含沙量；γ_s 和 γ_m 分别为泥沙及浑水的容重；D_{50} 为小于该粒径的泥沙占沙样重量 50%的粒径；h 为水深；v 为水流运动黏滞性系数；ω_s 为浑水中的泥沙沉速。

推移质单宽输沙率采用能够使用高低强度输沙和沙质推移质的计算公式：

$$q_s^*=0.66\gamma_s\frac{\upsilon(\upsilon^3-\upsilon_c^3)}{A_{65}^2 g^{1.5}R^{0.5}}\left(\frac{D_{65}}{R}\right)^{\frac{1}{3}}c\tan\varphi \tag{4.100}$$

式中：υ 为流速；υ_c 为启动流速；D_{65} 为小于该粒径的泥沙占沙样重量 65%的粒径；A_{65} 为摩阻参数；R 为水力半径；φ 为泥沙水下休止角；c 为系数。

其中 A_{65} 和 φ 可采用下式进行计算：

$$A_{65}=1.55\ln\left(\frac{D_{50}}{D_0}\right)+32.1 \tag{4.101}$$

$$\varphi=\frac{D_{50}}{0.0071+0.0237D_{50}} \tag{4.102}$$

式中：D_{50} 为泥沙中值粒径。

启动流速 υ_c 计算公式如下：

$$\upsilon_c=2.1K_D\left[\frac{\gamma_s-\gamma}{\gamma}gD+6.59\,\frac{\gamma_s-\gamma}{\gamma}g^{0.33}\left(\frac{\gamma'}{\gamma'_c}\right)\frac{\upsilon^{1.34}}{D}+0.0352\left(\frac{\gamma'}{\gamma'_c}\right)\frac{gh\delta_w}{D}\right]^{0.5} \tag{4.103}$$

式中：D 为泥沙粒径；γ'_c 为淤积物稳定干容重；δ_w 为薄膜水厚度，取 0.213×10^{-4}cm；K_D 为系数，计算式如下：

$$K_D{}^{-1}=1-\frac{3\pi}{8c_n}\frac{\sqrt{g}}{C}+\frac{\sqrt{g}}{Cc_n}\left[\sqrt{\frac{2D}{3h}-\left(\frac{2D}{3h}\right)^2}+\arcsin\sqrt{\frac{2D}{3h}}\right] \tag{4.104}$$

式（4.104）为适用于粗细颗粒的统一公式，反映溃口摩阻和洪流含沙浓度大小对推移质输沙的影响。此外，即使堰塞坝材料中含有黏性土壤，也可由上式计算启动流速。

坝顶段水流流速可认为是临界流速 $v=\sqrt{gh}$，通过泄流流量和溃口形状计算水深。坝体下游段由于坡度较陡，可以认为很快发展到平衡状态，采用谢才公式进行计算。堰塞坝的水量可以通过下式进行计算：

$$V=\int_0^{h_w}A_s(H)\mathrm{d}H \tag{4.105}$$

式中：V 为堰塞坝内的总水量；$A_s(H)$ 为水库内水面积随水深变化的函数关系，其中 H 为水深。

为了简化求解过程，堰塞坝内的水量可以通过经验公式近似求解：

$$V=m_0h_w^{x_0} \tag{4.106}$$

式中：m_0 和 x_0 分别为系数与指数，其中 x_0 的取值范围为1～4。

当堰塞坝内水位逐渐上升至溃口底部高程时，堰塞坝内的水加速汇聚到溃口处并下泄流出。根据水量平衡关系可以得到：

$$\frac{\mathrm{d}V}{\mathrm{d}t} = Q_{\mathrm{in}} - Q_{\mathrm{out}} - Q_{\mathrm{other}} \tag{4.107}$$

式中：Q_{in} 为入流流量；Q_{out} 为通过溃口下泄的流量；Q_{other} 为渗流管涌等其他方式的出库流量。

入流流量包括径流汇入、降雨、地下水渗流等。由于漫顶溃决历时相对较短，通过渗流和管涌等方式的出流量相对漫顶泄流量小很多，故忽略其他方式的出库流量 Q_{other} 。将式（4.106）带入式（4.107）可得堰塞坝内水深表达式：

$$\frac{\mathrm{d}h_w}{\mathrm{d}t} = \frac{Q_{\mathrm{in}} - Q_{\mathrm{out}}}{x_0 m_0 h_w^{x_0-1}} \tag{4.108}$$

在溃口断面内水流的水力学特性同宽顶堰泄流时水力学特性相类似。借鉴宽顶堰出流公式计算下泄流量：

$$Q_{\mathrm{out}} = k_{sm}(c_1 b h_0{}^{1.5} + c_2 b h_0{}^{2.5}) \tag{4.109}$$

式中：k_{sm} 为淹没情况下尾水效应影响系数；b 为边坡系数；h_0 为坝顶水头，$h_0 = h_w - z_b$ ；c_1 和 c_2 为流量系数，$c_1 = 1.7$、$c_2 = 1.3$。

4.6.2 溃口扩展计算

溃口的展宽过程包括水流冲刷导致的侧向侵蚀和重力失稳引起的塌岸两部分。水流在溃口段冲刷运动会引起侧向侵蚀和垂向下切，侧向侵蚀增加了水流行进断面的宽度，使得边岸坡度变陡，降低了边坡的稳定性；垂向下切使得河床底面下降，增加了边坡的高度，也降低了边坡的稳定性。在水流不断冲刷作用下边坡稳定性达到临界值时，边坡因重力作用发生崩塌，其具体过程见图 4.23。

图 4.23 中 H_1 为边岸顶部距河床面的高度，H_2 为边岸未侵蚀点距河床面的高度，β_0 为初始的边坡角度，β 为临界滑裂面的角度，Δh 和 Δb 分别为 Δt 时刻垂向侵蚀和侧向侵蚀距离。

在水流的冲刷作用下边岸被不断下切侵蚀，当边岸被侵蚀到临界状态时，边岸会在重力的作用下沿临界滑裂面发生崩塌。Δt 时刻

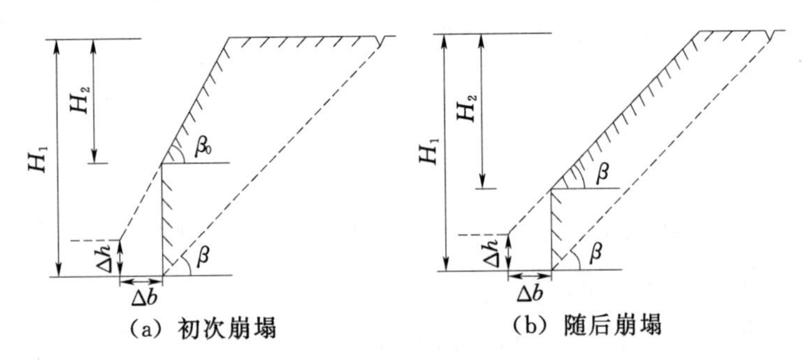

图 4.23　边坡坍塌示意图

内边岸的垂向侵蚀可通过沿程冲刷计算得到，侧向侵蚀的宽度通过如下横向变形方程计算：

$$\Delta b = \frac{C_t}{\rho_s}\frac{v^2 - {v_k}^2}{v_k}\Delta t \tag{4.110}$$

式中：C_t 为与边岸材料性质相关的侵蚀系数，边岸材料抗侵蚀能力越大，该系数越小，其单位与材料的密度相同；v_k 为抗冲流速，与坝体材料土力学特性及泥沙启动流速密切相关，启动流速可以反映冲刷材料对水流的阻抗作用，计算中采用启动流速作为抗冲流速。启动流速采用式（4.103）进行计算。

当侧向侵蚀发展到一定程度后，边岸会沿着临界滑裂面坍塌，临界滑裂面角度 β 可通过下式进行计算：

$$\beta = 0.5\left[\arctan\left(\frac{H_1}{H_2}\tan\beta_0\right) + \varphi\right] \tag{4.111}$$

式中：φ 为边岸土壤的内摩擦角。

边岸崩塌时的临界值 $\left(\frac{H_1}{H_2}\right)_c$ 采用下式计算：

$$\left(\frac{H_1}{H_2}\right)_c = 0.5\left[\frac{\lambda_2}{\lambda_1} + \sqrt{\left(\frac{\lambda_2}{\lambda_1}\right)^2 - 4\frac{\lambda_3}{\lambda_1}}\right] \tag{4.112}$$

式中 λ_1 、λ_2 、λ_3 分别为：

$$\lambda_1 = \sin\beta\cos\beta - \cos^2\beta\tan\pi \tag{4.113}$$

$$\lambda_2 = \frac{2C_l}{\gamma_s H_2} \tag{4.114}$$

$$\lambda_3 = \frac{\sin\beta\cos\beta\tan\varphi - \sin^2\beta}{\tan\beta_0} \tag{4.115}$$

式中：C_l 为边岸土壤的黏性系数。

当 $H_1/H_2 < (H_1/H_2)_c$ 时，边岸处于稳定状态，否则边岸会沿着临界滑裂面发生塌岸。

第5章　堰塞坝险情应急处置

堰塞坝的形成与溃决往往有其突发性、不可预测性和危险性，一旦溃决引发的洪水与土沙灾害经常对下游的居民生命财产安全形成巨大威胁，造成重大损失。堰塞坝的形成属于地表自然现象，人类目前还无法制止。但是，完全可以采取措施减轻或避免堰塞坝灾害可能造成的损失。

堰塞坝险情一旦产生，不管是哪一种类型的堰塞坝，都必须抓紧时间处理，越早越好，不能完全指望其自然溃决。即使是规模较小的堰塞坝，尽管其自身的溃决不会构成太大的威胁，但是，如果下游有其他大型堰塞坝存在，则很可能变成大型堰塞坝溃决的帮凶。堰塞坝险情的处置，时间上刻不容缓。堰塞坝险性的应急处理，需要结合不同处置阶段要求，进行险情评估，确定处置方案。在应急处置阶段，堰塞坝的工程地质、水文气象与结构特征等相关资料和信息缺乏，对堰塞坝的坝体结构、流域面积以及对上下游居民和基础实施的影响等定性描述多。而且考虑应急处置的时间限制，多是采用经验方法对堰塞坝的稳定和安全进行初评估，对堰塞坝的风险程度进行评价，在尽可能短的时间内，采取相应的应急处置措施，进行紧急处理，以有效消除堰塞坝潜在风险和隐患，避免二次灾害的发生。在应急处置的基础上，通过现场调查和地质勘探等，全面了解和掌握堰塞坝的地质和环境资料，并采取相关的计算方法和手段，对堰塞坝的安全稳定状况、溃决风险、洪水演进、灾害损失及对环境的影响等进行深入全面的分析和评估，提出堰塞坝的最终治理措施和方案，并付诸实施。

本章基于堰塞坝的形成特性、演变过程、险情监测与预警、险情分析与研判等内容，进行堰塞坝险情处置原则、方案、技术等分析阐述，为应急处置提供一套简易的对策与方法，让应急处置单位在第一时间能以最迅速有效的处置方式消除险情，避免或减轻堰塞坝可能发生的溃坝灾害。

5.1 处置原则和流程

堰塞坝的蓄水既可能造成上游淹没灾害，又可能因坝体破坏而造成下游灾害，堰塞坝形成初期必须引起足够的重视，并采取必要的手段和措施。但是，堰塞坝的形成又存在一定的可利用价值，其处置措施可因变害为利而发生变化，可以综合进行中长期处置。中长期处置与形成初期的应急处置，是堰塞坝险情处置的两个不同阶段，各个阶段有各自的处置目的、方法和内容。

堰塞坝形成初期的应急处置，是以最少的工程手段使原河道恢复自然的冲淤平衡状态为目的。堰塞坝的中长期处置，是对趋于稳定的堰塞坝进行开发利用，变害为利。在堰塞坝的应急处置过程中，是基于地形与地质调查取得的少量数据资料对堰塞坝未来演变趋势与溃坝灾害发生时对上游、下游区域可能造成的影响的评价分析，而采取的工程与非工程措施。中长期处置，是基于对河道、坝体与水下地形测量、详细地质调查、钻探作业、土壤试验与长期实地监测等收集的资料，经论证分析而采取的综合处置措施。堰塞坝险情的应急处置与中长期处置等都必须考虑处置方法与措施的可行性、时效性。

5.1.1 处置原则

堰塞坝险情应急处置是根据具体地质环境条件，迅速制定一套操作简单但又快速有效的措施，尽最大可能减少堰塞湖蓄水，确保施工人员和下游群众生命安全，减轻对堰塞坝上游地区的淹没损失，防止溃决洪水对下游河道和河岸的破坏，而采取的行动。

具体的处置原则为：①坚持以人为本、确保灾区人民和抢险人员生命安全；②坚持“安全、科学、快速”；③主动、及早与排险避险相结合；④最大可能地降低堰塞坝的蓄水量，以保证堰塞坝不溃决或者尽早溃决；⑤应急工程处置与长期综合治理相结合。

5.1.2　处理流程

针对堰塞坝本身存在的主要工程地质问题，在对其进行应急处置时，应采取应急治理措施为主、长期治理措施为辅的原则。参考过去国内外处置堰塞坝险情的实际经验，建立以下系统化处置流程，见图5.1，分为应急处置阶段与中长期处置两个阶段。

(1) 应急处置。堰塞坝形成以后，必须进行现场紧急调查，分析基本地形图、遥测影像，同步进行现场的初步勘查作业，快速分析并获取堰塞坝与堰塞湖的重要基本资料，然后依据堰塞坝的安定性及对下游的可能影响程度进行堰塞湖危险程度的初步评定，若评估结果显示堰塞湖可能对下游的安全造成影响，则必须立即进行紧急评估，包括坝体的安全性评估、险情监测预警，以及紧急处置方案及措施的选择等，同时考虑防灾应变的需求，在现场建立必要的实时监测系统（影像、雨量、水位、地震等），以提供防灾应变所需的重要实地信息。

(2) 中长期处置。若堰塞坝在经历余震、强降雨等作用后仍未发生明显破坏，或经评估显示堰塞坝将不至于短时间内溃决破坏，存在时间可能较长，则此类堰塞坝需要进行中长期处理，包括实施细部调查、钻探与长期监测，以及长期演变趋势评估，据此提出中长期开发利用对策。

5.2　应急处置方案

堰塞坝险情应急处置过程中，根据建立的跨部门统一联动协调机制，依据堰塞湖风险等级由相应的人民政府主导组织编制应急处置方案。具体的方案内容包括概况、水文、地形、地质、溃坝洪水

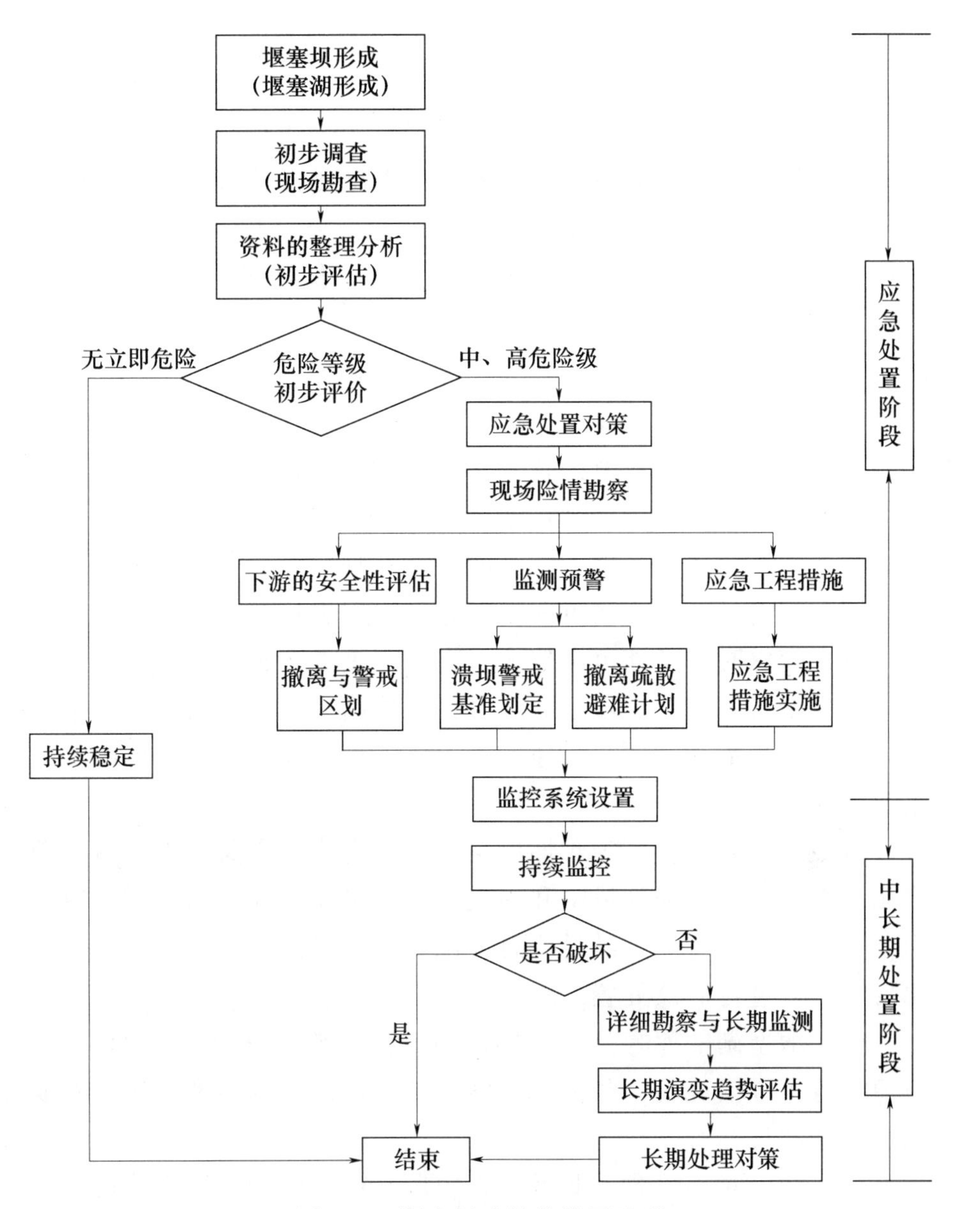

图 5.1　堰塞坝险情的处置流程

分析计算、堰塞湖风险等级评价、处理方案（包括工程措施与非工程措施）及风险分析、施工组织设计等。编制完成的应急处置方案，应呈报决策部门，经决策部门批准后方可组织实施，并且执行过程中技术方案出现重大变更时，报决策部门重新批准。

5.2.1　方案编制原则

为迅速提出处置方案，应优先选择熟悉险情，能快速获取基础资料、提供现场技术服务且具备乙级以上勘测设计资质的单位编制技术方案，并对技术方案负责。方案编制应坚持以人为本的原则，避免人身伤亡，减少损失，降低综合灾害，保证重要设施的安全，降低堰塞湖的风险等级。

对于应急处置方案的编写、内容、调整等具有以下原则性要求。

（1）堰塞坝险情应急处置，基础资料缺乏，处置时间紧迫，编制处置方案时可不强求精度，能满足立即组织实施要求即可。

（2）受气象水文条件、施工能力、后勤保障水平、人员安全等各种因素制约，技术方案可能在实施过程中进行变更。当技术方案进行重大变更时，牵涉范围较大，需将变更方案报决策部门重新批准，局部变更影响范围较小时，可在现场确定并报有关部门备案。

（3）工程措施应便于快速实施，非工程措施应考虑当地的实际情况，便于实施。

（4）应急处置应在灾难性后果发生前完成，避免洪水与堰塞湖高水位叠加，加大溃坝风险和损失。在非汛期形成的堰塞湖，应在汛前完成应急处置，并满足应急度汛要求。汛前如不能满足应急度汛要求，应进行后续处置。

（5）堰塞湖的库容是主要的风险源，如施工条件和工期许可，应急处置工程措施宜以降低堰塞湖水位为目的，以达到快速解除堰塞湖险情的目标。

（6）为应对不可预见因素的影响，当计划实施方案遇到困难时，应根据实际情况及时对工程处置方案进行动态调整。

5.2.2　应急处置措施

应急处置措施包括工程措施和非工程措施，工程措施以除险为目标，非工程措施以降低最不利因素组合下的损失为目的，两者互为保障、相辅相成，除险与避险并重，以综合损失最小为原则。具体的工程与非工程措施不确定影响因素较多，应根据各种情况下的可能溃坝水位和预警水位进行分析研究，留有必要的安全裕度，并对工程措施和非工程措施进行方案比较。

目前常用的工程措施是利用堰塞坝的外形及物质组成特点，因势利导，在坝顶或其他适合的位置开挖人工泄流渠，主动过流，限制湖水位的不断上涨，同时利用水流的冲刷力，冲深、展宽渠道断面，降低溃坝风险。历史上采用此类措施并取得较好效果的案例有1960年5月在智利特拉孔（Tralcan）山脉圣佩德罗河（SanPedro）上形成的地震堰塞湖处置、1983年4月在美国犹他州Spanish Fork Canyon河上由滑坡形成的堰塞湖处置和1999年9月在台湾形成的草岭地震堰塞湖处置等，以及2008年汶川大地震形成的唐家山堰塞湖处置。

非工程措施包括上下游人员转移避险、通信保障系统以及必要的设备、物资供应、运输保障措施和会商决策机制等。在汶川“5·12”地震中，唐家山堰塞坝在有限的时间内就同步实施了应急处置工程措施和人员转移避险的非工程措施，同时为确保除险方案的实施，建立了水雨情预测预报体系、堰塞坝远程实时视频监控系统、坝区安全监测系统、坝区通信保障系统，以及防溃坝专家会商决策机制等可靠的应急保障措施，结果收效甚好，下泄洪水过程中下游无一人伤亡，重要基础设施完好，没有造成损失。

5.3 应急处置工程措施

应急处置工程措施主要有应急泄流、坝体加固或拆除、河道疏浚等。综合起来，堰塞坝险情处置的工程措施包括三方面：①减低或者控制水位，具体包括开挖隧洞、泄流槽等泄流设施，使堰塞湖所蓄水量安全下泄，堰塞坝蓄水位降至最低，或者采取抽排虹吸等方式，排泄湖水，控制湖水位上涨；②采取培护等措施进行坝体加固加高；③进行下游防护。

5.3.1　应急泄流

5.3.1.1　泄流槽泄流

对于那些可能不稳定的堰塞坝，其险情应急处置的首要措施为降低坝体相对或者绝对高度，较为常用的是通过开挖引流槽及泄流渠降低堰塞坝的最低高程，以降低堰塞坝的相对高度。通常愈快开渠泄流减灾效果愈好，是首选的工程处置措施。一般是采用爆破、机械开挖等快速有效的措施，在坝顶表面的适当位置处开挖明渠，并用钢筋石笼、巨石等加固渠底和渠岸。通过开挖泄流明渠，加深溢流口，促进坝址位置的溯源冲刷侵蚀，增大坝体表面的冲刷强度，使其汇入主流流域或分散到水库，降低湖水水位，促进堰塞坝的溃决。另一方面，通过渠底和渠岸防护，在水位较低时减小泄水量，削弱水流冲刷能力，防止坝体迅速整体溃决，使其慢慢冲蚀，逐渐拓宽，呈明渠形式排泄湖水，降低水位、减少蓄水量。

1. 引流槽及泄流渠选线布置

选线布置应与选定的应急处置方式的水力学条件相适应。引流槽应尽量布置在原地形较低、颗粒组成较细的地方，减少开挖工程量、降低开挖难度、加快开挖进度，充分发挥水力挟带能力。可设计成 S 形，以延长水流流动距离和减低水道纵坡降，延长溃决时间，减小溃决流量。出口设置在易于冲刷的位置，加快形成冲刷临空面，易于溯源冲刷。引流槽转弯段转角不宜超过 60°，以保证出流顺畅。

泄流渠应布置在堰塞坝或两岸抗冲能力较强的部位，线路顺直，适合快速施工，冲刷过程中能保证两岸边坡稳定。对泥石流形成的堰塞坝，宜在堰塞坝和两岸接触区开挖引冲槽和泄流渠，以防堰塞坝整体快速垮塌。

2. 引流槽的断面设计

引流槽过流能力应能满足应急处置的设计过流能力，且满足应急处理期设计洪水标准要求。应急处置过程中，水情的不确定性决定了实际应急期的不确定性，应拟定相同开口线和坡比、不同渠底高程的若干个开挖方案，在实施过程中根据水情及其他险情适时动态调整。

初始断面根据可能达到的施工强度和满足最低水力冲刷条件综合确定。为使引流槽尽早过流，限制库水位的上升，同时利用水流的冲刷力，带走细颗粒，扩宽切深断面，引冲槽设计断面宜呈窄深状。初期小流量过流时，为保持引流槽断面稳定，对断面较软弱边坡坡面应进行局部保护，避免初期小流量泄流时边坡垮塌堵塞引流槽。对于引流槽的纵坡，为实现溯源冲刷，应结合地形拟定，从上游至下游纵坡宜逐渐变陡。

设计的断面，应与施工设备相匹配，便于快速施工。

3. 泄流渠断面设计

泄流渠过流能力应满足应急处置期设计洪水标准要求，水力学和结构计算应符合有关标准要求。

为防止堰塞坝因泄流渠过流而发生突溃，泄流渠的边坡和底部应具有一定的抗冲刷能力。泄流渠可采用宽浅型的复式断面，并采取控制进口高程、进口设逆坡、中后段采用复式断面等措施，防止剧烈冲刷。

5.3.1.2 强排泄流

强排泄流适应于上游来水较小，而堰塞湖水位严重影响堰塞坝稳定，危及下游重要建筑设施、人员安全，需要进行紧急抽排水的险情处理。控制堰塞湖水位上涨的抽排水方案，主要有抽排水和倒虹吸降水两种。

1. 抽排水泄流

抽排水泄流适用于堰塞湖水位与堰塞坝下游排水口落差不大或排水距离远，虹吸排水效果不佳的堰塞湖应急抽排水。

（1）抽排水设备选择。依据现场情况制定的抽排水方案，选定设备。为减少抽排水设备的装配时间，加快抢险速度，在没有电网供电条件下配置一定数量的柴油机驱动水泵成套设备。

电网供电抽排水水泵与电机组装成套，并依据水泵电机功率配好启动器（柜）和动力电缆。

（2）抽排水设施安装位置及抽排水口选定。以便于设备安装、运送和保证安装检修运行人员安全，避开堰塞坝危险区进行抽排水设施安装位置选定。

以排水畅通不回流、倒灌，并防止堰塞坝受到冲刷或水压力出现险情为原则选定排水口，必要时加以人工疏导形成临时稳固可靠的排水渠或拦水坝（堤）。

（3）浮动平台与操作平台。浮动平台一般用于安装泵站设备和吸水管及防杂物底阀，便于水位涨落保证设备正常运行和安全。浮动平台分简易式和定制式，简易式可使用废旧铁制油桶加固连接而成，主要用于安放悬挂潜水泵；定制式使用钢板焊接，类似于浮船，主要用于安装在地面上没有合适安装位置的离心泵。

操作平台为便于操作，通常设置于地面上，同时应考虑周围环境确保安全。一般选择在堰塞坝的安全高处，不会被水淹或滑坡淹埋，且有一定面积搭建防雨棚安放抽排水配套设备。

（4）电源及线路布置。若条件许可，利用距离最近的110kV或35kV变电站或10kV线路，迅速形成现场抽排水电力低压供电系统；具体供电按现场确定的方案和相关电工操作规程执行。若现场不具备动力电源，可选用车载或轮式柴油发电机组装自供电源。

2. 虹吸降水

虹吸抽排水抢险是利用大气压力差进行排水，适用于堰塞坝下游排水口与上游吸水口有一定水位落差、排水距离短不影响堰塞坝稳定的堰塞湖应急排水。

（1）虹吸排水设施器材。虹吸排水设施器材一般包括钢骨架橡胶管、灌水装置、底阀、蝶阀、灌水潜水泵及供电电源等。

（2）虹吸排水管布置。为便于排水管设施安装、运送及保证安装检修运行人员安全，避开强水流、泥石流可能途经和山体滑坡、塌方造成淹埋、挤压的位置布置，单根排水管一般在一个垂直剖面布置。

（3）操作注意事项。倒虹吸排水管最高位置安装灌水装置，吸水口安装底阀、排水口安装蝶阀便于操作虹吸排水。已安装好的倒虹吸管路必须密闭，固定出水口胶管，浸入水中1m以上，防止运行时空气倒灌造成倒虹吸工作失效。使用前关闭底阀、蝶阀，用潜水泵抽水灌满排水管，撤去潜水泵，封闭灌水装置的进水口、排气口，打开管路进排水口底阀、蝶阀，开始虹吸排水。抽排过程中，做好出口区域防冲刷保护。

5.3.2 堰塞坝加固及拆除

5.3.2.1 堰塞坝加固

应急期对堰塞坝加固风险高、难度大，为保证应急处置措施的安全实施，必要时一般进行临时加固，也可进行永久加固。永久加固，应进行专题论证。

对于规模较大、通过详细踏勘和结构分析，确认日后完全有可能稳定的堰塞坝，如果通过开挖让其溃决的可能性已不大，可在坝体表面开挖一条溢洪通道，并赶在堰塞湖水上涨之前，对溢洪道表面进行压实、振捣、加固处理，用混凝土进行表面喷涂甚至浇筑钢筋混凝土面板进行保护。先保证溢流后的坝体稳定，然后依据坝的长度（沿河长）、高度、构成坝体的材料及其密实程度，所能承受的水压力，坝的渗漏程度等情况，并考虑水流漫顶后对坝坡的冲刷情况，实施局部性滚压临时加固措施。另外，在上游抛投黏土、铺设土工织物及灌浆等进行堰体和基础防渗处理，在下游修坡、压脚等增加坝体下游边坡的稳定性。一般的堰塞坝地理环境比较恶劣，难于运输或使用大型设备，疏导和加固堰塞坝的工作相对比较困难，应根据具体情况来实施。

从长远来看，在山区下切河流上对堰塞坝进行人工永久加固，保证坝体的稳定与完整性，对防止河床继续下切发挥着重要作用。滑坡的根本原因在于河床下切，河床下切增大了滑坡体的势能，当河床切穿滑坡体的滑动面时，滑坡体则失去了原本山脚处沉积泥沙等的支撑，一旦发生暴雨或地震将导致滑坡产生。河床若不再下切，不切穿滑坡体的滑动面，则滑坡也就不会发生。堰塞坝及其形成的堰塞湖，保护了坡脚支撑，使得河床下切速度减缓甚至使得河床停止了下切。

堰塞坝及形成的堰塞湖是自然系统的反馈，堰塞坝可能会在河流纵剖面上形成裂点，从而引起其上游河段的淤积抬升，这对河床地貌形态、河流纵剖面及河床下切起控制性作用，甚至能防止河流由于地区构造运动再次进行调整。这种山区坡面的自然反馈十分普遍，贯穿整个青藏高原东部边缘地区，是该地区地貌过渡时期的主要特征。堰塞湖通常自形成起就开始淤积，最终泥沙将淤满，陡岸的高度及两岸坡度也将降低，河岸因此而更加稳定，即使有地震发生，岸坡也有可能仍然保持稳定。

下切的河流如同地球表面的一道道伤痕，而堰塞坝及其形成的堰塞湖则正是伤痕自愈形成的结痂。堰塞坝控制了河床下切，降低了新一轮滑坡的风险，与此同时也提高了河流的生态功能，并创造了美丽的河流景观。因此，若溃坝的风险不高且对生命财产安全不会造成威胁的堰塞坝，应尽可能进行局部加固使其稳定保留。

5.3.2.2　堰塞坝拆除

经不同的坝高溃坝演算得出，坝高降低5m，其溃坝产生的洪峰可降低约24%，导致的危害程度将大幅度降低。因此，如能采取一定的工程措施设法拆除部分堆积土石体，降低堰塞坝的相对或者绝对坝体高度，则可大大减轻堰塞湖溃决的可能性，并大幅降低溃坝洪水对下游可能造成的影响。进行坝体高度减低，需要根据坝体结构、水流条件、施工条件等综合考虑，且慎选施工时机。

（1）施工时机。在确定对堰塞坝进行拆除前，应分析上游来水情况、堰塞体物质组成状况、拆除期间的施工安全风险，选择拆除时机和拆除方案。建议最佳施工时机为上游来水较小时，以便有足够的时间进行坝体高度降低。对于短时间之内不会漫顶的堰塞坝，可以择机，如枯水期间（秋冬之际），当堰塞湖蓄水位较低时，再实施坝体高度降低工程。

（2）施工原则。拆除堰塞坝时，应由上至下、逐层、逐段进行。在堰塞湖蓄水位低于坝体高度时，且在条件允许的情况下，尽可能降低坝体高度，但严禁坝体降低以后的高度低于当时的蓄水位高程，以免造成坝顶溢流而发生衍生灾害。若在枯水期进行工程施工，堰塞湖蓄水位仍未明显降低，可考虑利用抽水方式设法降低水位高程。

(3) 技术措施。堰塞坝拆除方案的选择主要根据现场施工交通条件、物质组成和堰塞坝体型来确定。当不具备大型施工设备进场条件时宜考虑采取爆破拆除方式；当堰塞坝主要由大块石和大体积岩体组成并且体型窄瘦时，宜考虑控制爆破拆除，爆破后的碎石可由水流带走，辅以机械清理；当堰塞坝主要由大块石和大体积岩体组成且体型宽扁时，宜考虑以爆破及机械开挖相结合的方式进行拆除；当堰塞坝主要由块碎石或碎石土组成时，宜考虑以机械开挖手段为主进行拆除。

爆破拆除应进行专门的爆破设计，以免引起临近边坡失稳造成新的灾害。通过对堰塞坝的坝体结构分析，制定科学合理的药包布置方式，对坝体进行定向爆破，分层、分段拆除，使坝顶高程逐步降低，或使坝顶缺口得到有效控制，实现堰塞湖的分洪时间由不可控变为可控。在实施爆破前，主动撤离危险区域，根据实际情况在堤上安装虹吸工程，泵抽湖水，安装警报系统及组织观察哨，即使岩崩、滑坡涌进湖内，也不至于引起较大的满顶溢流。

1981 年 4 月 9 日，甘肃省舟曲县城下游 5km 处，白龙江左岸发生滑坡，堵断了白龙江，上游水位以每小时 10cm 的速度上涨，回水达 4.5km，蓄水 1300 万 m^3，舟曲县城面临很快被淹没的危险。由于坝体爆破拆除成功，泄流渠道不断扩大，从而解除了上游舟曲县城被淹、下游发生特大洪水的威胁。

5.3.3 其他措施

以上几种应急处置工程措施，是以降低或者控制水位、进行坝体加固为目的，而对于堰塞坝的应急处置，还存在其他可以综合利用的工程措施。

(1) 河道疏浚。为防止堰塞坝一旦溃决，下游部分河段过水能力不足，可考虑以工程的措施进行河道疏浚，通过河道疏浚增加过水断面面积以提高河道输洪能力，降低洪水漫溢可能造成的下游灾害风险。

(2) 下游建筑加固或者堤防加高、加长与加固。堰塞坝一旦溃决，下泄洪水将达到几百年甚至千年一遇，为了保证下游的安全，可以根据实际情况，进行下游部分建筑或者堤防等挡水建筑物的加高、加固，提高下游挡水建筑物的抗洪标准，减低坝体溃决对下游可能造成的影响。

5.3.4 措施选择

应急处置工程措施的选择应根据堰塞湖的具体情况，因地制宜，选用一种或多种组合措施。

5.3.4.1 基本要求

对整体滑坡形成的堰塞坝，体积较大、不易拆除，其构成物质以土石混合物为主，具备水力快速冲刷条件时，可在堰塞体上开挖引流槽，利用引流槽过水后水流的冲刷逐步扩大过流断面、增大泄流能力，将堰塞湖水降至能安全度汛的水位。对于堰塞坝危险级别为高风险级及以上且高度大于30m时，为防止引冲槽泄流时堰塞坝溃决太快，对下游造成重大破坏，采用引流槽方案时应进行论证，并报决策机构审批。

当堰塞坝体积较大、不易拆除，但其构成物质以大块石为主，不具备快速水力冲刷条件时，可采取机械或爆破开挖泄流渠；当堰塞坝体积较小，具备开挖条件，且在较短时间内有拆除的可能性，即使拆除期溃决也不会对施工人员、设备及下游造成危害时，可配套其他方案对堰塞坝进行机械或爆破拆除，恢复河道行洪断面达到彻底治理的目的。

对于来水流量小于$5m^3/s$左右的堰塞湖，应急抢险期可研究采用机械抽排水、虹吸管等除险措施，其中虹吸管排洪的虹吸高度一般不超过 8.0m，虹吸管流量可采用有压短管流公式进行估算。

当堰塞坝难以实施以上工程措施，且有条件选择较短线路布置泄洪洞并有较充裕的施工时间时，可采用泄洪洞泄水，泄洪洞进口、出口布置应避开不稳定堆积体或泥石流，以防被堵塞再次造成险情。

5.3.4.2 不同类型堰塞坝工程措施选择

不同成因类型的堰塞坝，依据其特点进行具体工程措施的选择。表 5.1 列举了国内不同成因类型的堰塞坝的应急处置工程措施与处置效果。参考表 5.1，对不同类型堰塞坝的工程措施选择提供以下参考建议。

表 5.1 国内部分不同成因类型堰塞坝的应急处置与处置效果

序号	堰塞坝名称	堰塞坝类型	应急处置工程措施	处置效果
1	唐家山	滑坡型堰塞坝	开挖泄流槽	排除险情，效果良好
2	易贡		开挖泄流槽	坝体溃决，引起下游洪灾
3	肖家桥		开挖泄流槽	排除险情，效果良好
4	猴子岩		自然过流与爆破	排除险情，效果良好
5	文家坝		开挖泄流槽	水位降低，下游冲淤严重
6	鸡尾山	崩塌型堰塞坝	抽排与坝体防渗	排除险情，效果良好
7	老虎嘴		爆破与开挖	排除险情，效果良好
8	马槽滩		爆破	排除险情，效果良好
9	毛家湾	泥石流型堰塞坝	开挖泄流	排除险情，效果良好
10	舟曲		河道清淤与爆破	排除险情，效果良好

1. 滑坡型堰塞坝

对于较大规模的滑坡型堰塞坝应急处置采取开挖泄流渠的较多，但开挖泄流渠泄流的过程中，要充分考虑泄流渠的过流能力，选取适合的泄流渠横断面形状。为控制流量的过快增长，在泄流渠的进口和出口要进行适当的防护，以免下泄流量的过快增长导致整个堰塞坝的溃决，减少溃坝风险。对于规模中等的滑坡型堰塞坝，已经自然过流的可在进口、出口适当防护的情况下，加大过流断面增强过流能力、降低水位，减小溃决风险，同时加强监测预警。规模小、影响小的滑坡型堰塞坝可不采取措施，任其自然留存或漫坝溃决，重点在于加强监测。

2. 崩塌型堰塞坝

相对于滑坡型堰塞坝而言，崩塌型堰塞坝的坝体结构通常较为松散，以大块石、块石和碎石堆积为主，抗渗能力差，渗流控制难，形成地点地形通常较为狭窄，大型工程机械难以进场作业，应急工程措施采用开挖泄流渠方式的相对较少，利用爆破方式泄流的较多。"5·12"汶川大地震形成的马槽滩堰塞坝就是典型的崩塌型堰塞坝，坝体主要由大块的灰岩磷矿石构成，坝体渗流非常严重，大型施工机械难以进入场地施工，通过爆破泄流，并组织下游群众转移避险，取得了较好效果。

如果崩塌型堰塞坝的坝体较为稳定、坚固，且蓄水量较小，可考虑固堰成坝的处置方式。固堰成坝，首先要对堰塞坝的迎水面进行护坡、防渗处理，如黏土防渗或注浆防渗，同时通过抽水、倒虹吸等方法控制坝前水位。对于规模小、影响小的崩塌型堰塞坝一般不予处理，加强监测即可。2009 年重庆武隆鸡尾山发生的大规模岩崩，堵塞河道形成鸡尾山堰塞坝，坝体规模较大，但蓄水量却不大。为了救援需要，不适合采用爆破方式，在全面监测的情况下，选择保留坝体，在堰塞坝迎水面进行了黏性土防渗处理，同时布置了 8 台日抽水总量达 4 万 m^3 的水泵抽水，有效降低了坝前水位，为救援赢得了时间。

3. 泥石流型堰塞坝

泥石流型堰塞坝含水量高，流动性大，对河道的淤积作用很强，有时甚至不形成明显的堰塞坝而长距离淤积河道成湖，该类堰塞坝采用开挖泄流渠和爆破处置都不是很适合，清理河道内的堆积物才是有效的方法。如 2010 年 8 月甘肃舟曲白龙江上形成的泥石流型堰塞坝，该坝体是泥石流堆积物长距离淤积抬高河道造成的，并没有十分明显的坝体，整个江面仍然能过流。对于该坝体，爆破只能形成短暂的缺口，很快就会被泥沙重新淤满。运用施工机械进行河道清淤，适当的时候结合爆破清理漂浮物，才能快速而有效地降低水位。

对于方量较大的泥石流型堰塞坝，可通过开挖的方式拓宽过流断面，达到降低水位的目的，但泄流的过程中要采取措施防治坝体溃决，加强监测预警。若坝体方量小，则很容易转化为高含砂水流，存留时间短，这样的坝体一般不用处理。

5.4 应急处置工程措施组织实施

应急处置施工组织设计与实施与一般工程项目的施工组织设计与实施有较大差别，应根据实际情况制定，其内容适当简化。应急处置施工组织设计的内容包括施工布置、施工方法、施工进度、资源配置、对外交通、通信保障、后勤保障及安全措施等，并在实施过程中根据现场条件动态调整。

5.4.1 基本要求

5.4.1.1 施工方法

应急处置施工方法主要包括机械开挖、爆破拆除等，宜根据工期、交通条件、现场施工条件等因素确定，力求简单、有效、快速和易于实施。

5.4.1.2 资源配置

应急处置工程施工的特殊性决定了进行施工资源配置时经济性要求是次要的，质量和数量是首要考虑因素。因此，应根据应急处置工程方案、施工场地条件、运输条件、施工工期等分析拟定施工设备的类型及数量，配置充足、可靠、高效的设备，人员、设备数量充足并较常规施工有富余。施工过程中，为抢时间，通常是停人不停机，且施工完成时，须经必要的验收后方可结束。

5.4.1.3 应急处置期（应急期）

应急处置期决定应急处置设计方案与工程规模，应根据水文、气象条件和险情状况等综合分析拟定应急除险工程要求的完工日期，计算可以利用的有效工期，并留有余地。有效施工工期通常是不完全确定的，应急处置方案设计应进行多目标、多方案设计，以便当湖水突然快速上涨或堰塞坝出现重大险情而不能按原定计划完成施工时，能进行及时调整。

5.4.1.4　应急保障

1. 交通、通信保障

应建立和保障畅通的运输通道及信息通道，保障设备、人员、材料及后勤补给的运输，并充分考虑地震、降雨、融雪等引发的次生灾害对交通的影响，分析拟定备选方案和应急措施。

交通问题通常是堰塞坝应急处置中的一个难题，由于地震、降雨及融雪等引发的山体崩塌、滑坡与泥石流不仅形成堰塞湖，同时损毁道路，通常给陆路交通带来困难。应急处置工程中，人员、设备及给养经陆路、水路及空中运输综合分析确定运输方案，宜选择陆路交通方案，尽量利用已有道路或疏通部分中断的道路，陆路运输确有困难，可选用水路，但如果水路受堰塞湖本身溃决的威胁，应避免采用，以防造成人员伤亡。对于溃决后影响较大的大型堰塞坝，应急处置过程中陆路和水路运输都不具备条件，可采用空运，若采用空中运输，人员、设备及给养的供给，尤其是炸药等危险品必须分类输运。

2. 安全保障

安全保障应满足下列要求：制定安全预案，进行安全监测，建立专门的预警制度；落实现场不安全因素出现后的紧急避险撤离路线和安全避险位置及措施；采用引流冲刷时，引流过程中人员应在安全位置避险；对堰塞坝进行巡查，发现险情应及时报告；对边坡进行安全监测，在滑坡体位置设置安全哨，发生险情应及时预警；余震发生、暴雨来临时暂停施工，人员撤离到安全地带避险；爆破器材、油料等危险品运输、存储、使用建立严格的管理制度，因现场条件限制，爆破器材、油料等危险品的存储不能满足国家相关规定时，制定专门的安全措施。

应急保障，除应保证技术和施工人员及施工设备的输送外，还应保证技术和施工人员及施工设备的给养，包括帐篷、水、食物、棉被、燃料等。

5.4.1.5 洪水标准

应急处置各阶段的洪水标准应根据上下游保护对象的重要程度、可施工时段、可利用的施工资源及交通运输条件等，具体情况确定，且确定的洪水标准应是可以实现的。堰塞坝处置洪水标准包括应急处置和中长期处置两个洪水标准。应急处置洪水标准是确定应急处置工程措施和非工程措施规模、组织实施等一系列应急处置的基本依据。

应急处置洪水标准应综合考虑所处季节、降水和流域资料、影响对象的重要程度等按表5.2确定。

表5.2 应急处置洪水标准

洪水风险标准	洪水重现期/年	洪水风险标准	洪水重现期/年
Ⅰ	≥5	Ⅲ	2～3
Ⅱ	3～5	Ⅳ	<2

保留的堰塞坝拟开发利用作为永久建筑物，在开发利用前，残留堰塞坝还需进行中长期处置。为保证下游安全，残留堰塞坝中长期处置的洪水标准应按表5.3确定。

表5.3 中长期处置期洪水标准

堰塞湖风险标准	洪水重现期/年	堰塞湖风险标准	洪水重现期/年
Ⅰ	≥20	Ⅲ	5～10
Ⅱ	10～20	Ⅳ	<5

在堰塞坝开发利用过程中，其方案应经多方论证，如改造为水库长期运行，应根据改造后的总库容和防洪、灌溉、治涝、供水、发电等方面的效益指标确定工程规模，洪水标准和建筑物级别，其洪水标准和建筑物级别应根据《土方与爆破工程施工及验收规范》（GB 50201—2012）和《水利水电工程等级划分及洪水标准》（SL

252—2000）的相关规定确定。

5.4.2　引流槽及泄流渠开挖施工组织

对于交通条件便利、易于机械化施工的堰塞坝，调动机械设备进场，特别是大型设备，通过爆破和机械施工等手段，开挖引流槽及泄流渠降低湖内水位。对于地形条件差、环境恶劣、交通极其不便、人迹罕至的堰塞坝，由于不具备大型机械作业条件，难以调动必要的大型、重型机械设备进场以及实施大规模的爆破作业，可考虑一些轻型、便携的小设备进行钻孔和小批量多次爆破、配合人工作业的方式，实现有效降水或可控性溃决，减轻湖水骤溃导致的灾害。

需要注意的是，采用挖掘或定向爆破的形式开挖引流槽及泄流渠，逐步降低堰塞湖水位的方法存在一定的风险，尤其是定向爆破很有可能引发山体共振，形成新的滑坡或崩塌。如果滑坡或崩塌发生在堰塞湖库区，则可能引起突然的涌浪击溃坝体。同时，需要对受灾群众安置的地方进行危险性评估，如果附近确实还有爆发大规模滑坡泥石流或者是大规模毁灭性堰塞坝溃决的可能性，就要尽快把设置在泛滥范围内的灾民安置点及抢险救援人员的临时驻扎场所撤离到安全区域。

5.4.2.1　机械开挖

采取机械开挖为主，巨石爆破解小为辅，快速开挖泄流渠，提前泄流，降低水位，防止溃决。

1. 适用条件

交通条件较好、工程机械易于到达；堰塞坝堆积物较松散易于挖掘；堰塞坝高度较高，蓄水量大，一旦溃决对下游危害特别巨大。

2. 注意事项

为防止水流流速过高，过快冲刷下切堰塞坝顶部，导致顶部突然溃决，泄流的同时采取护底和护坡等措施以增加泄流渠的抗冲刷能力，以最大限度延长溃决时间。泄流渠（宽浅型）坡度设置应结合地形予以控制，小流量条件下宜为陡坡，大流量条件下宜为缓坡。

由于堰塞坝表面起伏大、不适合自卸车出渣，宜采用反铲组合倒渣和推土机组合铲运为主，自卸车出渣为辅的方式。开挖遵循“自上而下分层开挖”“由远及近、先下游再上游”“粗挖由下至上、清理由上至下”的顺序进行。在泄流渠沿河道方向分区、分段、分层布置推、挖装施工设备，避免相互之间的干扰影响。

一般情况下受运输能力所限，宜采用自重小于15t的施工机械。

渠底上下游坡降宜控制在25%以内，防止坡陡泄流时加大冲刷溃决的风险。

3. 典型机械的设备布置

(1) 渠内外作业，立面接力布置。适用于作业面狭窄、未过流、土质适于开挖的堰塞坝紧急处理，见图5.2。

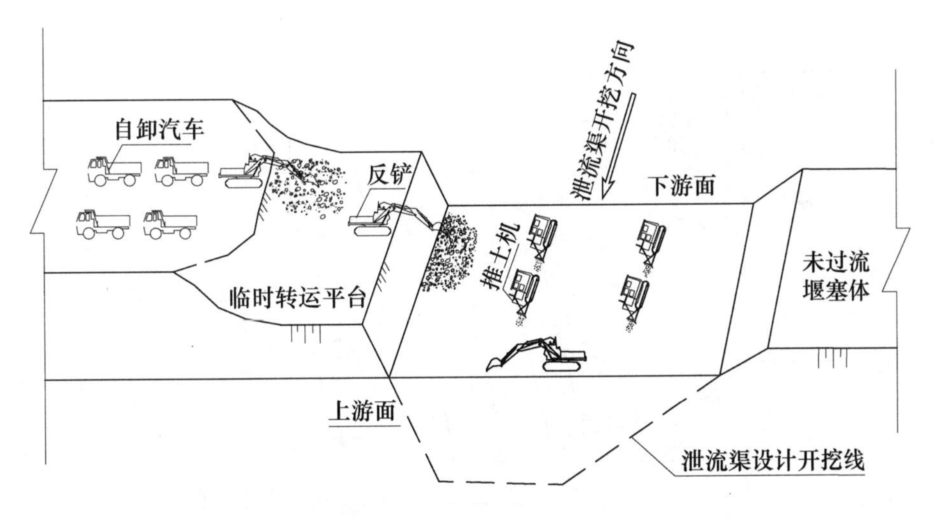

图5.2 机械开挖渠内外设备接力布置示意图

(2) 渠内作业，平面接力布置。适用于作业面较开阔、未过流、土质适于开挖的堰塞坝的紧急处理，见图5.3。

(3) 渠外作业，平面接力布置。适用于已过流、土质适于开挖的堰塞坝的紧急处理，见图5.4。

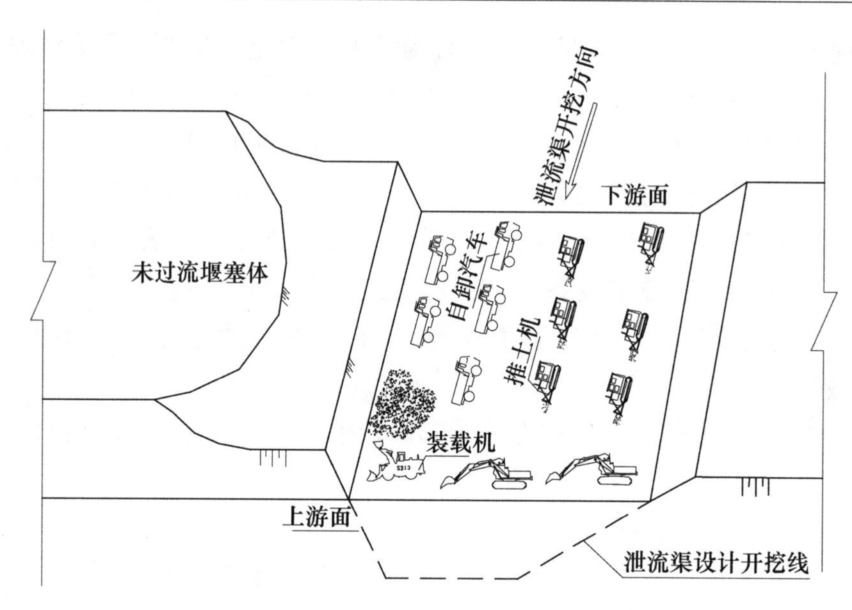

图 5.3　机械开挖渠内设备布置示意图

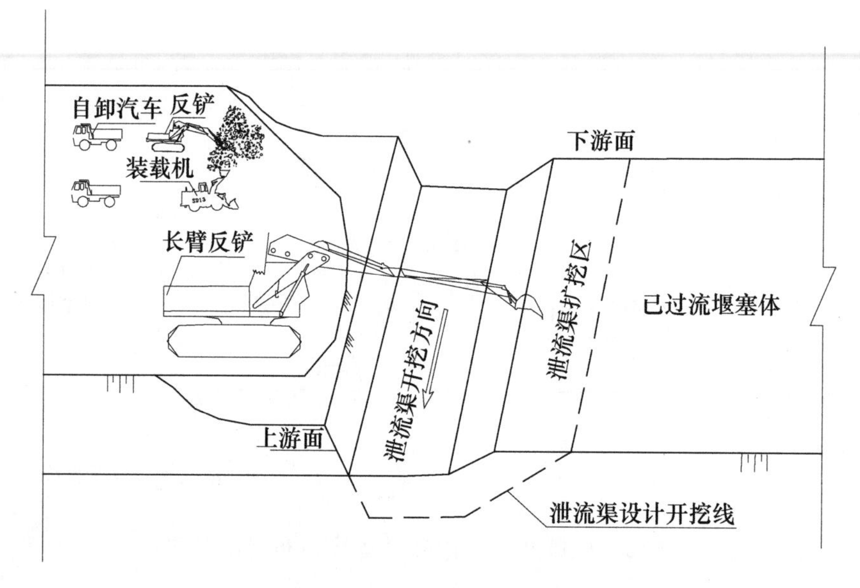

图 5.4　机械开挖渠外设备布置示意图

5.4.2.2　爆破开挖

以爆破开挖泄流渠为主，人工清渣为辅，借助水力冲刷作用，主动递进破堰，实现安全泄流。在堰塞坝适当位置，首先对表面块石进行逐层裸露接触爆破破碎，然后采用人工挖孔、钻孔或利用块石间隙埋设药包进行爆破，人工清渣后形成泄流渠，同时利用堰塞湖地形条件借助水流冲刷挟带作用，不断加深和扩大泄流渠实现安全泄流、排除险情的目的。

1. 适用条件

交通条件差、施工机械不易到达作业面、时间紧迫；堰塞坝高度不高、稳定且未过流。

2. 爆破参数

（1）裸露爆破参数。

药包排数：

$$m = D/(1.5H) - 1 \tag{5.1}$$

式中：m 为装药的排数；D 为泄流渠的设计宽度；H 为拟破碎深度。

药包个数：

$$N = L/(1.5H) - 1 \tag{5.2}$$

式中：N 为总药包个数；L 为设计的泄流渠长度，间距、排距均为 $1.5H$，设置 2 排药包时对称布置，设置 3 排药包时交错布置。

单个药包药量：

$$q = 9k_qH^3 \tag{5.3}$$

式中：q 为单个药包药量；H 为拟破碎深度；k_q 为岩石抗力系数，取值范围为 1.5～5.0，岩石越坚硬取值越大，反之取值越小。

总药量：

$$Q = Nq \tag{5.4}$$

以上各式长度单位以 m 计，药量单位以 kg 计。

（2）挖孔爆破参数。

钻孔排数：

$$m = kD/P - 1 \tag{5.5}$$

式中：m 为钻孔排数；k 为随 n 值变化的系数，一般为 0.4～1.0，n 值越大取值越小，通常取 $n=2$，$k=0.7$；D 为泄流渠的设计宽度；P 为泄流渠设计深度，当 $n=2$ 时，$P=1.4h$。

钻孔个数：

$$N=(L/r-1) \tag{5.6}$$

式中：N 为钻孔个数；L 为设计泄流渠长度；r 为间距、排距，设置2排药包时对称布置，设置3排药包时交错布置。

单孔装药量：

$$q=k_q h^3 \tag{5.7}$$

式中：q 为单孔装药量；h 为最小抵抗线；k_q 为装药系数，根据土岩性质、装药作用指数 n 及现场条件确定，经验取值范围通常为3～17，土岩越坚硬，取值越大；n 值越大，取值越大；在平坦地形取值较小，沟内加深取值稍大。

总装药量见式（5.4）。

以上各式长度单位以m计，药量单位以kg计。

（3）炸药和起爆网络。为保证爆破效果和起爆网络安全，网络必须分段，通常采用导爆索起爆网络和电雷管起爆。炸药一般选择具有防水功能的乳化炸药。所有药包全部用导爆索引出后，用导爆索连通，由电雷管进行起爆。

3. 开挖顺序

开挖应遵循“先后部开挖成型，进口一次爆破成型”或“先爆破拉槽，后人工清底”的顺序进行。为防止两岸边坡再次垮塌，必要时宜采取多次起爆。

5.4.2.3 机械开挖与爆破开挖相结合

以机械或钻孔爆破扩挖泄流槽为主，提高泄流能力，降低堰塞坝溃口风险。对已过流的天然泄流渠，对阻碍过流的巨石、特大石、大石实施爆破解小，或对已过流断面实施钻孔爆破作业，加宽加深过流断面，提高泄流能力，降低溃口风险。

1. 适用条件

交通条件较差、施工设备可到达作业面；堆积物以大石、特大石为主；堰塞坝稳定，高度中等以下；下游坡降较大且已过流。

2. 巨石处理

堰塞坝形成过程中会出现体形特别巨大的岩石崩落体，重量达几吨到几十吨，在开挖引流施工中需要移除，难度较大。常用的处理方法如下。

（1）裸露接触爆破解小抛掷，适用于中等以下块石，机械不易达到的作业面。

药包设置：将药包设置在石头底部，尽可能将大石炸碎并尽可能抛出去，同时便于第二次爆破设置药包。

药量计算：

$$C=qV \tag{5.8}$$

式中：C 为爆破单个块石所需药量；V 为单个块石的体积；q 为炸药系数。

炸药装填密实并与岩石表面紧密接触，炸药装填完成后要用土或碎石覆盖填塞。

（2）钻孔爆破解小，机械挖除。交通条件较好，采用液压潜孔钻钻孔；交通条件较差，采用手风钻钻孔。钻孔以后，进行装药、联网、爆破，然后利用反铲挖除碎块石。钻孔所耗时间长，是抢险中的大忌，较少采用。

（3）机械平移。对爆破条件较差又必须移走的巨石，可以采用两台反铲布置在巨石两侧，用铲斗勾住巨石一侧，按顺时针或逆时针方向同时用力，以螺旋形轨迹挪动。有条件的也可以用反铲勾，装载机推的联合作业方式移走巨石。

（4）就地掩埋。对处理难度极大，爆破难以解小又难以移动的巨石，利用现场地形条件，在巨石的侧下方适当位置开挖深坑，进行现场填埋处理。

3. 注意事项

对已过流土质堰塞坝，过流断面可随着水流的冲刷不断加深，只需对过流断面进行加宽。一般做法：在已过流渠的一侧（即可以到达的一侧），采用长臂反铲和普通反铲组合开挖。当难以采用机械开挖时，按未过流土质堰塞坝实施挖孔或钻孔抛掷爆破。

对已过流块石堰塞坝加宽，可在已过流渠一侧，按未过流断面实施挖孔或钻孔装药爆破。通常有两种方式：①水不深、流速不大时，可直接在水中按裸露接触爆破设置药包，采用石头压、绳子捆、杆子撑等方式将药包牢牢固定；②在一侧加宽时，加大破碎深度，使得爆破后的渠底比原过流的渠底深，把水引过来，待水位下降，原过流渠底石头露出后，再设法按相同方法实施爆破，交替进行，达到加宽、加深过流断面的目的。

5.4.2.4　其他

（1）资源配置。由于险情大小不一，主要设备、材料及操作人员配置不同。设备配置主要包括潜孔钻、长臂反铲、反铲、装载机、自卸汽车、推土机、油罐车；材料主要包括炸药、雷管、导爆索、柴油、储油罐（桶）、铅丝笼、钢丝绳、铁锹、救生衣等；操作人员主要包括现场指挥人员、操作手和其他质量、安全等管理人员。

（2）技术质量保证措施。成立现场技术质量组，其组成成员进行现场质量管理，对排险方案的落实情况进行严格把关，对现场不同作业队伍、不同作业工序、不同作业面进行统一协调管理。

每个抢险分队明确专职技术管理人员，对本分队施工内容进行技术交底和技术指导。

（3）安全保证措施。做好除险作业安全技术交底工作。除险作业人员、设备密集，运输作业频繁，并可能伴随泥石流、塌方等次生灾害，安全隐患多发，必须提出详细的安全作业要求，确保除险人员安全。

专人负责堰塞湖周边的安全监测，重点监测堰塞坝下游面渗漏情况、堰顶变形情况、上游水位情况以及周边高边坡稳定情况。制定除险人员应急撤离预案，必要时修建除险应急通道，做好避险演练，一旦出现险情，立即发出警报。注意观测两岸边坡的稳定性，抢险人员随时做好紧急避险的准备。

各除险分队配备专职安全员，对除险施工中的安全进行跟班巡视，重点部位设安全哨不间断监视，对人员、设备的安全状况进行检查，发现问题及时处理。在孤石爆破时，需控制好药量，尽量避免产生飞石破坏，按爆破安全管理规定做好安全警戒。

5.5　应急处置非工程措施

对于较大规模的堰塞湖应急处置，工程措施往往都要与非工程措施结合并同时进行。“5・12”汶川地震中形成的唐家山、肖家桥、罐滩等堰塞坝在应急处置过程中均采用了避险范围内人员疏散转移等非工程措施。

应急处置非工程措施包括应急避险范围、应急避险预案和应急避险保障，与应急处置工程措施一并由技术人员或技术单位制定，报相关主管部门审批，并作为应急避险实施的技术依据。一些堰塞坝在形成初期，由于交通运输不便、施工困难等客观条件限制，无法进行全面的工程除险，在一定时段内只能依靠非工程措施避险。

5.5.1　避险范围

在堰塞坝应急处置期，分析上游来水量大小及对应的堰塞湖规模等级，结合上游河道地形条件、城镇、厂矿企业、居民区、重要设施及滑坡分布情况，按蓄水计算或调洪计算确定上游避险范围。通常，上游避险范围为最高可能水位对应的淹没区和堰塞湖水位变化引起的次生地质灾害影响区。下游应急避险范围为堰塞湖泄流后下游过水区及可能引起的塌岸、滑坡、气浪冲击等次生灾害影响区。在确定了堰塞坝上下游避险范围后，应根据水情预报成果，结合交通情况，测算避险时段、影响程度，供决策部门参考使用。

在应急处置阶段，由于获取的资料不完整，可以根据具体情况作出一些合理的假定，在计算避险范围时，尽可能多用几种方法、多计算些剖面，用溃坝洪水的外包线确定应急避险范围。

5.5.2　避险方案

对于风险等级为Ⅰ级、Ⅱ级的堰塞湖，应制定应急避险技术方案，而对于Ⅲ级、Ⅳ级的堰塞湖根据其具体情况确定是否需制定应急避险预案。

按水情预测的上游来水情况、上游水位上升速度、堰塞坝上下游边坡稳定状况、堰塞坝渗水量等情况，采取预警、预报相结合的方式确定应急响应等级，包括黄色预警、橙色预警、红色预警。根据堰塞湖规模及相应的洪水标准，一般在洪水来临前1～2h，由应急避险指挥部发布预警警报，做到及时、准确、有效、可靠。黄色预警，要求应急避险范围内的所有单位、部门和人员按预案措施进入防范状态；橙色预警，要求应急避险范围内的所有单位、乡镇、社区、学校停工、停课、转移、保护重要设备设施，人员按照预案程序进入疏散准备状态；红色预警，要求应急避险范围内的所有人员按照预案程序进行紧急疏散、转移。

应急避险技术方案应进行路径比选，做到避险路径标识、路牌清楚，便于识别，道路的通行能力满足疏散人群的流量要求，快速、安全。对于安置地点的选择要充分考虑地形地质条件，不能出现新的次生灾害，尽量按照分片、分区、就近、便捷的原则落实安置点，生活物资的保障充分、充足，配置足够的医疗卫生设施，做好相关防疫工作，落实人员转移责任制。

应急处置过程中对可能出现的滑坡、泥石流、洪水溃坝等次生灾害，制定相应的避险措施，重点保证人员的安全撤离。随着工程排险的实施，或堰塞坝溃决后洪水的逐渐消退，根据险情的变化，对应急响应等级做动态调整，最大限度地节约社会资源。红色警报适时地降为橙色、黄色直至解除警报，橙色降为黄色直至解除警报，根据具体情况，确定人员回迁的条件和时机。

5.5.3　保障措施

堰塞坝应急避险预案制定后，应充分做好避险时段的物质、交通运输、医疗等保障措施，并进行必要的避险演习。落实责任单位和责任人，确保避险范围内的人员转移及人员疏散，与指挥部相关责任部门联合进行排查，严格控制在避险时段内的人员回流。同时，在灾害处置过程中，宣传工作非常重要，正确的宣传引导可以安抚和稳定灾区群众的情绪，获取社会公众的支持和帮助，为应急处置工作创造有利条件。应针对应急避险预案的内容、作用、重要性，采用多种方式做好宣传工作。

堰塞坝阻断河流，堰塞湖水位将不断上涨，随着淹没范围的扩大，有可能形成湖区内的面源污染，堰塞湖水经处置后引导下泄或堰塞坝自然溃决，受污染的水体泄向下游，造成下游水体污染。在堰塞坝应急处置的同时，应加强水体水质监测，提出堰塞坝上游淹没区及湖水下泄后对下游河道造成的水污染防治措施，进行水污染防治，必要时采取消毒措施。在堰塞坝下游河道断流或受污染的湖水下泄过程中，及时启用其他水库或地下水等备用水源，保障人民群众的饮水安全。

堰塞坝形成后，湖水上涨，原两岸陆地上的物质浸入水中形成水面漂浮物，或由于持续降雨或融雪等引发泥石流、滑坡和地震余震等使两岸物质滑入堰塞湖，形成水面漂浮物。一些大型漂浮物，如长的树干、木板等流入施工后形成的泄流渠或引流槽时，造成阻塞，影响湖水下泄，再次抬高堰塞湖水位，严重威胁堰塞坝的稳定。因此，一旦堰塞湖水面形成漂浮物，应采取打捞或驱散等措施进行处理，避免漂浮物阻塞泄流渠或引流槽。

应急处置过程中，湖水下泄下游可能受影响的人员应提前转移至安全处，并且安排和实施临时水上救生措施，防止湖水下泄过程中人员意外伤亡。

5.6 应急处置后续评估与中长期处置

堰塞坝险情解除后，应急指挥机构应和相关单位对应急处置中采取的工程和非工程措施进行评估，包括对堰塞湖应急处置后的初步评估和对堰塞坝残留坝体及泄流通道的综合评估，通过评估为中长期开发处置做好准备、提供方案建议。

初步评估的结论经应急处置指挥机构审定后，作为解除或降低险情的依据；综合评估报告经有关部门审查后，作为后续处置的依据。初步评估和综合评估，都应由有相应资质的单位承担。

应急处置和后续处置完成后，参建单位应及时向有关主管部门移交资料。

5.6.1　初步评估

对堰塞坝应急处置后的初步评估，主要对堰塞坝残留部分的稳定性、泄流通道的稳定性和行洪能力进行初步评价。

堰塞坝残留部分的稳定性初步评价包括抗滑稳定、渗流稳定及抗冲刷能力等（计算方法见4.5.2.2），必要时应对残留体的应力、变形情况进行分析。稳定性分析评价精度要求不高，可以采取简单的公式、模型进行计算，但计算时必须涵盖基本的计算工况，为中长期处置方案作定性评价。

泄流通道的稳定性初步评价包括堰塞坝河段泄流通道两侧、河床两岸边坡的稳定性和抗冲刷能力，并对其发展、变化进行判断。泄流通道行洪能力初步评价包括不同标准洪水时的水位、流速等。通过计算，并和实际的洪水过程相互印证，为决策工作提供依据。

初步评估工作完成后，由具有相应资质的单位编制专题报告，由应急处置决策指挥机构组织审定。

5.6.2　综合评估

综合评价包括对完成的堰塞坝的监测资料、坝体材料性质进行分析、修正，对残留体稳定、泄流渠稳定、近坝岸坡稳定、滑坡后延边坡稳定，以及河道演变进行分析评级。同时，为中长期开发处置，提供参考建议。

5.6.2.1　评估内容

堰塞坝应急处置后，对堰塞坝残留坝体及泄流通道的综合评估，包括以下内容。

（1）监测资料分析。对变形监测和渗流监测资料进行整理分析及评价，研究溃决过程，分析溃决原因，总结经验，为堰塞坝后续处置提供借鉴。

（2）材料力学性质修正。堰塞坝过流溃决后，需要根据过流断面揭示的地质状况，修正初期进行的物质组成及物理力学特性判断，指导后续处置工作。

（3）边坡稳定性分析。残留堰塞坝及泄流通道两侧边坡稳定性直接影响其过流能力，进而影响堰塞坝的防洪能力，因此必须对残留堰塞坝及泄洪通道两侧的边坡稳定性进行定性分析及评价。

（4）冲刷稳定性分析。如采用泄流渠作为泄流通道，应急处置后其抗冲刷稳定性应及时进行评价，必要时进行后续处置。

（5）滑坡后缘山体变形破坏特征分析。为了判断再次发生滑坡和泥石流形成新的堰塞坝的可能性，须分析滑坡后缘山体变形破坏特征和泥石流物源区域破坏特征，进行稳定性评价。

（6）河道演变分析。堰塞坝溃决后大量泥沙和推移质被冲向下游河道，使河道断面发生了较大变化，并且在堰塞坝区域新形成的河道在短时间内仍能发生较大的冲刷改变，为分析河道沿岸的防洪能力变化，必须对下游河床和新河道进行演变分析。具体包括溃决前后堰塞坝及下游河道地形变化分析、未来下游河道演变分析和新河道抗冲刷稳定性分析及评价。

（7）上游近坝边坡稳定性分析。近坝上游可能失稳坡体的稳定性及泥石流活动性直接影响后续工作的安排和开展，必须引起重视，并对其可能失稳滑坡体稳定性及泥石流活动性进行分析与评价。

5.6.2.2　中长期开发处置建议

通过综合分析评价，提出对不稳定堰塞坝的加固或处理措施，增加残留坝体稳定性及河道行洪能力，对泄洪通道进行加固整治。

在后续的处置过程中，泄洪通道的泄洪能力应满足相应的洪水标准要求。若过流后堰塞坝仍不稳定，仍然明显壅高水位，泄流能力不满足洪水标准要求，应对应急处置期泄洪通道采取进一步处置措施进行必要的整治，如扩挖泄洪通道形成较稳定、过流能力较大的深槽河道或增设其他泄流设施。同时，对受堰塞湖影响可能产生危害的滑坡体、崩塌体和泥石流的处理措施进行研究，条件具备时，对不稳定滑坡体、崩塌体和泥石流进行治理。

堰塞坝通过引流冲刷过流后一般仍会剩余部分坝体，过流断面与原始河床形态仍有较大不同，甚至仍存在部分堰塞坝挡水的情况，为保证下游两岸人民生命财产安全，防止二次溃坝带来的灾害性影响，仍然需要对残留堰塞坝和滑坡体、崩塌体持续进行必要的安全监测。根据后续处置效果和堰塞湖实际情况，研究提出中长期处置建议。

5.6.3　中长期处置

由于堰塞坝本身的成因机制、形态复杂多样，滑坡体内的物质组成、粒度成分、结构特征等差异很大，导致堵江堰塞坝不同部位的物理力学性质具有较大的差异性和不均一性，呈现与人工土石坝不一样的工程属性。但其中长期处置，可以参考人工土石坝的一些加固、加高、防渗治理措施，综合选用。

5.6.3.1　处置分析

对于堰塞坝后期的处置是一个长期规划的过程，应针对堰塞坝的主要工程地质问题，进行防洪标准复核、结构安全评价、渗流安全评价和抗震安全复核等几个方面的分析，以确定该堰塞坝是否应彻底清除还是开发利用。

（1）防洪标准复核。根据堰塞坝下游的水文资料和运行期延长的水文资料，考虑堰塞坝综合利用后对上游地区人类活动的影响，进行设计洪水复核和调洪计算，评价其用作水利工程的抗洪能力是否满足现行有关规范的要求。

（2）结构安全计算。按国家现行规范复核计算堰塞坝（含近坝库岸）目前在静力条件下的变形、强度及稳定是否满足要求，如其位于Ⅵ度以上地震区，还应进行地震结构安全论证。

（3）渗流安全计算。评价堰塞坝在天然状态下的渗流状态能否满足和保证其作为水利工程在渗漏和渗透稳定性方面的要求，以及是否需要设置渗流控制措施和治理渗漏的工程措施。

（4）抗震安全复核。按现行规范复核堰塞坝工程现状是否满足抗震要求。

5.6.3.2 处置措施

1. 坝体加固加高

当堰塞坝高程不满足防洪标准时，应通过加高坝顶高度或设置防浪墙的方式来满足防洪要求。如果坝体泄洪能力不足，则应通过设置溢洪道等泄洪设施来保证堰塞坝的泄洪要求。通过上游坝坡的整治，来满足抗洪、抗滑、抗冲、抗震及其他工程设计安全的治理要求。主要措施如下。

（1）"戴帽"加高。经计算在满足安全的条件下，从坝顶直接加高，限于坝坡稳定的要求，加高的高度有一定限制，不能加高过大，否则影响坝坡稳定。

（2）从大坝背水面培厚加高。对于背水坡脚，为保证坝坡稳定，对其加宽加厚。这一措施，比"戴帽"加高工程量大，造价也高。但为了满足大坝坝坡稳定的要求也是其中的一种措施。

（3）大坝加高与新建溢洪道相结合。在合适的地形条件下，增设溢洪道。为提高堰塞坝防洪标准，加大下泄流量，可采用适当加高大坝与新建溢洪道的综合措施。

（4）液化治理。利用强夯、振冲挤密碎石等方法，改善可液化沙土的原有松散结构，增强土体的密实度，提高稳态强度，增加抵抗液化和变形的能力。处理方法还有：振动加密，夯扩压实和振动压实，化学灌浆等。

2. 坝体防渗处理

采用截渗防渗（薄防渗墙、定摆喷、摆桩墙）、劈裂灌浆防渗等方法进行防渗处理。

透水地基垂直防渗处理可采用截水槽、截渗墙等作为防渗体，材料采用黏性土、土工膜、固化灰浆、水泥、水泥砂浆、混凝土、塑性混凝土、沥青混凝土、化学材料；施工采用人工开挖、机械开挖、铺设、冲击钻、回转钻、抓斗、轮铣、射水、锯槽、斗式、多头钻、定摆喷、灌浆、板桩、搅拌桩等技术；其厚度和设置方式应满足材料允许渗透坡降要求；其防渗性能、效果应符合防渗要求和适应防渗体的布置。地基防渗体应布置在临水坝脚或坝顶偏临水侧，并与坝体防渗体有效连接，且复核变形协调的要求。

对于砂卵砾石含量较高、粒径较大的地层，考虑冲击钻、回转钻、抓斗、轮铣等成槽方式的截渗墙，也可考虑单排灌浆帷幕防渗或劈裂灌浆防渗。

加固水平防渗铺盖，必须勘查坝址工程的水文地质状况，通过勘察，了解坝基砂砾石平面和空间的分布情况、层次性质，以及地下水动态特性和渗透途径等，以便针对不同的具体条件，可能发生的问题、性质和程度，以及已成的铺盖情况，确定加固铺盖的具体尺寸、范围、铺盖层下是否需要增设反滤层，是否有软弱基础需要处理等。

排水减压一般采用导渗沟、减压井及水平盖重压渗等设施。对导渗沟的加固，应根据设计要求，严格掌握层间关系，防止导水沟淤堵。一旦发生淤堵情况或局部破坏，应及时清除和翻修。导渗沟的断面应满足正常排除渗水的要求，不足者，予以扩大。导渗沟还应有一定的纵坡和排水出路，如发现有积水，应及时加以整修，使渗透水能够及时地排除。对减压井的加固，主要解决井内淤塞，及时冲水清理，但不得破坏井壁反滤层，以免失去反滤作用。对水平盖重压渗设施的加固，如发现反滤层失效或压渗厚度不够，应及时翻修，满足设计厚度。

5.7　堰塞坝的开发利用

从整个地球地貌的变化特征与规律来分析，滑坡、泥石流等，以及堰塞坝的形成与溃决，改变了地基、地表土壤、植被以及生态栖息地景观，作为地球地貌环境改变的重要因素为地球表面创造了多样性的场所，对地形地貌变化，以及生态多样性起着重要的作用。

堰塞坝的形成，不仅存在较高的溃坝洪水或泥石流风险，也蕴藏着丰富的水利资源。第一阶段应急处理工作完成以后，待原河川系统稳定，可进行必要的中长期处置，包括修建必要的工程设施，如拦砂坝、疏导工程等。对于已形成深槽冲刷，剩余堰塞坝和两岸山体较稳定的堰塞湖，在进行详细地质勘探以及深入科学论证的基础上，可进行利用改造，利用其蕴含的水能水力资源，变堰塞坝为人工水库蓄水发电，发挥效益，变废为宝。

5.7.1 开发利用统计案例

5.7.1.1 修建坝体

国内外并不乏把堰塞坝作为基础或者部分坝体建坝的例子，据不完全统计，截至 2013 年，国内外有 251 座建坝实例，其中在原堰塞坝的基础之上修建土石坝 212 座，混凝土重力坝 26 座，拱坝 13 座，见图 5.5。

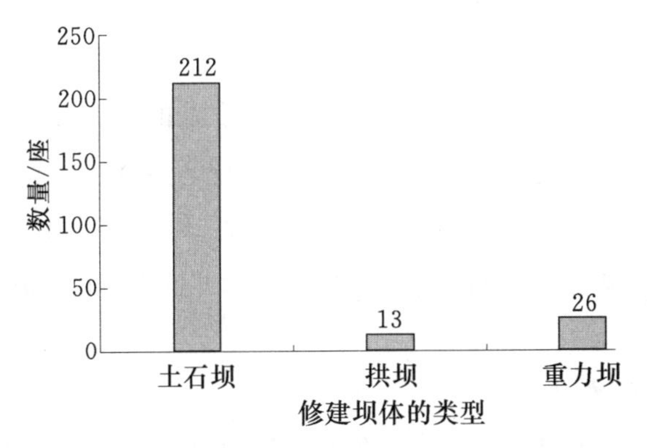

图 5.5 利用堰塞坝建坝的案例统计

美国加州 Mammoth Pool 坝（1959 年，125m）、希腊 Thissavros 坝（1986 年，170m）、美国科罗拉多 Rio Grande 坝（1916 年，35m）、澳大利亚 Durlassboden 坝（1966 年，83m）、奥地利 Gepatsch 坝（1965 年，153m）都是利用堰塞坝作为坝基或者部分坝体修建的大坝。其中，美国科罗拉多 Rio Grande 坝平面和断面见图 5.6。

新西兰成功地对形成于 2200 年以前、坝体体积为 22 亿 m^3、坝高约 400m、堰塞湖面积 $56km^2$、最大湖深 248m、容量 52 亿 m^3

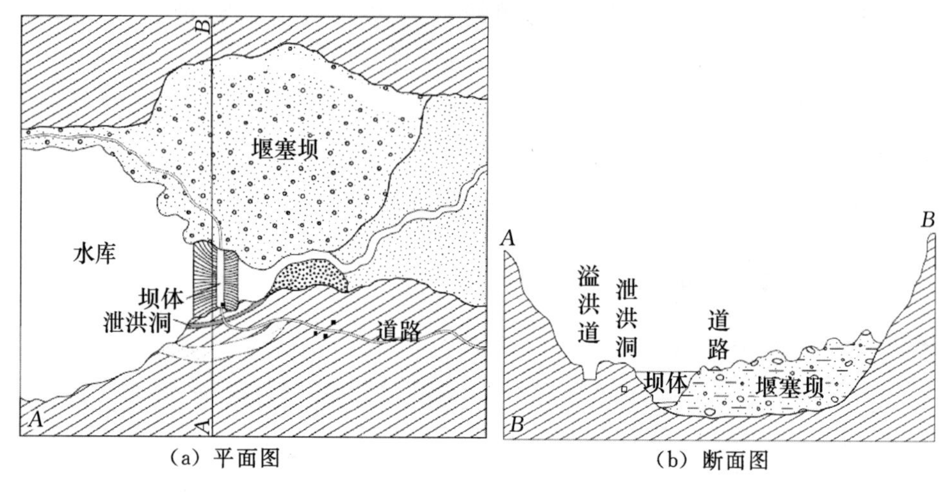

图 5.6　美国科罗拉多（Rio Grande）坝平面图和断面图

的韦克瑞莫纳堰塞坝（世界上最大的滑坡之一）进行了利用改造，开发了韦克瑞莫纳河的 3 座梯级电站，装机 12.4 万 kW，为堰塞坝利用的典范。2014 年云南鲁甸地震形成的红石岩堰塞坝，日前中国水电顾问集团昆明勘察设计研究院已经完成了水电站的前期设计规划，正在进行施工，该堰塞坝的成功利用将开创中国大陆利用堰塞坝成功装机之先河，为后续堰塞坝的治理、利用奠定实践基础。

5.7.1.2　水库改造

对于堰塞坝的水库改造，在我国已有成功先例，最著名的是重庆小南海水库。小南海水库位于重庆市黔江县城北约 30km，与湖北省咸丰县交界地带，为 1856 年 6 月 10 日地震导致山崩堵塞溪流形成的地震堰塞湖。总库容 7020 万 m^3，有效库容 2920 万 m^3，天然溢流堰顶高程 670.50m。经人工改造，在堰顶 658.50m 高程处修建一取水口，修建 26km 的引水灌溉渠，形成了以灌溉、城市供水为主，兼具发电、旅游、养殖的综合水利工程，为黔江地区仅有的 1 座中型水库。2001 年，经中国地震局批准，将小南海水库建设成国家级典型地震遗址保护区和全国防震减灾科普宣传教育基地。

我国堰塞坝水库改造利用的另一案例是岷江叠溪海子水库。1933年8月25日15时50分30秒，四川叠溪发生7.5级地震，叠溪四周山峰崩塌，堵住岷江，形成11个堰塞湖，叠溪海子就是由这次大地震形成并得到利用的堰塞湖。叠溪海子包括叠溪大海子、小海子两个堰塞湖，湖面面积350万m^2，库容分别为5800万m^3和2200万m^3，如今叠溪海子不仅是世界自然文化遗产九寨沟、黄龙旅游沿线的一道独特风景线，也是天龙湖电站的调节水库。天龙湖水电站的兴建，不仅对调节天然洪水有较大的效益，而且在调节上游的溃坝洪水，减轻下游洪灾方面，同样起到了较大的作用。

5.7.2 开发利用关键技术

堰塞坝的开发利用首先要解决的就是堰塞坝的稳定与防渗问题，这也是堰塞坝开发利用的关键技术问题。堰塞坝作为永久挡蓄水建筑物，必须具备足够的稳定性和防渗性能，以保证其安全和开发利用效益。

目前，堰塞坝防渗加固处理技术并不成熟，国内成功利用地震堰塞坝的例子并不多，比较著名的就是重庆小南海水库。目前，在小南海天然地震堰塞坝中做帷幕灌浆防渗加固工程属国内唯一的先例，该工程的成功实施，为我国今后解决堰塞坝防渗问题积累了宝贵的设计和施工经验。

对堰塞坝进行防渗加固同围堰防渗处理有近似之处，两者都存在共同的特点：堆积体物质组成成分杂乱，一般由黏土、碎石土、孤石、岩块等物质组成，胶结不良，材料不均匀系数范围大，结构较为松散零乱，部分有架空现象，极有可能存在较大的地下水流或集中渗漏，且自身强度低、稳定性差、抗渗透性能弱。因此，可借鉴围堰防渗成功经验，采用目前围堰防渗加固中广泛使用的薄膜防渗、高喷灌浆、可控灌浆、膏状浆液等技术，这些技术可快速、有效地进行防渗加固处理，达到良好效果。

5.7.3　开发利用有待深入研究的关键性问题

对于堰塞坝应辩证地看待：一方面，应急处理措施不当会发生溃坝，给下游人民生命财产安全带来危害，造成巨大损失；另一方面，经过人类的改造，堰塞坝也能为人类所利用，为人类造福。然而，目前国内外既无堰塞坝应急处理规范，也无成熟的经验，成功治理开发利用的工程案例更少。为了使堰塞坝趋利避害，更多地为人类造福，针对堰塞坝应急处理措施及后期开发利用技术，尚存在许多关键性问题有待进一步研究解决。

（1）堰塞坝寿命研究。堰塞坝的寿命实际上是其抵御溃坝破坏的能力，能力越强，寿命越长。因此，全面了解堰塞坝的近长期稳定性，研究其抵御溃决的能力，对于堰塞坝的应急处理以及长期治理至关重要。

（2）编制堰塞湖应急处理规范。深入全面研究堰塞坝形成机理、减灾和应急抢险、应急治理以及工程对策等领域的关键技术问题，研究应急检测与监测技术、险情快速评估与方法、应急抢险工程措施与人员避险应急预案，构建堰塞坝重大险情应急指挥系统，编制堰塞湖应急处理规范。

（3）堰塞坝渗流特性与渗控理论研究。对堰塞坝进行分析，包括坝体的材料类型、颗粒组成、堆积特性、透水特征等，通过渗流计算评价堰塞坝的渗透稳定性，确定渗透破坏的形式和程度，研究技术可行、防渗效果可靠的渗流控制措施。

（4）堰塞坝开发与利用的科学评估。在进行堰塞坝的开发利用之前，对堰塞坝的开发与利用进行科学的评估是十分必要的，其评估包括环境影响评价、社会效益评估和经济效益评估三个方面。环境影响评价应包括对堰塞湖区的水环境、水文情势、土地资源、移民生活、下游水资源利用等问题进行预测评价，提出对应的缓解措施和建议。社会效益评估应包括堰塞坝的开发利用对湖区及其影响范围内居民健康的影响，对生态与自然环境的影响，对居民文化生活、人口素质的影响，对地区经济发展的影响等。经济效益评估应包括项目实施所需要的环境影响代价、移民及安置代价、湖区及其影响范围内公路交通及其他基础设施的搬迁和建设代价、开发利用项目建设（包括坝体加固和其他配套水工建筑物的建设）代价，坝体加固开发利用后在灌溉、发电、供水、养殖、建立旅游区和度假村等方面对国民经济的贡献及其社会效益。

第 6 章　堰塞坝险情应急管理

堰塞坝险情作为一种次生灾害，发生时间、地点、规模以及堰塞坝抵抗破坏的性能的不确定性较强，影响区域范围大，应急处置面临的自然和社会环境较为恶劣，灾变过程与其原生灾害以及其他灾害的灾变过程并发或相互转化，是可能同时发生的多种类型灾害中的一种。在我国，不同灾害的应急管理机构隶属于不同的管理部门，堰塞坝险情的应急管理尤其复杂，对应急机构的管理和协调能力、应急资源和技术保障、应急响应与评估恢复、防灾避难与救护援助的要求较高。为最大限度降低堰塞坝险情带来的经济和社会损失，如何在我国现有管理政策和框架下，进行堰塞坝险情的应急管理、加强险情应急处置力量建设，是一个有待深入研究和探讨的问题。

分析堰塞坝的应急管理，应将其管理体系置于我国自然灾害综合应急管理的框架之下，从应急管理的基本概念入手，介绍我国灾情应急管理政策、框架、策略与对策，提出从平时的防护、预测预警、处置力量建设到险情发生以后的应急管理的全过程对策与方法。按照“预防为主”的原则，堰塞坝险情的应急管理的重心应当放在缓解原生灾害以减小堰塞坝形成几率、加强应急救援力量建设与险情发生以后的迅速反应方面。

6.1 基 本 概 念

6.1.1 应急管理

三阶段划分法把公共危机管理分成危机前（precrisis）、危机

（crises）和危机后（postcrisis）三个大的阶段，每一阶段又可分为不同的子阶段。应急管理属于第一个阶段，即危机前阶段，是指在发现危机征兆和危机信号，并进行确认后，或者在危机已经开始来临，但还没有大规模爆发时，迅速采取措施，对可能爆发的危机进行及时、有效的控制，尽可能用较小的代价迅速化解危机，避免危机爆发造成大规模的人员伤亡和财产损失。

堰塞坝险情的应急管理分为两种形式：一种是经常性的应急管理，另一种是险情产生以后紧急状态下的应急管理。经常性的应急管理的内容有建立组织、加强监察、宣传教育、建立预案、实施措施、应急处置力量建设等几方面。经常性的应急管理属于应急预防的内容，这种应急管理不是紧急状态中的应急控制，而是险情产生前所采取的控制措施。紧急状态则是指已经形成了堰塞坝险情，必须使用国家紧急权力才能控制险情的进一步发展，通过一定程序，进入一种非常状态。对于堰塞坝险情的应急管理，不仅包括险情发生前的应急预防，也包括险情产生后的险情控制中的危机管理，这与常见的应急管理不同。常见危机的应急管理，仅指危机产生前的应急预防，而危机产生后的应急管理指的是危机控制，两者概念不同。

堰塞坝险情产生前的应急管理，是为了防止险情的产生，消除隐患，加强监测预警等；或者是确认险情可能产生时，迅速采取果断措施，把险情消灭在爆发之前，或者消灭在萌芽状态。险情产生后的应急管理，目的是将险情处于可控状态，采取措施缓解险情、消除险情，千方百计防止险情的继续扩大和升级，尽量降低可能造成的人员伤亡和财产损失。

6.1.2 应急预防

应急管理和应急预防、预警都是应急管理中危机前管理的重要环节，三者的关系十分紧密。应急预防，是指在危机发生前，通过政府的主导和全社会的动员，采取各种有效措施，来消除危机隐患，避免危机发生；或者在危机来临前做好充分的应急准备，包括思想准备、组织准备、制度准备、技术准备和物资准备，来防止（未来可能发生的）危机扩大或升级，最大限度地减少危机造成的损失。

堰塞坝险情的应急预防是在未产生险情或者险情形成、未升级为灾情之前介入，先发制人地采取各种预防措施，是避免灾区大规模爆发，防止险情扩大、升级，减少损失的关键，也是其他应急管理措施的基础，也是应急管理的基础。没有应急预防进行的思想准备、组织准备、制度准备、技术准备和物资准备，应急管理就不可能成功。如果没有全民的预防意识作支撑，应急管理就很难得到政府的高度重视和民众的积极配合；如果没有在险情前建立起公共应急管理的各种组织机构，应急管理就失去了载体，更谈不上成功的可能；如果没有建立起应急管理的法律制度，就不可能有序地制定和实施应急管理措施；如果没有事先做好的技术准备和物资准备，应急管理就会成为无米之炊。可见，应急预防是应急管理的前提和基础，应急管理则是应急预防的继续和延伸。

6.1.3　应急预警

应急预警、应急管理都是堰塞坝险情产生后所采取的一系列应急管理措施。从时间顺序来看，应急预警在前，应急管理在后，因为必须首先发现有关险情，即有关危机、各种征兆等信息，并对这些信息进行传递、分析、确认，然后才可能采取预控措施。可见，应急预警是前提、是基础，而应急管理是对应急预警的理性反应，是应急预警的必然延续。应急管理对应急预警有很大的依赖性，没有应急预警提供及时准确的危机信息，应急管理就不可能实施，更谈不上效果。

如果人类没有及时发现危机信息，或者对危机信息判断错误，认为不会引发危机，自然就不会采取预控措施，就可能造成灾情的突然爆发，这时，当然也就失去了进行应急管理的最佳机会，应急管理只能立即进入应急处理阶段。相反，没有应急管理，应急预警的作用就不可能充分发挥，因为应急管理是应急预警的一个主要目的，应急预警的很多措施，就是为了尽早、尽快发现险情危机信息，以便给应急管理留下更大的空间，就是为了使灾情在大规模爆发前将其有效控制，从而避免造成巨大的破坏和损失。二者相辅相成，缺一不可。

6.2 应急管理策略

6.2.1 分类管理

绝大多数突发事件的应对具有较强的专业性，应急管理首先是分类管理，几乎所有国家的应急管理体系都是基于突发事件的分类而建立的。但突发事件的分类并非绝对，很多时候突发事件呈现出多元和共时的特征，不同类型的突发事件可能并发或相互转化，因此分类管理应该是突发事件综合应急管理框架下的分类管理。应急管理的这一特征在堰塞坝险情的应急管理中表现得尤为明显。

堰塞坝险情是一种次生洪水与环境灾害，与其原生灾害并发，或与原生灾害引发的其他次生灾害并发，并可能引发或转化为其他灾害。从突发事件的分类管理来看，堰塞坝险情灾害首先是一种洪水灾害，其应急管理职责由防汛抗旱应急体系承担。但堰塞坝灾害又是一种次生灾害，是需要同时进行应急管理的多种自然灾害和技术事故之一。以地震诱发的堰塞坝灾害为例，地震灾害大多数时候是应急管理的重心所在，所诱发的堰塞坝仅仅是需要关注的对象之一。在这种情况下，堰塞坝应急管理中的信息管理和共享、应急处置措施的协调、各种应急资源的配置等问题都比一般洪水灾害的应急管理更为复杂，不同应急部门之间关系协调的难度更大。

在我国现行应急体制下，相较于其他自然灾害的应急体系，国家防汛抗旱应急体系的机构设置最为健全、应急实践经验最为丰富、能调配的应急资源最丰富、与其他相关部门的协调机制相对完善，是承担堰塞坝险情应急管理工作的主要职能部门。在具体的堰塞坝灾害应急管理过程中，以防汛抗旱体系为基本构架，增强各级政府应急管理办公室的协调能力，必要时增加其他相关部门的应急职责，构建堰塞坝灾害的应急管理体系，是当前针对堰塞坝险情的应急管理的有效策略之一。

6.2.2 分级响应

分级响应是应急管理的另一重要基础，绝大部分应急管理体系都采用分级响应的方式。突发事件的强度越高、影响范围越大，对应急机构管理能力的要求也越高，因此分级响应实际上应包括两个层面的分级，即根据事件客观属性对突发事件进行分级和根据应急管理能力对应急机构进行分级。

与我国大多数自然灾害的分级一样，堰塞坝蓄水形成的堰塞湖灾害的分级也采用四个等级的划分方法。按堰塞湖规模、堰塞坝物质组成、堰塞坝高度、风险人口、重要城镇、公共或重要设施等指标进行堰塞湖风险分级；洪水标准则分应急期和后续期两种，分别按洪水重现期划分为四个等级。

堰塞坝险情产生以后，根据险情级别、规模等级，匹配应急管理机构相应的管理责任与管理能力；在同一应急机构的内部，根据事件分级的不同也存在不同的响应等级。目前我国并没有对各级各地区的应急机构进行应急管理能力评价和分级，而是按照行政级别进行机构分级，相当于假设同一地区的上级应急机构总比下级机构具有更强的管理能力，而不同地区相同行政级别的应急机构具有同等的应急管理能力。根据这一应急机构分级，一旦堰塞坝险情产生，依据险情风险等级及所处地理环境，由相应地区一定行政级别的应急管理机构为应急管理领导、决策机构，协调指挥下级机构的应急管理、处置等各项事宜。绝大多数情况下这一应急响应对策都发挥效果，但忽视了地区差异性。我国社会经济发展的区域差异很大，各地应急管理能力参差不齐，不同地区发生的相同强度和规模的堰塞坝险情，由于各地管理能力的差异而导致的后果可能有很大差别。应急管理能力的区域差异通常难以在短期内消除，为适应事件及其应急管理的区域特性，分级响应应当遵循“能力本位”原则，分级响应的标准以政府应急管理能力为主，兼顾事件的客观属性。

应急管理能力主要包括应急机构完善程度、资源调配能力、组织动员能力、信息管理和共享机制完善程度、人员素质、管理经验等影响因素，险情事件的客观属性则包括风险程度、规模、影响范围、损失后果、潜在危害性、可能的连锁反应等影响因素。应在综合评价这些影响因素的基础上建立堰塞坝险情应急管理的分级响应模式，否则在应急过程中应急预案的执行可能完全走样，例如面对强度类似的堰塞坝灾害，应急管理能力较强的地方政府可以轻松应对，而应急管理能力较差的地方政府则可能应对不力，应急预案失去意义而需要上级临时干预，很可能因此错过了应急处置的最佳时机从而导致本不应有的严重后果。

6.2.3 分期管理

根据 Heath 提出的“4R”应急管理过程，即减缓（reduction)、就绪（readiness)、响应（response)、恢复（recovery）4个阶段，将堰塞坝险情分期管理的基本构架和各个阶段的工作重点简述如下。

(1）减缓阶段。防汛抗旱应急机构充分利用其信息和技术资源，协调和整合水利部门、国土资源部门、地震部门、气象部门以及其他相关部门的相关资源，组织开展堰塞坝灾害风险评估和区划，划定重点防治区域，有重点、分步骤地开展治理工作。建设突发事件监控、预防和预警体系，利用各种渠道面向不同层次的公众广泛开展防灾避灾技能的宣传和教育，明确各相关部门在应急管理中的职责，力求将堰塞坝灾害发生概率降到最低，灾害无法避免时能够及时报告和预警，尽可能地降低灾害损失特别是生命损失。

(2）就绪阶段。防汛抗旱应急机构根据堰塞坝灾害发生后应急响应的需要，致力于编制、完善和落实应急预案，建立经过反复演练的从而是完善的、能够随时启动的堰塞坝灾害应急体系。在这个过程中，防汛抗旱应急机构通过各级人民政府及其应急管理办公室采取行政命令的方式，要求其他相关部门通力合作，确保应急预案落实到位，各级各部门均全面深刻地获知和理解自身职责并能准确熟练地履行。

其中，减缓和就绪阶段采取的管理措施有相当一部分是重合或同时进行的。

（3）响应阶段。本阶段处于堰塞坝灾害事件发生后，防汛抗旱应急机构以及其他相关部门应严格按照法律法规的要求和堰塞坝灾害应急预案的规定进行分级响应，按照“统一指挥、分工合作”的原则共同致力于堰塞坝灾害应急处置工作。

（4）恢复阶段。本阶段首先应致力于进行善后处理和恢复重建工作，这主要由当地政府负责执行；当地政府和防汛抗旱应急机构还应负责组织相关部门讨论和总结本次应急管理工作的经验和教训，以改进和完善下一周期的堰塞坝灾害应急管理工作。

6.3　应急管理对策

应急管理的目的是保护人民的生命，使财产损失和环境损失减少到最小并减轻人类的痛苦。在人类社会的发展过程中，自然灾害尤其是突发自然灾害一直困扰着人类生活，它威胁着人类的生命财产安全，也考验着人类应对灾害的能力，可以说人类的发展史是一部与自然灾害的对抗史。

在地震、暴雨、洪水等诱发因子的影响下，致灾因子的变化速度超过一定的标准，在几天、几小时甚至几分钟、几秒钟内形成堰塞坝险情，使得人类猝不及防。当前，人类科学技术的进步尚不能对险情发生的时间、地点和发展的过程进行精确地控制，或者人类对堰塞坝险情发生只能在较短的时间内进行预报，险情的发生充满了偶然性和不确定性。发生时间短，并伴随着连锁的恶性反应，应对堰塞坝险情时要在最短的时间内作出反应和控制。险情的不可预见性以及形成和反应时间的紧迫性，破坏性巨大。

堰塞坝作为自然灾害的一种，为此本节通过阐述自然灾害的应急管理对策来进行分析。自然灾害的群发性、突发性、频发性和危害性，决定了政府必须将应急管理纳入到日常的管理和运作之中，使之成为政府日常管理的重要组成部分，而不能仅仅是临时性的应急任务。关于自然灾害的应急管理对策，最为关键的是建立完备的法律制度、良好的组织结构、有效的应急管理机制和广泛的社会参与等。

6.3.1 国外的应急管理对策

政府的应急能力和管理水平作为一国综合国力的重要组成部分，已成为评价其政府工作与进步程度的一个重要标志。国外政府在实施自然灾害应急管理方面采取了一套行之有效的政策措施，极大地提高了政府应急管理的能力与水平。

6.3.1.1 法规制度

从世界其他国家来看，无不把灾害立法作为实施灾害管理顺利发展的基础。对于经常发生的、对人民生命财产造成严重破坏的重大灾害，更是要制定专门的法律文件来指导各团体及个人的减灾防灾措施。并且，从体系的要求看，减灾法规不仅有一套完备的单项法规，也有一个能驾驭减灾系统工程全局的基本法律。世界上很多国家都有《灾害管理基本法》，并以此作为建立其他减灾法规的基础和指导减灾活动的纲领。

1. 美国的自然灾害法律体系

美国一贯重视通过立法来界定政府机构在灾害管理中的职责和权限，理顺各方关系。通过建立比较有效的针对突发性自然灾害的应急管理体系，使得美国能够及时对各种自然灾害进行预测和救援，进而将各种灾害所造成的损失减少到最低限度。美国应急管理法律制度、法律体系较为完善，由专项自然灾害立法和全局性立法构成。据统计，美国先后制订了上百部专门针对自然灾害和其他紧急事件的法律法规，且经常根据情况变化进行修订，其中最为重要的几部单项法律包括：《洪水灾害立法》《地震法》《海岸带管理法和灾害救济法》。1950年制定的，经1966年、1969年和1970年多次修改的《灾害救助和紧急援助法》，涉及范围包括了水灾、火灾、地震、飓风等自然灾害事件和其他人为灾害事件，是美国第一个与应对突发事件有关的法律，该法规定了重大自然灾害突发时的救济和救助原则。该法授予联邦政府机构对州和地方政府提供协助的权利，成为各州政府制定相关法律的母法，制定了国家在灾难性事件中的救援计划，明确了各级政府之间的责任和救援程序，为预防、处置与灾后恢复工作提供统一的全国性标准。

2. 日本的自然灾害法律体系

为提高应对自然灾害的效果，日本中央防灾会议制定了一系列法律法规，在发生非常灾害时，制定紧急措施，并推进实施。建立了以《灾害对策基本法》为主体，以自然灾害种类为实施细则的较为完善的灾害应急管理法律体系，对救灾体系的组织结构、运行机制以及灾后重建等进行了翔实的规定。日本对《灾害对策基本法》进行了两次修正，制定了较为详备的灾害应对计划，指定行政机关防灾业务计划的大幅修改、增设重大灾害对策本部机制、创新防灾活动企划、扩充财政支持措施等，增加了大量应急管理的新规定。日本是个地震多发国家，对地震防灾尤其关注。针对可能出现的大规模地震问题，政府制定了《大规模地震对策特别措施法》，对地震灾难预防、应对措施、信息传递、灾后重建以及财政金融措施等作了规定，通过加强危机管理，尽量减少地震造成的损失。

6.3.1.2 管理机制

应急管理机制是指行政管理组织在遇到突发公共事件后有效运转的机理性制度。从实质内涵来看，应急管理机制是一组以相关法律、法规和部门规章为基础的政府应急管理工作流程，从工作重心来看，应急管理机制侧重在突发事件事前、事发、事中和事后整个过程中，各部门如何更好地组织和协调各方面的资源和能力来有效防范与处置突发事件。可以说，应急管理机制是在应急管理法制的前提下，应急管理体制在处理突发事件时的动态化、具体化和程序化。应急管理机制能够让应急管理组织体系按照规定的工作程序和流程有效的运转起来，从而检验体制的完整性，提高处理突发自然灾害的效率和效益。

目前，各国为应对突发自然灾害十分注重对于灾害应急管理机制与对策的研究，试图通过建立一个统一指挥、高效运转的应急管理机制来提高对于突发自然灾害的反应速度和应对能力。世界上，美国与日本突发自然灾害下的应急管理政策设定、组织架构、措施建立等处于世界领先水平。

1. 美国突发自然灾害应急管理机制

美国的应急管理机制根据其联邦与州县的组织结构，三级纵向设置是其管理机制运行的基础。地方应急管理机构是灾害现场的直接参与救灾者，往往也是第一时间参与应急救灾活动的救援人员，在快速提供临时性救护措施、受害人员转移等方面发挥着不可替代的作用。州级应急管理机构在地方应急管理机构无法应对突发灾害时，给予资源和人力等方面的支持，并组织本州职能部门和协调辖区内的其他地方政府积极援助，在自然灾害扩大的情况下向联邦政府报告情况，需要时争取联邦政府支持。联邦政府在州级应急管理机构应急能力及资源不足时提供相应的支持。

在横向协调上，联邦紧急事务管理署（FEMA）发挥着统一指挥调度的作用。在突发性自然灾害未发生时，负责应急计划的制定、应急技能的培训和对地方应急机构提供指导；在自然灾害发生后，在授权范围内迅速启动备用应急资源，并组建应急管理临时小组，组织实施救助方案，对灾情进行初步控制。在联邦政府宣布进入紧急状态后，由联邦紧急事务管理署和联邦政府官员共同协助地方官员实施各项救助活动。在灾后重建过程中，联邦紧急事务管理署负责对外公布相关信息，在地方应急管理机构提请申请时，可以为地方政府提供必要的支援。

美国政府的应急管理机制总结起来可以概括为“统一管理、属地为主、分级响应、标准运行”。

2. 日本突发自然灾害的应急管理机制

日本位于环太平洋火山、地震带，是一个突发自然灾害频发的国家。全世界震级在6级以上的地震中有20%发生在日本。除了地震，日本岛的火山活动也较活跃，台风和火灾也比较频繁。日本突发自然灾害的频发性，给日本政府应急管理机制的研究和实践提出了现实的要求。在长期探索自然灾害规律的过程中，日本积累了丰富的经验，形成了一套较为科学规范和高效的应急管理机制。

各项决策的实施通过中央、都（道、府、县）、市（町、村）3个层次，在灾害应急管理过程中每个层级都有明确的职责，中央层级的灾害应急管理机构主要负责制定基本的防灾计划、应急管理基本方案等，对各个地方的工作提出指导性的建议。都（道、府、县）一级层次负责依据中央基本规划制定本地区的防灾计划，准确传达中央灾害应急管理的相关任务，督促各基层组织做好各项灾害应急工作。基层的市（町、村）的工作对象是基础的灾害应急设施建设与维护、群众灾害应急知识宣传与培训，保证上级机关决议的有效贯彻和实施。日常工作主要通过平时定期召开的防灾工作会议来部署，在灾害发生时，基础部门根据灾害的危害程度以及本地区的抗灾能力决定是否向上级部门汇报，如属于重大灾害，内阁总理负责提议内阁设置“非常灾害对策本部”来调集全国资源进行灾害应急处理工作，中央防灾会议作为主要的方案制定机构提供各种灾害应急处理意见。为了及时了解灾害的危害程度，便于上级指挥部门制定相应的应急管理方案，日本在1995年的地铁沙林事件之后设置了内阁信息中心，负责信息的收集、整理和报送工作，在灾害应急管理中发挥了重要作用。该应急管理机制具有指挥统一、部门之间协调调度能力强的优势，在抢险救灾实践中表现良好。

从纵向来看，日本应急管理机制是自上而下三级负责，从横向来看，日本都道府县和市町村之间联系紧密，特点突出，按照工作流程，具体体现在事前、事中、事后3个阶段。

3. 其他国家的应急管理机制

在英国，灾难发生后，根据性质和情况需要，政府指定一个中央部门作为“领导政府部门”。该部门一般并不取代地方政府在危机处理中的主要角色，而是负责在中央层面上协调各个部门的行动，保证各部门与地方政府联系渠道通畅，负责收集信息以通知政府高层官员、国会、媒体和公众等。中央政府设有国民紧急事务委员会，由各部大臣和其他官员组成。委员会秘书负责指派“领导政府部门”，委员会本身则在必要时在内政大臣的主持下召开会议，监督“领导政府部门”在危急情况下的工作。

澳大利亚于1974年在原先的民防局基础上，成立了国家救灾组织，履行抗自然灾害和突发事故职能，国家救灾组织隶属于澳国防部。加拿大于1988年成立应急准备局，成为一个独立的公共服务部门，执行和实施应急管理法。在荷兰，国家一级的应急管理机构设在内务部中，即民事应急计划局，主要负责协调民事应急计划和救灾措施。

6.3.1.3 全球主要灾害信息系统

政府应急管理是一项系统工程，它必须依托统一的信息系统，在获得对灾害总体认识的基础上，制定应急管理对策。发达国家和一些国际性组织利用其先进的通信技术、完善的社会共享体系已经在建立统一的自然灾害信息系统方面做了大量的工作，并取得了一些进展。

20世纪80年代以来，全球逐步建立了若干个以灾害信息服务、灾害应急事务处理为目标的灾害信息系统，详见表6.1。全球信息系统大都已开始工作，在灾害信息共享、协助各国政府制定减灾决策、对国民进行防灾教育、处理紧急灾情等方面，发挥了十分重要的作用。

表6.1　全球主要的灾害信息系统

序号	灾害信息系统	管理与主持单位	主要功能
1	国际灾害信息资源网络	联合国国际减灾十年办公室	开发了一个国际自然和技术灾害的信息网络原型
2	全球危机和应急管理网络	加拿大应急管理署	建立全球应急准备、响应，提供减灾和恢复方面的信息
3	全球应急管理系统	美国联邦应急管理署	同国际系统连接，进行灾害管理、减灾、风险管理、救助搜索、灾害科研等

续表

序号	灾害信息系统	管理与主持单位	主要功能
4	紧急响应联系	美国联邦应急管理署	
5	拉丁美洲区域灾害准备网络	泛美洲健康组织	负责同六个拉丁美洲和加勒比海国家的灾害管理机构进行联络
6	模块化紧急管理系统	挪威、法国、芬兰、丹麦四国共同开发主持	包括环境信息、公众保护、在线培训和遇灾反应的集成平台
7	日本灾害应变系统		

6.3.2　我国的应急管理对策

我国是世界上自然灾害最为严重的国家之一，灾害种类多、频度大、分布广泛、损失严重。自然灾害不仅成为制约我国经济发展的重要瓶颈，也成为影响我国政治稳定、经济稳定和社会稳定的重要因素，不仅给我国政府带来了巨大的挑战，也为我国政府树立权威形象、建立良好信任关系、获得民众支持提供了良好的机遇。

经过多年的努力，我国已初步形成了中央政府统一领导，各部门具体负责，社会各界广泛参与的自然灾害预防与应对格局。先后颁布了多部关于应对突发危机事件的法律法规，如《国家突发事件应急预案》《军队参加抢险救灾条例》《中华人民共和国减灾规划》等，并设置了相应的自然灾害应急管理机构，如国家防汛抗旱总指挥部负责全国性的防汛抗旱领导工作、中央森林防火总指挥部领导全国森林火灾防御与救援工作、国家地震局负责全国地震监测预报以及提供相应的应急建议、全国疾病防治中心负责传染疾病的预防与控制等。与此同时，在灾害发生后，国家迅速调动和集中各种人力、物力进行抢险救灾的能力也在不断增强，各种社会团体以及个人在抢险救灾过程中也发挥着越来越重要的作用。

虽然我国在突发自然灾害应急管理上取得了相应的进步，但是还存在很多不足，尤其是与一些有着应对此类事件丰富经验的发达国家相比，如美国、日本等西方发达国家，许多方面还有待提高。积极借鉴国外政府应急管理的有益经验，对于提高我国各级政府自然灾害应急管理的能力与水平具有重要的意义。

6.3.2.1 管理对策

在中央政府的有力推动下，短短几年间，我国的应急管理无论是法规政策、管理体系、理论研究，还是实践操作，都得到了快速确立和发展，应急管理的重要性已逐渐深入人心、应急管理的理论研究一派繁荣。当前，已形成了由国务院及各部委、地方各级政府和相关部门组成的完整的突发性自然灾害应急管理组织系统，并在国家及各级应急预案中明确了各组织的职责范围和工作内容。

（1）初步建立了应急管理法律体系。应急管理法律体系是对政府和社会应急管理行为的约束和规范，明确了每个组织在灾害发生时的责任和权力，是实现自然灾害应急管理制度化、规范化的必要条件，如果责任权力不能明确，则很难实现应急管理，只能是应急处理突发事件。应急管理法律体系也是对各部门、各地方政府日常灾害预防、抢险救灾、灾后重建等工作的指导。我国 2007 年颁布了《中华人民共和国突发事件应对法》（以下简称《突发事件应对法》），作为指导各项应急救援工作的最高法律，是现阶段其他灾害管理法律法规的总体性纲领。当前，以《突发事件应对法》为灾害总体管理依据，根据各灾种和处置流程建立相关法律法规制度，各地方政府结合本地特点和情况制定灾害应急管理实施条例。各部门依据本部门职责、本灾害种类的特征制定的相应部门法（部门规章或者规范性的文体），如防震减灾法、消防法、气象法、防洪法、安全生产法、森林法、传染病防治法和突发公共卫生事件应急条例等法律法规。

（2）形成了快速的应急管理机制。我国的自然灾害应急管理机制是在政府统一领导下，按照“分级分块结合、属地管理为主”的原则，以部门对各类重大突发性灾害进行管理，政府在整个过程中发挥组织、协调的职能，具有很强的动员能力和物资调度力量。国家减灾委员会是国家级自然灾害应急管理的领导和协调部门，负责组织、协调和指挥全国的抗灾救灾工作，国家减灾委员会的下属部门按照分工承担相应的任务。遇到危害性较大的突发性自然灾害时，地方政府要在规定的时间内及时向上级部门报告基本情况，报告层次依次为县级民政部门、地（市）级民政部门、省级民政部门、民政部、国务院。民政部门要及时、准确的传递灾区的受灾情况，在2h内上报基本信息，并及时更新最新状况，协调铁路、交通、民航等部门紧急调运救灾物资。财政部门在接到国家灾害委员会下发通知后24h内下拨中央救灾应急资金，保证资金需求。国家减灾委员会在接到灾情报告后要立刻向国务院汇报并提供紧急预案响应等级的建议，同时在减灾委员会主任的领导、组织下开展抢险救灾工作。减灾委员会要及时传达中央、国务院关于抗灾救险的各项指示，统一接受、管理和分配救灾物资。从纵向结构上来看，该应急体系具有垂直管理结构清晰、反应快速等优势。

（3）建立了较为广泛的社会救援体系。利用民间资源和力量是我国突发性自然灾害应急管理的一个重要方面。政府组织下的广泛的社会援助体系，包括社会捐助和志愿者等。广泛调动民间组织，通过发动整个社会对灾区进行救援及灾后重建工作，既在物质上给予灾区群众以必要的帮助，也从精神上让他们看到生活的希望和重建的信心。与西方国家由红十字会担当主要救助角色的特点不同，我国的救援体系的主体是政府和军队，社会救援体系在突发性自然灾害应急管理过程中发挥的作用还不是很大，但是我国建立了较为广泛的社会救援体系，包括社会公益组织、义工、志愿者等非政府组织，建立了多种形式的志愿者服务队，且形成了一定的规模。

（4）“一案三制”基本形成。“一案三制”，即应急预案、应急管理体制、运行机制和法制。从2003年下半年起，国务院就把应急管理体系的建设作为一项重要的工程来抓，加快建立健全“一案三制”的公共危机应对体系，以提高政府应对突发公共事件和风险的能力。“一案”与“三制”是一个有机结合的整体，相互依存，共同发展。党的十六大以来，我国应急管理工作取得了重大的进展，以“一案三制”为核心内容的应急管理体系基本形成，应急管理综合能力大幅提升，突发公共事件应对工作成效显著，切实保障了人民群众生命财产安全，维护了社会稳定大局，促进了经济社会又好又快发展。

6.3.2.2 存在的问题

虽然我国在自然灾害的应急管理方面取得了一定的进步，但是还是存在很多不足。主要有灾害预警不及时、应对综合性灾害事件的应急管理体系不健全、部门之间的应急管理配合不协调等。我国自然灾害的预防与应急管理体制大都是针对单一的自然灾害制定，在面对单一的自然灾害事件时国家可以迅速调动全国的力量进行救援；以灾害种类划分制定的各项应急措施往往只是针对本部门特定的灾害事件，在复合性的自然灾害面前，这种单一的灾害预警机制作用甚微。各级政府在灾害预测、应对规划方面还不够系统和规范，尤其是在我国基层政府中表现得更为明显。这使得我们对各种自然灾害往往是事后补救而缺乏提前预防。同时，体制的不健全还延伸出了诸多其他的问题，如突发自然灾害的应对措施宣传力度不够、灾情数据不准确、灾害损失瞒报、救灾资源不充足等。

在我们的应急管理体系中，无论是理论上，还是实践中，我们都习惯于以反馈控制为核心，往往是等问题和灾难出现以后，才举全社会之力去应对危机。其结果常常是事与愿违，事倍功半。

1. 认识不到位

我国对突发性自然灾害应急管理的认识不够科学，没有认识到自然灾害的预测和防范在防突减灾过程中的重要作用，缺乏把危机控制在萌芽状态的意识，不少地方至今未建立起高效的应急管理机制，没有常设的应急管理机构，各地应急办的工作往往集中在应急阶段和恢复阶段，常常是危机爆发以后才被动应战，导致自然灾害应急管理的基础设施和物资储备不足，有限的投入也没有被最大限度的利用。我国在应急管理上“轻事前预防、重事后反应”的基本特征导致我国在突发性自然灾害的应急管理过程中处于非常被动的地位。由于认识不到位，在突发性灾害的预防阶段，缺少主动的科学分析和预测，各项工作的开展更多的是根据行政命令而非实地勘察实际需要，导致资源的浪费和灾害应急设施建设的不足，对于一些明显可能升级为危机事件的问题因预警机制的不健全而不能及时采取预防措施。我国目前对突发性事件的处理更多的是应急处理而不是应急管理。

2. 法律制度不健全

我国法律体系是以《突发事件应对法》为灾害总体管理依据，按照各灾种和处置流程制定相关法律法规制度作为处理具体灾害事件的实施细则。该法律体系在实际运行过程中仍然存在许多问题，主要表现在法律体系还不够完善，尤其是我国宪法没有关于紧急状态下的应急管理的相关规定，也没有授权给政府应急管理的权利，由此导致我国的灾害应急管理法律体系在总体上呈现混乱、零散的局面。作为应急管理总体性法律的《突发事件应对法》并没有起到统领其他灾害应急管理法律法规的作用，单单是一种总体性的规定，并不具备指导其他法律、法规制定实施的效用。在实际的自然灾害应急管理过程中，政府部门过多的依赖于行政命令进行抢险救灾活动，对法律规定和法定程序的重视程度还不够，这也是我国灾害应急管理一直处于被动应付局面的重要因素。

目前来看，我国还没有一部真正意义上的突发灾害应急管理基本法，虽然《国家突发公共事件总体应急预案》在一定程度上对各类应急管理行为和程序做了规范，但尚不能与其他法律构成一个完整的灾害管理法律体系。各灾害管理部门制定的部门法，具有很强的部门特征，不具备统领全局的能力，严重影响了国家整体应急救援的建设与管理。

3. 组织机构设置不科学

我国在应对突发性灾害事件时实际上采用的是“特事特批、特批特办”的应急管理模式。灾害发生后，针对这一特定的灾害事件成立一个临时性、非常设性的领导机构，如在突发性灾害事件发生后成立的救灾临时指挥部，在其他一个或者几个具体部门的协调和配合下完全负责灾害事件的应对处理。由于缺乏常设应急机构，平时的预警监测、应急管理知识宣传与模拟演练、基础应急设施建设、灾害应急物资储备等工作不到位，甚至空白。而在抢险救灾过程中，行政权力所发挥的作用要远远胜过法律与政策规定，在应急资源的调配、人员派遣等方面需要中央或地方政府出面完成，临时性指挥部的领导者往往由中央或者地方派出官员担任，在类似2008年汶川“5·12”地震等重大突发性灾害应急管理过程中，应急处置的管理工作实际上已由中央政府来负责，各级职能部门与地方政府只是负责执行相应的应急决策，协调和组织本地、本部门的应急资源和人员参加抢险救灾工作而已。

4. 同级部门之间的横向协调能力不强

我国分灾种、按部门设置的突发性自然灾害应急管理体制虽有利于发挥各职能部门的专业优势，但由于重大自然灾害具有突发性、复合性等特征，临时设置的灾害应急管理指挥部在协调各部门之间的抗灾救灾工作中很难详细的掌握各部门的具体情况，条块划分、部门分治的管理体制暴露出沟通不顺畅、执行力不强等弊端。

从组织结构看，我国应急管理机构的设置在纵向管理上具有完善的职能划分，但在横向协调上却存在职责分工不明确，责任与权力脱节等问题，部门之间缺少沟通协调，致使整个抢险救援工作存在很大程度的资源浪费，决策执行成本大，协同性差。在日常的灾害预防、监测工作中，各部门之间独自进行基础信息搜集、通信设备购置、救援队伍组建等工作，导致低水平重复建设的情况非常普遍，也不利于形成一个能够快速反应、相互协调的管理系统。从当前地方政府设置的“应急管理办公室”的实际执行效果来看，更像是“应急管理值班室”，在突发性灾害监测与预警、信息搜集与整理、制定应急预案、配置资源与人力等方面并没有发挥应有的作用。总之，部门之间协调能力不足、协同性差是由诸多因素造成的，也是我国应急管理体系弊端的集中反映。

5. 政府与民众之间的良性互动机制尚未建立

（1）信息传递不畅。由于错误的政绩观意识，使得一些地方政府和部门在灾害发生后首先想到的是隐瞒信息，或者谎报数据。这种做法延误了准确信息上报，导致决策层不能了解受灾的真实情况，致使对灾害的危急情况认识不足，各项救援措施不到位，从而影响救灾工作的顺利展开。同时，对那些遭受灾害的群众而言，他们往往不能准确知道灾害的准确情况，使得受害群众无法及时采取积极措施进行自救。在突发性事件的处理过程中，政府的权威信息及时发布往往对民众具有指导作用，这类信息传播得越早、越多、越准确，就越有利于维护社会稳定和政府的威信。如果缺乏必要的沟通，就容易引起恐慌，给人员的转移与安排带来新的困难。

（2）民间力量组织不力。我国在灾害发生时期采用最多的组织方式是行政动员，即突发性灾害发生以后，成立临时性的指挥部或者办公室，利用政府职能调集资源、分配人力，调动全社会的力量应对灾害。尽管此类体制具有反应时间快、资源调度和人员动员效率高等优势，但是它的弊端也是显而易见的。由于各社会组织缺乏明确的法律、法规指导，也不知道如何组织起来参与救灾活动，只能通过政府设立的捐款点进行物资捐赠，而对于捐赠物资如何使用，如何监督以保证救灾物资能被用于抢险活动中等都没有明确的制度加以规范，来提高物资的捐赠和使用的透明度，这也在一定程度上打击了社会民众的积极性。部分社会团体组织和个人赶赴灾区之后，由于缺乏统一的指挥和领导，不能起到配合政府营救的作用。此外，这种行政动员抽调大量人员开展救援活动必然影响到其他地区的工作，由此造成的损失也是不容低估的，如果这种临时性的行政动员成为一种主要方式，那自然灾害应急管理工作也就不能持续、连续的进行，建立系统的突发性自然灾害应急管理体系也就不可能实现。

6. 其他

（1）应急预防措施不到位，应急准备不充分，造成应急管理由于缺乏准备而起不到应有的作用。如“5・12”汶川大地震就暴露出我国在应急准备方面的严重问题。地震发生后，灾区的通信完全中断，四川省全省没有一台应急通信车，地震发生后，不得不借用云南省地震局的。而云南地震多发，却也仅此一辆，还是由国家地震局刚刚下拨。又如有的地方在火灾爆发初期，由于消防设施不齐全，不配套，或者消防设施损坏，或者消防通道被堵塞，从而失去了把火灾消灭在萌芽状态的最好机会。

（2）应急预警机制不健全，导致应急预警缺位。应急预警是应急管理的前提，没有预警信息，应急管理机制就无法启动，更不可能把危机消灭在萌芽状态；或者应急预警错误，导致应急管理机制的错误启动，造成不必要的损失。如对地震的监测不到位，地震预警预报失效，导致地震在毫无准备的情况下发生，造成惨重损失；或者地震预报不准确，人类采取了很多不必要的预控措施，疏散、转移大量的人口，结果地震并没有发生。

应急管理能力差，指挥、协调不灵，反应迟钝，致使应急管理达不到预期的效果。应急管理缺乏足够的法律规范，有些方面还是一片空白。应急管理过多依赖领导人的危机意识和应急管理的动员能力。

6.3.2.3 应急管理发展方向

建立健全我国的自然灾害管理体制机制，完善我国的应急管理体系必须突破制度、资源和技术3个方面的制约。在制度上，要建立标准化应急管理体系，提高应急管理工作的效率；在资源上，要整合人力、物力、财力、信息等资源，为应急管理提供建设的物质保证；在技术上，要提高基础设施和救援设备的现代化水平，加快信息化建设和应用。借鉴国内外应对此类危机事件的实践经验，从我国的国情出发，建立一套适合我国自身情况的灾害应急管理体系，这无疑是我国突发自然灾害应急管理工作的当务之急。

1. 建立完善的应急管理法律法规

一个有效的自然灾害应急管理法律体系应当以宪法规定的紧急状态法为基础，以突发性事件应对法为指导，以各部门、各灾害种类法律为具体实施依据，以地方的实施细则为补充。补充突发性自然灾害应急管理法律体系，按照国际惯例，灾害应急管理法律体系的核心应当是宪法规定的紧急状态法。紧急状态是指一个国家出现暴乱、社会动荡等紧急事态，以及发生危害性极大的自然灾害、事故灾难、社会安全等事件。紧急状态法是一国处理突发性灾害事件的纲领性法律文件和制度框架。在我国宪法中缺少对紧急状态的有关规定，但实际抢险救灾过程中，政府通过行政命令所采取的措施实际上已经接近或者超过了紧急状态。这些措施无疑在特殊的环境下发挥了重要的作用，但是由于缺乏法律依据，也没有得到宪法的授权，无疑使得这种应急管理行为既必要又不合法，因此要首先从紧急状态法的角度完善我国灾害应急管理的纲领性法律。

2. 建立统一、专门的应急管理机构

长期以来，由于受分门别类的灾害应急管理体制的限制，我国的灾害管理存在多头管理、分部门管理的现象。国务院应急办、国家减灾委、国家防汛抗旱指挥部等都有指挥灾害应急处理的权利，民政、地震、气象、水利、交通等部门发挥协同作用。依据单灾种类别，如台风、暴雨、洪水、干旱、地震等建立分部门、分地区的单一灾害管理模式。

我国现行的应急管理体制的“特点”之一是政出多门、工作条块分割，表面看起来是各司其职的灾害管理体系，但是在面对群灾齐发的复杂局面时，既不能形成应对危急事件的统一力量，也不能及时有效地配置分散在各个部门的救灾资源，造成“养兵千日”却不能“用兵一时”的被动局面。而自然灾害发生具有综合性与跨部门、跨地域的趋势，在应急管理中需要气象、交通、电力、通信、信息、医疗等多个部门的合作才能做好抢险救灾工作，目前多头领导的结果导致我国灾害应急管理缺少常设的专门应急管理机构，缺乏统一有效的应急管理指挥系统，不利于应急管理工作统一指挥和调度、持续长久开展。开展灾害资源整合，始终发挥政府主导作用，设置专门的应急管理机构，构建全社会统一的灾害管理、指挥、协调机制，实现由单一减灾向综合减灾的转变，形成灾害应急管理的合力。

3. 建立全面高效的应急管理体制

单一的自然灾害非常容易转变为多灾种并发的复合自然灾害，因此，我国的自然灾害管理体制要从单一灾害管理向综合管理转变，构建灾前预防、灾中急救、灾后重建三位一体的自然灾害管理体制，实现自然灾害应急管理的全面控制。

（1）完善自然灾害预警机制。自然灾害预警机制的完善首先要提高自然灾害地区的实时监测与预测能力，及时发现可能存在的风险。制定规范的危机分类及标准，根据灾害的实际情况发布相应的预警级别。要提高预警机制的科学性，建立高效的灾情发布和行动机制，以适当的形式对灾情进行发布，建立多样化的信息发布渠道，保证各部门迅速了解实际情况，然后根据各部门的灾害应急预案开展准备工作和资源调配。

（2）提高灾害应急反应速度。建立标准化的灾害应急管理体系有利于提高应急管理活动的反应速度。建立标准的现场救灾指挥体系有利于现场应急工作的统一指挥，迅速整合现有资源开展应急活动。在灾情严重时，救灾物资与设备的调配，人员的配备等数量多，所属部门繁杂，通过标准化的指挥体系能够保证人员调动、物资配给科学分配到最需要的地方，实现资源的最优配置。

（3）完善相应的灾后重建制度。灾后重建工作是灾害应急管理的重要环节，包括短期恢复与长期发展两个阶段。从短期来看，要保证灾区居民能够快速解决生活的基本问题，即解决群众的衣食住行问题，使群众有衣穿，有饭吃，有房住，有路行。要进行心理与精神上的鼓励与抚慰，使灾区居民重建信心。从长期来看，要做好灾区建设的长期规划，吸取灾害救援过程中的经验教训，做好灾害预防的基本设施建设。

4. 建立专业化的应急救援队伍

我国缺乏高效的专业预控队伍。绝大部分部队和武警没有经过救灾专业训练，临阵磨枪的效率不高，无法完成复杂多变的预控和应急处置任务。当务之急是把以武警水电、交通两支武警部队为核心打造的国家应急救援部队进行应急处置战斗力建设，形成一支训练有素的专业化应急预控、救援队，具备迅速控制危机的各种手段，并统一纳入国家应急管理体系建设。平时的工作重心向预防、预警、预控和应急演练转移，灾害爆发时，成为应急处置的主力军。

在平时的应急演练中，充分做好各种准备。首先，要针对各种可能发生的危害制定出各种基本的预控方案，并按照预控方案进行反复演练，一旦危机发生，能很快在基本的预控方案基础上制定具体的实战预控方案，这样既可以提高反应的速度，又能避免在慌乱中制定的预控方案出现致命的错误。其次，做好技术上和物资上的充分准备。要针对各种可能发生的危害提高我们的应急管理能力，具备足够的预控手段和充足的物资准备。危机的控制技术一定要先进，这样才能够提高应急管理的效率，既要迅速控制危机，把危机消灭在萌芽状态，又要尽可能减少损失。物资准备既要保证实战的需要，又要杜绝浪费。

5. 建立切实有效的预警机制

科学的危机预警机制是应对危机、战胜危机的法宝。有很多灾害，尤其是自然灾害，人类至今还不能对其进行有效的控制，如地震、海啸、台风等。但是，人类可以对危机管理进行控制，对危机造成的损失进行控制。人类控制危机的破坏性，减少危机损失的主要方法就是“防”和“避”，在条件允许的情况下，也可以采取先发制人的措施排除险情，唐家山堰塞坝抢险就是典型的成功案例。大量的事实证明，对危机征兆进行全方位的监测，及时、准确地发出预警信号，是实施有效预控，最大限度减少损失的有效方法，危机预警在危机预控中有着不可替代的作用。然而，由于危机具有突发性、紧急性和高度的不稳定性，加之危机的先兆有时可能很微小，很不容易察觉，很容易被忽略，预警工作难度很大。有时候，危机征兆出现的频率很高，以至麻痹了人类的神经，未能引起人类重视。也可能从危机先兆出现，到危机爆发的时间很短，有关部门来不及作出反应，还可能预报不准确造成损失，给从事预警预报工作的工作人员带来巨大的压力。要做好预警工作，既十分重要，难度也非常大。

要建立有效的预警机制，重中之重就是要尽快建立我国危机预警的综合信息系统。我国目前虽然很多领域都已经建立了自己的危机预警系统，但至今还没有建立全国性或地区性的综合信息系统。不同部门的信息系统各自管理，各自为政，缺乏统一协调，统一指挥，在危机管理实践中，往往形成一盘散沙，效率低下。同时也造成了网点重复建设、设备重复购买、浪费惊人的现象。

6. 加强自然灾害应急管理的基层建设

（1）推行灾害应急管理问责制。地方政府在灾害应急管理中发挥着重要作用，是各项应急管理措施的执行者或者协调者。但由于地方上长期以来错误的政绩观，导致在发生相应的自然灾害时，各级政府不是迅速向上级政府汇报灾情并请求支援，而是大事化小、小事化了，将实际存在的各种问题掩盖。即使突发性自然灾害已经发展到全国关注的特大灾害，各地也存在谎报、瞒报的情况。这与长期以来各级政府和职能部门错误的政绩观有关。因此，要通过法律的形式明确各级政府部门在灾害应急管理中的责任，细化责任考核指标，建立科学的考评体系，对玩忽职守的相关行政人员坚决追究责任，以促进其责任意识的生成。

（2）重视社区等社会组织在灾害应急管理中的作用。要注重培养居民的应急管理知识。在平时要开展多种形式的培训和学习，对在校学生进行灾害应急知识教育，对社区人员通过社区组织的专题报刊、宣传栏、广播等进行教育，培养居民的灾害应急能力。在广泛普及灾害知识和防灾基本技能的基础上，进行定期的灾害应急演练，保证应急管理行动统一、组织有序。社区等社会组织是开展灾害应急知识学习的最好途径。社区宣传是组织居民学习自然灾害的基本知识和应急技能的有效方式，通过社区报栏、广播等形式进行宣传，组织居民讨论社区内的灾害应对方案，提出灾害应急设施建设的建议，建设“防灾型社区”。

（3）完善突发性自然灾害专项资金与物资管理。将灾害专项资金纳入国家财政预算体系，建立起分级管理、共同负担的灾害资金筹集制度，由中央和地方政府从财政资金中分别提取一定比例的资金用于地方的灾害应急建设。积极开发和探索国家财政资金之外的灾害应急资金筹集渠道，建立适应我国国情的灾害保险制度。建立城乡居民重要财产保险制度，充分利用社会保险进行经济补偿。社会财产和人身保险是将分散的居民个人力量聚集成一种社会力量，利用自我积累集中力量办大事，减轻国家财政负担，提高人类灾害应急管理的意识。灾害捐赠机制是应对突发性事件的一种快速、特定的资金筹集方式，在我国灾害应急资金筹集中具有重要地位，进一步完善社会捐赠资金的统计与公示制度，提高资金使用的透明度，保证资金使用的有效性。进一步完善资金管理制度，加强灾害应急资金的使用监督工作，由灾害应急管理办公室负责资金使用分配，财政部门负责资金调拨到使用单位。物资储备是灾害应急管理的重要方面，这项工作注重平时的物资投入与管理，救灾物资的储备由灾害应急管理办公室管理，具体发放由民政部门负责。要加大物资储备的投入，利用好灾害应急资金，购置适量的救灾物资储备，建设必要的防灾救灾设施。

（4）充分应用先进技术。要充分利用信息技术与网络技术，建立全国性的统一灾害情报数据库，利用卫星监测、自动传输等实现对重点灾害地区的监测。整合不同职能部门、专业部门的信息网络，实现资源共享，统一各部、局、省、市、自治区的信息网络系统，使应急管理的领导和协调部门能够对灾情有一个全面系统的认识。要做好先进应急设备的配备工作，使救援人员在掌握专业救援技能的同时掌握多种先进的救援设备操作技能。救援设备与物资储备密切联系，同样需要根据当地灾害分布情况进行设备的配置。

7. 加强灾害应急管理领域的国际合作

加强灾害应急管理的国际合作有助于调动国内外的各种社会力量应对特大自然灾害，通过加强国际间合作可以学习和借鉴国外先进的危机管理政策、手段，充分发挥国际救援组织的作用，有效控制灾害危害的扩大。加强国际灾害应急管理合作需要从以下 3 个方面入手：①积极参与国际救援活动，为其他国家和国际社会提供尽可能多的援助；②完善国际援助的接受机制，完善应急管理专设机构的对外联络与接待职能，在相应法律法规的指导下接受和使用物资援助，根据需要安排国际救援组织配合我国的救援行动；③开展区域性合作。在相邻的地理区域内，面临着相同或者类似的自然灾害，因此我国要与周边各国积极开展灾害应急管理领域的区域合作，充分利用各国的资源和救援经验，减轻自然灾害给区域经济和社会带来的损失。

第7章　堰塞坝险情应急处置案例

7.1　易贡堰塞坝应急处置

在青藏高原外围山地，海拔2000m以上地段的深山峡谷中，一般都保存着第四纪各次冰期时所形成的丰富的古冰川物质堆积，这些古冰期物加上后来漫长地质历史中形成的各种山地风化物质，为各种泥石流、山地滑坡、崩塌、洪水冲积等地貌过程，提供了十分丰富的物质条件。波密易贡处于雅鲁藏布大峡谷水汽大通道的要冲，源源不断的印度洋、孟加拉湾湿热气流，使这一带形成了青藏高原高强度降水中心，年降水量达100～250mm以上。丰富的大气降水，加上同样丰富的第四纪古冰啧物堆积，使这一带暴雨性泥石流灾害随处可见。

2000年4月9日20时左右，在西藏自治区波密县境内的雅鲁藏布江的二级支流易贡藏布上，距易贡茶场5km，距川藏公路通麦大桥17km的纳雍嘎布山扎木弄沟，发生了特大型山体崩塌滑坡，触发了泥石流，崩塌—滑坡—泥石流堆积物形成了一堰塞坝，完全堵塞了易贡藏布河干流，加之此时正值冰雪融化期和雨季，易贡湖水位快速上涨，形成了一大型堰塞湖，致使波密县易贡、八盖两乡和易贡茶场与外界交通中断，4000多人被困，1000多人面临洪水威胁，部分农田、草场、茶园被淹，见图7.1。

此次扎木弄沟发生的山体崩塌滑坡规模为世界第三，亚洲第一，形成的堰塞坝规模也举世罕见，崩塌滑坡触发的次生泥石流速度也较一般泥石流快。据计算，崩滑体运动的落差达3.0km，其水平最大运动距离约8.5km，面积约5km^2，最厚达100m，平均厚

图 7.1　易贡高速滑坡形成的堰塞坝与堰塞湖

60m，体积 2.8 亿～3.0 亿 m^3。根据水利部 2009 年颁发的行业标准《堰塞湖风险等级划分标准》（SL 450—2009），堰塞湖库容大于 1 亿 m^3，属于大型堰塞湖；堰塞坝物质组成以沙土夹石或块石架空结构为主，土质松散，堰塞坝高度大于 70m，危险等级为极高危险级。

7.1.1　环境背景

（1）地形地貌。易贡位于青藏高原东侧山地下降的过渡带上，在地貌上处于两大地貌单元的交界处，其西侧为高原腹地，东侧为河流溯源侵蚀形成的高山峡谷。重力地貌作用十分明显，属典型的地表形态不稳定的高山深切峡谷地形，该地区最高点纳雍嘎布峰海拔 6338m，崩塌滑坡附近的河床海拔高程 2190m，两岸坡度多在 40°～60°。海拔 4000m 以上地带冰斗、角峰、幽谷、洼地等冰蚀地貌发育，4000m 以下主要发育深切河曲、沟谷台地、冰破垄、泥石流或冲洪积扇、坡积裙等地貌单元，见图 7.2。

（2）水文气象。由于印度洋暖湿气流沿雅鲁藏布江河谷北上，在西藏林芝—波密一带形成了温暖湿润的小气候环境，年降水量远大于青藏高原的平均值。易贡地区属于典型的高原半湿润季风气候，降雨极不均匀，干湿季节分明，每年 6—9 月为雨季，10 月至次年 2 月为旱季。据易贡气象站 1965—1972 年资料统计，年平均

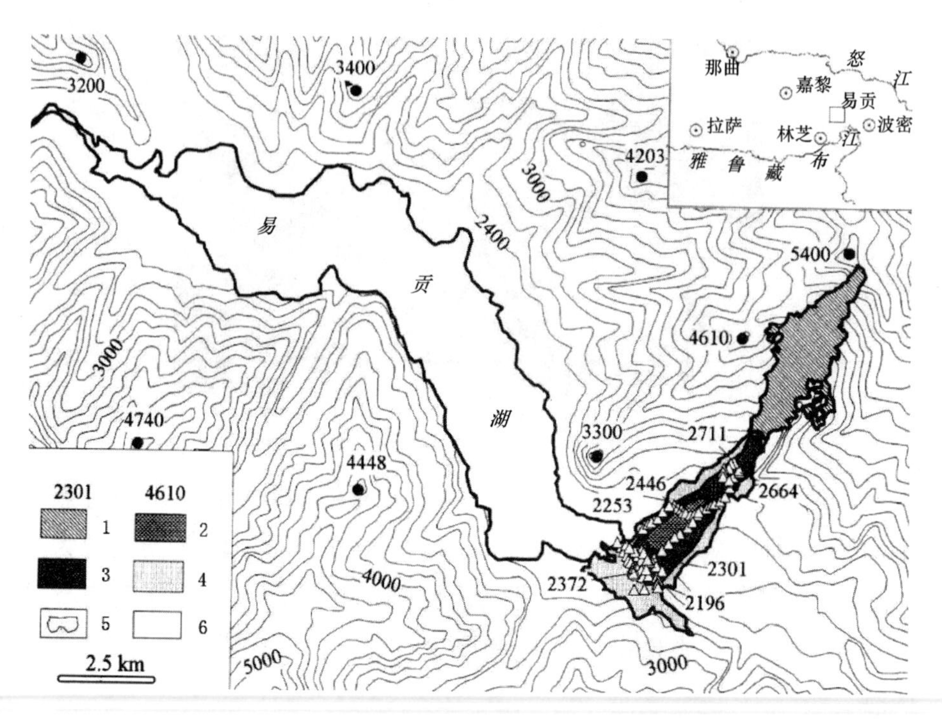

图7.2　易贡崩塌滑坡体及其附近地貌分布图

1—崩塌滑坡物源区；2—岩屑堆积区；3—岩土堆积区；
4—泥石流堆积区；5—地形等高线；6—滑坡后水域

气温为11.4℃，最高月为18.1℃，最低月为3.3℃，年温差14.8℃；历年最高气温为32.8℃，历年最低气温为－10.7℃。年平均降水量为960.0mm，每年雨季集中全年95%以上的降雨量，5—9月为连阴雨或暴雨的多发季节，此5个月的降雨量占全年总降雨量的78%，其中降水量最多为6月，约占全年的26%；12月至次年2月为旱季，其降水量仅占全年的4成。

(3) 地层岩性。基岩为喜马拉雅早期的花岗岩和时代不明的混合岩，主要出露于海拔4000m以上及主沟两侧的岭脊部位。第四系松散堆积广泛分布于主沟沟床及两侧谷坡，主要有残坡积、冰碛、冰水堆积、冲洪积、泥石流堆积及人工堆积等成因类型。

(4) 地质构造。易贡地处雅鲁藏布江大转弯复合地带的西侧，在构造上属于念青唐古拉块体，西为墨竹工卡构造带，东为墨脱断裂带，受区域构造活动影响，区内花岗岩及混合岩大面积出露，岩体极为破碎，节理裂隙发育，其构造变形以挤压逆冲和走滑为主。区内主要断裂构造是沿易贡藏布分布的WNW向嘉黎断裂，嘉黎断裂在这一地段的活动性不强，崩塌滑坡的发生与该断裂活动并无直接关系。

7.1.2 险情特征

1. 规模

崩塌发生在纳雍嘎布山主峰（高程6388m）东南侧约10km的扎木弄沟，海拔在5400m以上，历时约10min，滑程约8km，高差约3.33km，截断了易贡藏布河（河床高程2190.00m）。扎木弄沟走向为SW420°，因沟附近的崩塌和高位滑动，使沟内碎屑物质伴随崩塌岩块一起下滑，形成碎屑流。崩塌滑坡发生后在扎木弄沟口以上的区域形成了长约5km、面积达5.5km的崩塌滑坡物源区。在扎木弄沟口以外，形成了长约5.7km、宽约2.3km、走向SW440°的长喇叭形堆积区，面积达8.3km^2。崩塌滑坡堆积物具有明显的分带性特征。

形成的堰塞坝形态极不规则，体积庞大，顶部宽阔，表面起伏不平。其基本的规模形态参数如下：长约5.7km（轴线长约1.0km）、宽约2.5km，坝体平面面积约2.5km^2；最大坝高约100m（平均坝高约60m），底宽2.2～2.5km，高宽比1∶20，顺水流方向宽约200m，坝体体积约2.8亿～3.0亿m^3；坝体高出堰塞湖水面55.1m（形成初期），高出下游坡脚约90m，上、下游坡面平缓，平均坡度分别为5°和8°。滑坡及堰塞坝堆积体平、剖面形态见图7.3和图7.4。

形成堰塞坝的滑坡体被命名为“易贡高速巨型滑坡”，所形成的湖被命名为“易贡滑坡堰塞湖”。该地区历史上为滑坡多发区，1900年曾沿扎木弄沟发生过体积达数亿立方米的巨型滑坡，滑坡体截断了易贡河，形成堰塞湖，10个月后，由于湖水漫顶而产生溃坝。易贡湖由本次滑坡所形成，位于右岸的易贡茶场亦坐落在古

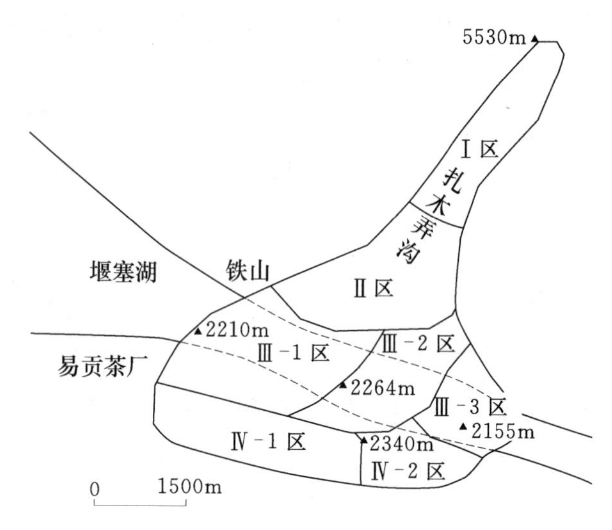

图7.3　堰塞坝堆积体平面示意图

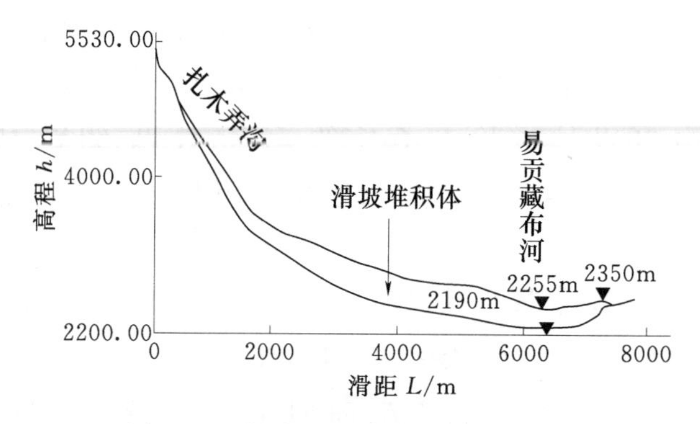

图7.4　滑坡及堰塞坝剖面示意图

老的泥石流堆积体上，见图7.5。在新发生滑坡的扎木弄沟中，尚存体积近千万立方米的残留滑坡体，但短时间之内不可能再次发生大规模的滑崩。

2. 物质组成

堰塞坝主要由砂土夹石、块石构成，块石体积最大达数百立方米。母岩主要由花岗岩、大理岩、板岩组成，风化强烈，见图7.6。平面上堰塞坝各部分物质组成不同，其中左侧及上游侧块石相对较多，其余部分以砂性土夹碎块石为主；砂性土分选性差，各部分的含量不一，约占50%～70%，在滑后逐步排水固结，特别

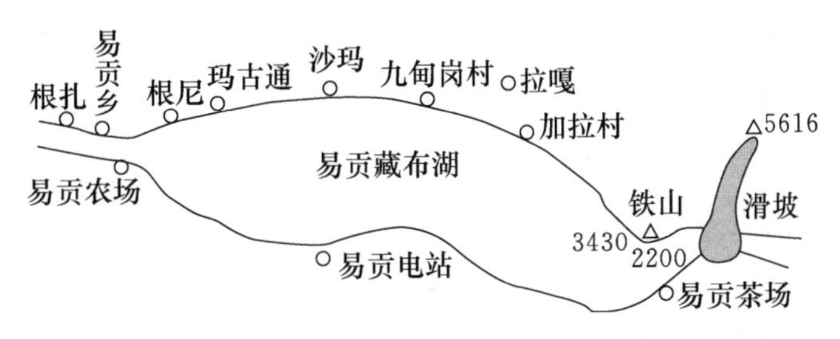

图 7.5 易贡湖及其周边地形图

是轴线一带受向上下游方向次生泥石流的影响较小，相对密实。表面土质松散，易于发生失衡和崩坍。部分岩块为碎屑断面新线，由物源区基岩崩塌、滚落形成。坝体整体碎块石含量不均，密实度差，中间多呈架空状，抗冲刷能力差。

3. 成因

滑坡的产生主要是由于山顶冰川逐渐退缩后，陡峻的雪峰冰雪在每年的温季融化（4 月上旬以来连降暴雨），逐步使位于扎木弄沟高程 5520m 以上的巨大楔形体饱水失稳，并因滑床陡倾（倾角约 70°～80°）而高速下滑，震声剧烈，电光四闪，最终经历高速滑动-碎屑流-土石水气流-泥石流-次生滑坡共 5 个阶段而堵塞易贡河，形成堰塞坝，见图 7.6。

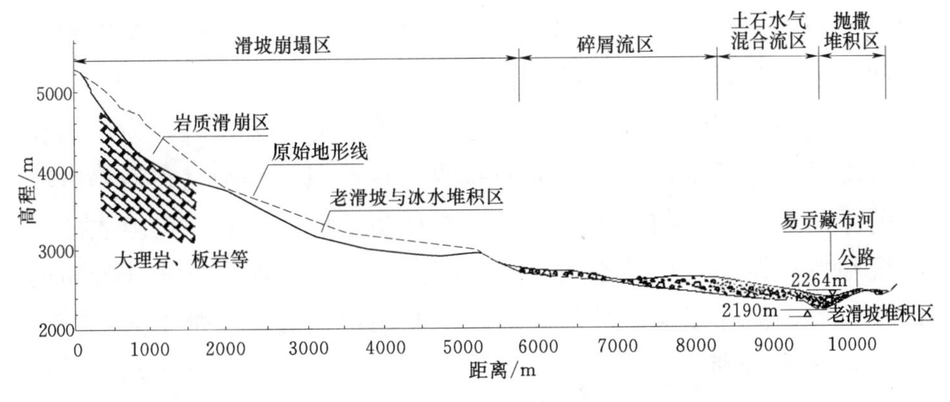

图 7.6 堰塞坝形成的各个阶段示意图

（1）崩滑阶段。由于气温转暖，冰雪融化，使位于扎木弄沟上亿立方米滑坡体饱水失稳，沿陡倾岩层高速下滑，水平滑程约

2.5km。滑坡体物质由层状大理岩、板岩和体积巨大的花岗岩组成，表层为冰雪堆积体，体积约2亿m^3。

(2) 碎屑流阶段。崩滑体猛烈冲击下部，巨大的动能传递到老堆积体上，撞击并带动扎木弄沟中由冰水作用和崩滑形成的长年老堆积体，铲削两侧山体的松动带，形成“碎屑流”，使其抛射入江。后部的崩滑堆积体仍然以极高的速度飞向前方，气垫作用明显，无传统意义上的“滑带”，崩滑体向前滑行约2.0km，堆积于左岸沟口。堆积物以被撞击后解体的花岗岩、大理岩和板岩为主。

(3) 土石水气混合流阶段。被巨大能量冲击的冰水堆积体和老滑坡体，被高速抛射向前，在空气的浮托作用下，形成“飞行物”，“飞行物”在飞行过程中互相发生撞击、热化，甚至融化解体，最后形成堆积物。形成的堆积物，因水的作用，涡流堆积较为明显，且岩石、特别是大理岩的磨圆度好。“飞行物”飞行过程中的“气浪”作用极为明显，导致许多树木被拦腰截断，但根部保存较好。

(4) 抛散堆积成坝阶段。在高速下滑入河床时，撞击河水和右岸老滑坡堆积体，形成高约200多米的“土-石-水-气”混合体。其中，一部分翻越高约150m的老滑坡，摧毁老滑体上高达数十米的茂密山松，转化为泥石流，达易贡茶场桥边，距民房约200m，体积约500万m^3；另一部分受阻于老滑坡，反转堆积于新堆积的滑坡体上，并向下游和上游转化为泥石流。

形成的堰塞坝外围，分布有宽窄不等的泥土堆积区，为崩塌和泥石流运动过程中形成的气浪冲起的泥砂堆积。特别是在崩塌滑坡体前缘，形成壮观的土石林现象，并在多处形成飞石撞击地表的环状坑和由于振动造成砂土液化的小喷砂口。虽然泥土堆积区分布的面积较大，但除崩塌滑坡体前缘外，两侧堆积的厚度都不大。

4. 险情分析

堰塞坝形成以后，易贡湖水位迅速上涨。从4月9日开始，水位以0.6m/d的速度上涨，进入5月后，由于易贡藏布上游来水量增加，水位上涨速度达到1m/d左右。据测算，6月底堰塞坝拦存的河水达50亿m^3。

在湖水的上涨过程中，对上游造成淹没灾害。湖区的两乡、三厂（场）被湖水淹没，5000 人被困，加上湖区地处峡谷地带，人员转移难度较大。许多茶场、耕地、电力、通信等设施也受到回水淹没的威胁。

一旦湖水通过垭口漫顶下泄，在较高的水头压力、流量冲刷作用下，加上坝体抗冲能力极差，势必发生堰塞坝溃决而形成突发性洪水，巨大的瞬时下泄流量，将直接威胁下游地区人民群众生命财产和设施的安全。下游地区约 4000 多人将受灾，318 国道约 17km 路段、318 国道上的通麦大桥、墨脱县境内连通雅鲁藏布江两岸的桥梁溜索公路、进入墨脱县境内的桥梁公路以及通信等重要设施都将受到威胁。此外，巨大的下泄流量将造成下游沿河两岸严重冲刷，引发新的滑坡泥石流，形成新的堰塞坝险情。

7.1.3 应急处置方案

在易贡湖水位上涨过程中，尽最大努力形成泄流槽，疏通河道，从而降低湖内水位、减少湖内水量，一方面减少上游受淹范围，另一方面降低下泄峰量，减轻湖水宣泄对下游造成的冲刷破坏程度。但是，并不能免除高水头大泄量对下游的冲刷破坏；同时，由于堰塞坝土质疏松，抗冲刷能力差，也不能完全避免其最终溃决的可能性，因此，对上下游滑坡影响范围内的居民应尽快搬迁，避免人员伤亡。

7.1.3.1 方案比较

应急处置的重点在于降低滑坡堵江衍生的上游水位上涨及坝体破口溃决对下游产生的危害。堰塞坝险情处置过程中，水利部专家组通过勘查、听取介绍和反复讨论研究后，在抗灾指挥部所考虑的 4 个方案（库满自溢、固坝蓄水、爆破引流、抽水冲切开渠）的基础上，提出了 3 个比较方案。

（1）方案一。“自溢溃口＋搬迁”：加强监测，开展上、下游移民调查、转移、安置及桥梁、道路、通信等设施迁建、损毁恢复准备等工作，尽可能降低堰塞坝坝高，库满自溢漫顶溃决。该方案的优点是避免人员伤亡、见效快、资金投入少。缺点是社会、环境影响难以估量。

（2）方案二。“滑坡体内开渠引流”：加强监测，开展上、下游移民安置及桥梁、道路、通信等设施迁建、损毁恢复准备等工作，采取工程措施，在堆体垭口处开渠引流，小库溢流漫顶溃决。该方案的优点是避免人员伤亡，明显降低溃坝水头和库容。缺点是工程难度大、投资大、工期紧。

（3）方案三。“右岸垭口开渠导流＋加固堰塞坝”：加强监测，开展上、下游移民调查、转移、安置，采取工程措施，在右岸山体开渠泄流，改造堆积体成坝、易贡湖成库。该方案的优点是避免人员伤亡，综合利用堰塞坝，有利于改善生态环境。缺点是工程难度大、投资大、工期不能保证。

7.1.3.2　方案优选

方案一将出现高水头溃决，灾害巨大，后果不堪设想。预案三若能实施，效果最好，可完全避免下游的灾害，但因右岸山体可供开渠处距天然湖水面超过160m，工程量巨大，施工工期以年计，在右岸泄洪道尚未形成时，堆积体已漫顶，其灾害与方案一相同。方案二采取工程措施引流，降低水位、减少库容，使溃口流量、溃口流速、溃口宽度、溃决速度有明显降低，但该方案要达到较好的效果，工程量仍较大。堰塞坝规模方量巨大，而水位上涨迅速，要在有限的时间内采取工程措施完全恢复河水天然过水状态是不可能的。实施方案一将给上下游生态环境带来极具毁灭性的灾害。采用方案二最大限度地实施工程措施进行导水，虽不可能避免堰塞坝过水溃决的灾害发生，但可收到明显的减灾效果。经反复分析研究，结合确定的减灾目标，即减灾、避免人员伤亡、使灾害损失降至最低，最后抗灾指挥部决策采取方案二，即“堰塞坝坝体内开渠引流＋搬迁”，改方案的目的是最大限度地减小湖内壅水量、控制下泄流量，使湖水下泄时堰塞坝不出现高速溃决，其要点包括以下4方面。

1. 方案要点

(1) 沿堰塞坝垭口中部开挖一条长约 1.0km、底宽 30m、顶宽约 150m、深约 30m、边坡坡比 1∶2 的泄流槽，作为湖水下泄的临时通道，泄流槽断面见图 7.7。初估工程量约 150 万～220 万 m^3，采用大功率挖土和引水、抽水冲刷相结合的方法施工，要求 5 月底完成，此时湖水位约上涨 20～25m，与渠底高程大体持平，为湖水宣泄创造条件。为防止泄流槽被水流快速冲切，在渠道底部和前段部分边坡，铺设土工布导水泄向下游，减小湖内壅水量、控制下泄流量，使湖水下泄时堰塞坝不出现高速溃决，计划最大泄流量为 $1000m^3/s$。

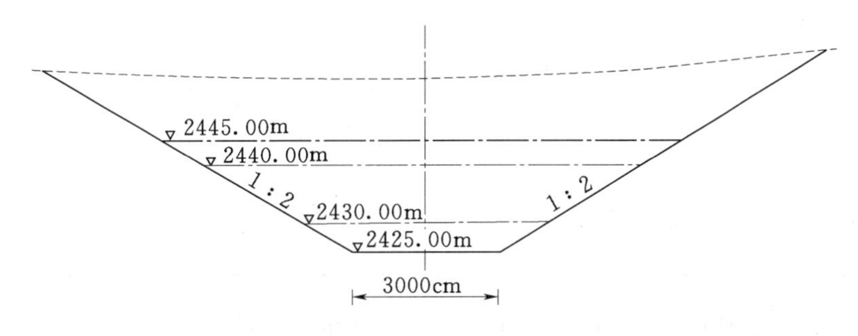

图 7.7 泄流槽断面示意图

注：4 月 13 日湖水位为海拔 2400m。

(2) 为了防止发生进水口，在迎水坡面及坡底采用钢筋笼（或铅丝笼）块石护底及护坡，形成较坚固的进水口，尽量延缓和减轻进水口下泄过程中的迅速冲刷和破坏。

(3) 在渠道的出口处，设置钢筋笼块石，起消能作用。

(4) 在泄流槽冲刷泄流过程中，因数十米落差和数亿立方米水量下泄，下游河床水流将极为紊乱，并夹带大量泥沙、块石及树木进入下游河道。受下游 17km 处通麦大桥过流能力控制（流量不能大于 $2000m^3/s$），需提前清除湖内树木等飘浮物。

2. 方案调整

对选定的应急处置方案进行细化分析时，因水情预测认为在 6 月上旬水位将达到堰塞坝的垭口，且当地及周围地区施工能力低，外调设备又因对外交通条件差而受限制，认为完全实现方案二已不可能。专家组经向自治区四方联席会议汇报并得到批准，对方案二进行了一定的调整。调整后的方案要点如下。

(1) 泄流槽中心线仍设在堰塞坝的垭口。

(2) 由于水文资料的不可预见性，在原有泄流槽深度 30m 的基础之上，增加 25m、20m、15m、10m 四个深度，共计五个深度，要求视施工时段来水情况相机决定。不同泄流槽深度、槽底宽度及开挖工程量见表 7.1。

表 7.1　泄流槽不同开挖深度下的开挖工程量

序号	泄流槽深/m	泄流槽底宽/m	开挖工程量/万 m^3
1	30	30	153.09
2	25	50	134.28
3	20	70	112.01
4	15	90	84.93
5	10	110	54.39

(3) 由于易贡湖水位上升速度比原预测加快，基本方案中考虑的进水口石笼锁口及土工布护渠等措施已很难完全实施，但建议准备部分石笼、土工布相机使用。

(4) 处置过程及要求。①堆积体方量巨大，其组成以疏松风化的砂土为主，夹粒径不等的块石，块石体积数立方米至十余立方米，最大体积达数百立方米，考虑采用推土机、引水冲刷和手风钻钻孔爆破解石相结合的方法施工；②由于开挖施工与湖水上涨同时发生，必须由上而下逐层开挖下降，即自垭口开始按 5m 左右一个台阶进行开挖，渠底始终保持大体平整，边坡也随着开挖及时整修，尤其由上游侧至垭口段约一半渠段必须按此施工，以使过流通畅；③上游段以大功率推土机开渠，下游段则采用设于湖边的浮式泵站接管引水沿渠中线冲土开渠，并用推土机送土配合施工。推土开挖过程中出露的大块石及时用手风钻钻孔小炮解碎后推走，水流冲刷出露的大块石则尽量冲切其周围土体使石块滚落到底部。

7.1.3.3 进度与安全

该堰塞坝险情应急处置施工强度极高、工程量巨大，是一场与洪水抢时间争速度的紧急特殊的抢险任务，考虑必要的进退场时间，净施工工期仅为一个月。施工中必须充分利用水情预报，如实际水位上涨速度比预测快，则应提前撤离，反之则应继续向下下挖。

应急工程处置的目的是保障人民群众的生命安全，减轻物资财产的损失。作为抢险施工，亦必须将安全放在首位，做好以下工作：①随时注意易贡湖水上涨情况，加强预报，同时严密监测水位上涨过程中背水坡渗漏情况，发现险情，及时处理；由于抢险现场周边均为堰塞坝的堆积体，左侧扎木弄沟内尚有残留堆积物，抢险过程中应加强堆积体和冲沟的监测；②进场设备应有较好的灵活机动性，以便一旦发生险情能迅速撤出；③做好安全计划，设置专门的安全机构和安全人员，对全体施工人员进行安全教育。

应急处置过程中除建立严格的安全管理体系外，还建立了独立的监测及预报系统，进行为易贡藏布流域气象测报、易贡湖入湖水量和水位测报和堰塞坝稳定状态测报。全过程的监测预报对确保施工安全和最终确定实际工期起着十分重要的指导作用。

7.1.4 应急处置

7.1.4.1 工程方案的实施

易贡堰塞坝险情的应急处置，关键是抢挖泄流槽。武警水电三总队、武警交通一总队和解放军驻藏部队共同承担了泄水渠开挖施工任务，从5月1日开始，在短短的33天中，开挖完成了一条长850m、宽150m、深24m的泄流槽，累计开挖土石方135.5万m^3，有效降低堰塞坝过水高度24.1m。堰塞坝垭口下挖24.1m，减小最大瞬时下泄流量约12万m^3/s，减少拦存湖水约20亿m^3，从而大大减轻湖水下泄对下游地区造成的灾害。6月8日6时40分，泄水渠开始过水，11日21时，堰塞湖进出水流基本达到平衡。6月

12日，堰塞坝拦存的30亿m^3湖水下泄完毕，堰塞坝险情得以解除。

泄流槽开挖过程中，根据开挖进度和实际情况，对方案中所提的开挖断面进行了适当调整，主要是下挖10m后两边各留一马道，然后以1∶3的边坡比继续下挖，累计下挖至22m时，再开挖约2m×2m的深槽，以便尽早下泄湖水。同时在泄水渠进水口处安放了一定数量的钢筋排，代替原设计中的铅丝笼。

7.1.4.2　应急非工程措施的实施

应急抢险过程中，虽然对堰塞坝险情采取了相应的工程措施，但是其溃决的可能性依然存在，形势仍异常严峻。为了在堰塞坝可能溃决时尽可能减轻灾害，在实施工程应急处置的同时，同时实施了非工程的减灾措施。

（1）建立抢险救灾组织机构。立足抗大灾、抢大险的思想，加强和健全抢险救灾组织机构。成立了抢险减灾总指挥部，下设办公室、技术保障组、物资保障组、交通保障组、通信保障组、后勤保障组、财务管理组及灾民转移安置机构等部门，使抢险救灾工作有序、高效地进行。

（2）易贡乡和易贡茶场搬迁转移。易贡乡，全乡9个村，共有189户、1030人（含乡机关、全乡五保户、敬老院及外来人员）。当湖水漫坝时，有8个村将要受淹（另有通麦村5户26人），一旦发生溃坝，也将受到威胁。易贡乡全部搬迁异地安置，分批分期实施。易贡茶场搬迁，因湖水漫坝时，易贡茶场一队、二队及场部将被淹没，三队也受到洪水威胁，全部进行了搬迁。

（3）波密县八盖乡搬迁转移。八盖乡位于易贡藏布上游，以牧为主，农牧结合，全乡8个行政村1318人。由于易贡茶场段公路已全部被淹（约25km），大坝溃决后，通麦至茶场的17km公路也将被毁，该乡人员无法出入，生产、生活用品无法调运进去，将给该乡生产和群众生活造成极大困难。八盖乡原为波密县最不发达的乡，现在交通被毁，今后的生产更难以发展，群众生活更难以改善和提高。波密县政府和八盖乡群众建议全部搬迁出来，若全乡搬迁、异地安置困难暂时无法解决，当时未进行搬迁。但在溃坝前将群众10个月的生活必需品和部分医药都设法运送了进去，保证溃坝后八盖乡群众生活。

（4）切实抓紧落实通信应急措施，确保大坝溃决后灾区通信畅通。大坝溃决后，很可能冲毁通信光缆，造成通信中断。为了保证灾区通信联络通畅，有利于指挥抢险救灾，在易贡乡、易贡茶场、八盖乡、坝体施工现场、通麦抗救灾指挥部等地点建立超短波通信点。此外，还利用海事卫星等设备组成应急通信网。

（5）抓紧落实交通应急和下游防灾措施。在对坝体进行工程施工时，大量的人员、机械及物资要调运，为保证调运工作顺利进行，对波密、林芝进行交通管制。坝体一旦溃决，将对通麦大桥、318国道通麦至帕龙段造成极大破坏；对下游的帕龙乡、墨脱县5个乡镇的交通也将造成严重损毁；通麦大桥至易贡茶场17km公路也将被冲毁。因此，坝体溃决后的救灾工作的关键是交通，要求扎扎实实地做好交通应急措施及各项准备工作。在溃坝之前，调运了抢修通麦大桥的部分钢架，研究了通麦大桥抢修方案及架桥设计、抢修318国道通麦至帕龙段的设计等，且抢修桥梁、道路的工程技术人员已到位。同时，开辟了通麦至帕龙段、通麦至易贡茶场段的山间人行道，以便在灾情发生后，人员能及时进入灾害现场开展救灾工作。对帕龙乡、墨脱县沿江5个乡镇的吊桥、溜索等也进行了摸底调查，对有可能被洪水冲毁的桥梁，及时准备了抢修物资。

（6）加强观测，开展相关研究。在易贡茶场等地设立专门的临时观测点，对堰塞湖进水量、水位、堰塞坝渗漏、沉陷，以及流域水文气象等情况进行观测，进行分析和预报。对堰塞坝溃口进行分析，确定堰塞坝至墨脱区间可能受影响的高程及沿途河段冲刷程度、可能产生的滑坡等新的灾害。同时，开展相关研究工作。①进一步探明堰塞坝的成因，进行机理分析，对组成成分、稳定性、渗透性、抗压性、抗冲刷性等相关问题进行深入研究；②分析堰塞坝过水后可能残留的高度、稳定性、易贡湖库容等情况；③绘制库区水位、库容曲线图、水位面积曲线等。

7.1.5　应急处置经验

武警水电三总队、武警交通一总队、西藏军区工兵15团、西藏军区52旅、武警西藏总队等部队出动数千兵力和大量重型施工设备，和灾区人民一道，发扬98抗洪精神，吃大苦耐大劳，运用现代施工技术，克服了重重困难，在荒凉狭窄的山谷内较好地实施了国家防总专家组制定的减灾预案，有效较低了堰塞湖水位下泻的洪峰量级与水头，延长了湖水下泄时间，实现了制定的“把灾害损失降低到最低”的应急处置目标，未造成一人伤亡，出色地完成了易贡堰塞坝险情的应急抢险救灾任务，创造了西藏工程史乃至我国水利史上的奇迹。

7.1.5.1　处置经验

由于及时采取了有效的工程措施和非工程措施，实现了确保群众和施工人员安全、把灾害损失降到最低限度的目的。纵观整个过程，主要经验如下。

1. 党中央、国务院以及各级政府高度重视和严密组织

易贡特大山体滑坡发生后，党中央、国务院，以及地方各级党委、政府都高度重视，均迅速成立了各级抢险救灾指挥部，并组织工作组迅速赶赴现场指挥抢险救灾工作，有效地组织抢险救灾中所投入的人力、物力、财力，使之在有条不紊、紧张有序的状态下开展工作。

2. 严密的水文监测

为尽快收集上游入湖水量、湖水位上涨幅度及变化过程，为抢险施工进行准确的水文预报，西藏自治区水文水资源勘测局迅速在易贡湖流域建立了应急水文监测网络，各水文站及时收集溃泻状况的水位、流量、流速、泥沙含量及水质资料。上游设有贡德水文站、卡不通水文站、茶厂水位站、坝前水位站、通麦水文站，并在此基础上增加排龙水文站、格尼村水位站、坝体溃口水文站，向下游地区提供实时水情、雨情、洪水预警预报，为专家组制定除险救

灾方案提供科学依据，也为水灾害研究积累了宝贵水文资料。

3. 充分利用了大型机械的快速处置功效

大型机械在抢险中发挥了巨大作用，机械化抢险是今后抢险的发展方向，这次抢险中机械抢险的快速效果，为今后机械化抢险提供了不可多得的宝贵经验。随着机械化施工程度的不断提高，先进设备不断更新，机械化施工抢险从速度和效率来看，都将替代人工抢险。为此，各专业机动抢险队在原有的机械设备基础上，今后应在抢险新机具的研制上加大投资和科研的力度，进一步增加设备和新型抢险机具来适应不断发展的新情况、新特点，提高机械化抢护各种险情的技术水平。

4. 及时进行道路抢险

在抢险救灾中要把抢修道路、保证运输作为头等大事和首要任务，全力以赴投入公路交通基础设施修复抢通和运输保障工作。只有用最短时间抢通通往重灾县和乡镇的公路，运输保障能力才能提高，才能为抢险救援人员、物资、设备及时运入提供重要保证。

7.1.5.2 处置的不足

在工程措施处置过程中，由于堰塞坝的复杂性、湖水上涨的非预见性，以及泄流槽开挖断面的有待优化等，造成堰塞坝经泄流槽过流过程中，坝体突然溃决，堰塞湖水位暴泄，给下游沿江地区造成了举世罕见的次生灾害，据西藏有关部门统计，直接经济损失达2亿多元。对于应急处置的不足，主要体现在泄流槽断面设计与水文的准确预报上。

（1）泄流槽纵向断面坡度不合理。堰塞坝的组成较为复杂，主要为土壤含碎石、块石，多处架空，特别是泄流槽开挖的中间部分大块石较为集中，开挖施工难度大。因扎木弄沟泥石流经常冲毁施工道路，为了设备和人员的安全，没有对泄流槽中部的大块石进行处理，导致开挖形成的泄流槽从纵剖面上看进口低、中间高、渠尾低、无坡降，进口300～500m段基本水平，而进口前端约100～300m段槽底高程最低处比中间低6m，见图7.8。通过图7.8还可以看出，7号点到12号点落差为26m，该段泄流槽的纵向坡较大，易造成在泄流槽过流过程中对坝体背水面侵蚀下切过快。

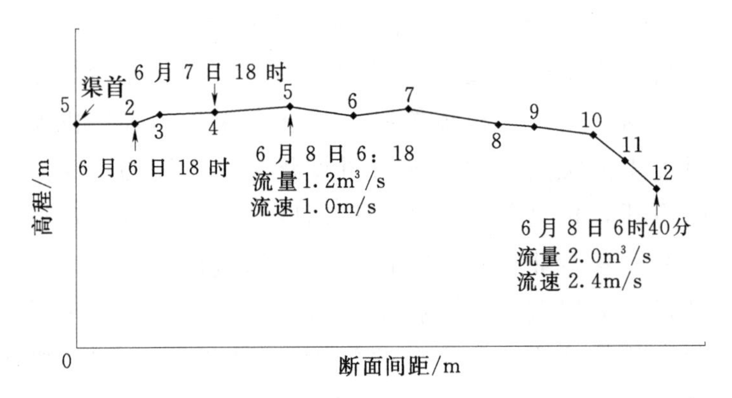

图 7.8　易贡堰塞坝泄流槽纵断面图

由于进水口比中间低 6m，导致泄流过程中水流不畅。6 月 6 日 18 时水就由进口到 2 号点，6 月 8 日 6 时 40 分才过流，即 5 号点前水渠已被水浸泡了 36h 才过流。5 号点前水渠被水浸泡后开始崩塌，使进水口扩大约 350m（开挖时 150m），7 号点往后由于比降较大（约 7.4%），水流冲刷渠尾向上游下切，渠两岸向里崩塌。6 月 10 日下午 17 时，下切已接近原河床。

堰塞坝泄流槽断面设计的不合理，导致水流不畅、溯源冲刷严重，最后泄流槽不能起到顺利排水作用是引起堰塞坝突然溃决的主要原因之一。因此，堰塞坝通过开挖泄流槽进行险情的处置，在做好过水横断面的设计同时，纵断面的设计合理与否，也是关乎应急处置效果最大化的关键影响因素。

（2）水文气象监测不及时、不准确。在泄流槽开挖过程中，水库上游连日降雨，水库水位猛涨，形成较大的入库的流量。该水文气象在应急处置之前，以及应急处置过程中未得到较好的反馈。6 月 8—10 日水库上游连日降雨，泄流槽因中间高，下泄水流速度仅为 0.35～6.67m/s，流量 2.4～487m³/s，而入库流量为 800～1130m³/s，导致水库水位 3 天上涨了 5m 多，库容增加了近 3.0 亿 m³，在库水位 55.36m 高水头下堰塞坝发生了突然溃坝。

7.2 唐家山堰塞坝应急处置

中国四川“5·12”汶川大地震共诱发了约257处堰塞坝，形成257座堰塞湖，如果不及时处置或者处置不当，类似1786年6月1日的康定—泸定里氏7.75级地震堰塞湖灾难（10万余人死亡和失踪）和1933年的叠溪7.5级地震堰塞湖的溃决灾难将在所难免。为了防止堰塞湖溃决对地震以后已满目疮痍的下游地区造成进一步破坏，在水利部抗震救灾指挥部的领导下完成了堰塞湖的溃决危险性应急评估，在应急评估的基础之上，对一些极高危险级、高危险级的堰塞坝进行了应急处置，成功降低了堰塞湖风险。其中唐家山堰塞坝是汶川“5·12”地震形成规模最大、危险等级最高的堰塞坝，于2008年5月26日至6月10日先后两次进行了工程措施处置，于2008年6月10日实现了成功泄流，未造成新的人员伤亡。

7.2.1 环境背景

（1）水文、地貌。唐家山堰塞坝位于北川县城上游6km处的湔江上，下游距苦竹坝约1km，处于北川县城东南部，见图7.9。县内峰峦起伏，沟壑纵横，基本为山区，地势西北高东南低，平均每公里方向海拔降低46m，县城背部山区为岷山山脉，东南部为龙门山山脉。唐家山堰塞坝所在湔江河谷为不对称V形河谷，右岸较陡，坡度约60°，左岸较缓，坡度约30°；东南向山峰海拔1568.0m，堰塞坝所在高程为640m，最大河谷深928m。唐家山堰塞坝所在的湔江，下游又叫通口河，是涪江的支流，上游的汇流面积3550km^2，5年一遇、10年一遇、20年一遇、50年一遇洪水为2190m^3/s、3040m^3/s、3920m^3/s、5120m^3/s，多年平均洪峰流量1600m^3/s。

（2）地质构造。唐家山堰塞坝位于龙门山断裂带的北段，由一系列压性、压扭性断裂及褶皱组成。龙门山断裂带以青川—茂汶断

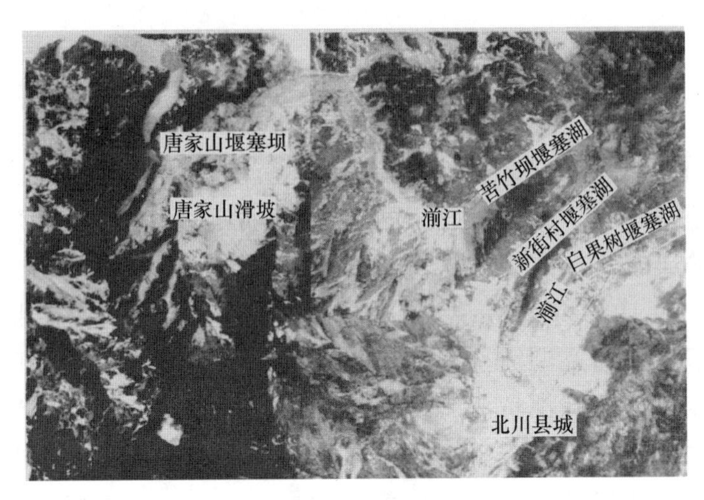

图 7.9　唐家山堰塞坝位置地貌图

裂、北川—映秀断裂、江油—都江堰断裂规模最大，总体走向NE40°左右，倾向 NW，倾角 50°～80°。该断裂带发育历史悠久，活动较为频繁，新生代以来又有了新的活动。通过该地区岩样的裂变径迹和镜质体反射率的测定以及计算机模拟得出，龙门山断裂带地区 10Ma 以来至少隆升了 5～6km，隆升速度为 0.5～0.6mm/a。北川县内以北川—映秀断裂为界，东南面属于龙门山断裂褶皱带，西北面为松潘—甘孜地槽褶皱系列东缘的茂汶—丹巴地背斜（后龙门山断裂褶皱带）。唐家山堰塞坝位于东南面的龙门山断裂带，北段—映秀断裂的上盘，距离该断裂的垂直距离约为 2.8km，见图 7.10。

7.2.2　险情特征

（1）规模。唐家山堰塞坝集水面积 3550km^2，堰塞湖总容积约 3.16 亿 m^3 [相当于大（2）型水库]。坝体顺河流方向长 803.4m，垂直河流方向宽 611.8m，水平投影面积 30.7 万 m^2，坝体堆积体方量 2037 万 m^3。堰塞坝最高点高程 793.90m，堰塞坝底高程 669.50m，基岩弱风化顶板高程 638.00m；最大坝高 124.4m，垭口处坝高 82.6m。堰塞坝地形起伏较大，坝体右侧、中部和左侧分

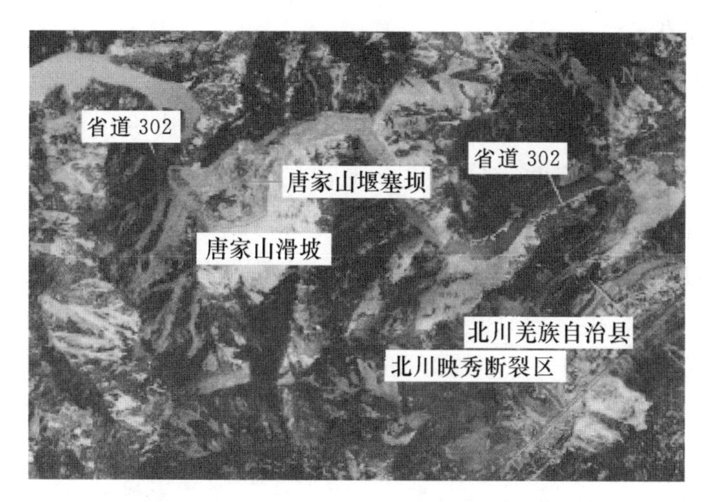

图 7.10 唐家山堰塞坝与龙门山断裂带的地质构造关系图

布三条沟槽，右侧沟槽最高点高程 752.2m，宽 20～40m，贯通上下游。中部和左侧沟槽分布于下游坝坡，长约 400m，宽 10～20m。坝坡上游较缓，坡度约 20°。下游坝坡上部和下部为陡坡，中部为缓坡，上部陡坡坝高约 50m，坡比约 1∶0.7，中部缓坡坡比约 1∶2.5，下部陡坡高约 20m，坡比 1∶0.5。

(2) 物质组成。坝区两岸基岩为寒武系下统清平组薄层硅质岩、砂岩、泥灰岩、泥岩，岩层软硬相间，产状 N60°E/NW∠60°，左岸为逆向坡、右岸为顺向坡，基岩裂隙较发育，岩体较为破碎，强风化带厚度 5～10m，其他为弱风化。两岸坡分布有残坡积的碎石土，厚度 0～15m，碎石土由粉质壤土、岩屑和块石组成，其中粉质壤土占 60％左右，岩屑占 30％～35％，坡石占5％～10％，粒径 5～20cm。

(3) 险情分析。根据唐家山堰塞坝滑坡堆积形态的初步勘测来看，堰塞坝表层许多岩层的结构还保持较为完好，坡面植被虽然经过了破坏运动，但还是接近于直立状态，表明该滑坡堰塞坝为滑坡整体运动，内部岩体的结构保存较好，为滑坡型堰塞坝。堰塞坝底部大量与河床淤泥、水流掺混，底部结构受到较大破坏。坝体材料岩土混杂，泥土、各种大块石相互掺加，软硬相间，渗流路径与通道较为复杂。

对于该堰塞坝的岩土结构、纵剖面形状，参考1933年叠溪地震形成的大海子、小海子堰塞湖的溃决形成，唐家山堰塞坝出现瞬间全溃的可能性较小，分期逐渐溃决的可能性较大。同时唐家山堰塞坝含有大量块石，粒径3～4m较为常见，原岩体结果保存较好，在水压力作用下，即使库满溢流时，出现瞬时坝体全部溃决的可能性不大。2008年5月19日，回水淹没了上游的治城水位站，5月23日堰塞湖水位上升至719.8m，距离最低垭口处仅32.2m，蓄水1.1亿m^3。如果水位继续上涨，在水流冲刷的作用下，将不可避免的引起溃坝的危险，一旦溃决将对下游绵阳、北川县城、造成毁灭性的打击，其损失不可估量。

7.2.3　应急处置方案

1. 应急处置总体方案

鉴于唐家山堰塞湖的特殊复杂性和堰塞坝除险的高风险性，为确保无一人伤亡的目标，最大限度减少湖水下泄造成的损失，争取避免堰塞坝快速溃决这一恶劣工况对下游造成的灾难性损失，按照“安全、科学、快速”的除险原则，在有限的时间内同步实施应急除险工程措施和人员转移避险非工程措施。

应急除险工程措施为开挖引流渠引流冲刷。人员转移避险措施为根据不同溃坝模式演算的洪水过程和风险评估成果，由地方政府制定人员转移避险方案，实行黄、橙、红三级预警机制，下游绵阳和遂宁两市受1/3溃坝风险威胁的27.76万人全部转移到安全地带，同时制定1/2溃坝和全溃坝方案的人员转移预案。

为确保除险方案的实施，建立了水雨情预测预报体系、堰塞坝体远程实时视频监控系统、坝区安全监测系统、坝区通信保障系统，以及防溃坝专家会商决策机制等可靠的应急保障体系。

2. 开槽引流方案

(1) 方案构想。考虑地势相对较低的坝体右侧表层以碎石土为主，抗冲刷能力低，利用溯源冲刷原理，充分发挥水流的挟带能力，冲深拓宽形成一条新河道，快速泄放湖水，实现除险目的。

（2）引流槽布置。引流槽顺地势布置在堰塞坝右侧，平面上呈向右侧弯曲的弧形。右侧地势低，开挖方量少，施工便捷，且引流槽右侧主要为碎石土，易于冲刷，下泄水流将主要向右岸侧冲刷和下切，同时判断右岸山坡脚均为坚硬且完整的岩体而引流槽左侧主要为碎裂岩，抗冲刷能力较强，边坡总体将保持稳定。

（3）引流槽结构。引流槽采用梯形断面，两侧边坡为1∶1.5。为适应天气变化可能出现的不同施工工期，引流槽设计了边坡开口线相同、边坡坡比相同、槽底高程不同的3个方案，3个方案的工程量见表7.2。并根据上述布置分别进行了2年一遇、5年一遇洪水流量条件下泄流槽的水力学计算，见表7.3～表7.5。方案一引流槽进口高程747m，槽底宽28m；方案二引流槽进口高程745m，槽底宽22m；方案三引流槽进口高程742m，槽底宽13m。同时，为了防止泄流槽较软弱边坡坡面突然坍塌和一定程度上减缓过快冲刷下切速度，为简化施工，设计了局部铅丝笼进坡防护，工程量见表7.2。

表7.2　　3个方案的工程量表

方案	开挖工程量/m^3	铅丝石笼/m^3	连接插筋根数(螺纹ϕ25，长1.5m)
方案一(747m)	56200	12000	1500
方案二(745m)	75300	11500	1380
方案三(742m)	93500	11000	1270

表7.3　　方案一的水力计算

频率/%	流量/(m^3/s)	上游水位/m	坝顶平均水深/m	缓坡段平均流速/(m/s)	陡坡段初始平均流速/(m/s)	陡坡最大流速/(m/s)
50	1160	754.4	7.40	4.01	6.41	19.07
20	2190	758.14	11.14	4.40	7.46	22.59

表7.4　方案二的水力计算

频率/%	流量/(m^3/s)	上游水位/m	坝顶平均水深/m	缓坡段平均流速/(m/s)	陡坡段初始平均流速/(m/s)	陡坡最大流速/(m/s)
50	1160	753.1	8.10	4.19	6.62	20.05
20	2190	757.14	12.14	4.49	7.63	23.37

表7.5　方案三的水力计算

频率/%	流量/(m^3/s)	上游水位/m	坝顶平均水深/m	缓坡段平均流速/(m/s)	陡坡段初始平均流速/(m/s)	陡坡最大流速/(m/s)
50	1160	752.1	10.10	4.08	6.81	21.08
20	2190	756.1	14.10	4.55	7.78	22.25

(4) 施工过程中的动态优化。动态优化是应急除险工程必须遵循的基本原则。引流槽施工过程中，根据实际揭露的地质条件和实际达到的施工能力，对引流漕结构进行了多次优化和调整。依据实际施工能力、堰塞坝土石结构、除险时间要求以及引流水动力与能量等综合因素决定，在接近完成高标准方案时，将进口高程由742m降低为741m。在此方案施工临近结束时，又将漕底高程全线降低1.00m。最终实际进口高程为740.00m，槽底宽度7～10m。

7.2.4　应急处置

在水利部的组织下，武警水电部队经过共计5天的应急抢险施工，开挖了一条长475m、上方宽约50m、最大深度13m、平均深度12m的泄流槽，进口引渠段槽底高程738.50m，槽底宽35m，综合边坡1∶2；中间泄槽段槽底高程739.00～740.00m，槽底宽7～12m，综合边坡1∶1.5；出口泄槽段槽底高程739.00m，槽底宽10m，边坡为1∶1.35，图7.11为施工过程照片。开挖土石方1.355万m^3，钢丝笼护坡4200m^3，疏通道路17km，平整场地14040m^3，清障树木35000m^3，投入推土机26台，自卸车4台。

为了加快泄流速度，2008年6月6日再次进行了泄流槽施工，在已有的泄流槽左侧山坡开辟新的引流槽，以增加过水能力。为抢

图 7.11 施工中的唐家山堰塞坝泄流槽

险施工需要，又在泄流槽内做了一道临时的挡水堤，堤顶高程740.30～740.40m。2008 年 6 月 7 日的 2 时 52 分，坝前水位上涨至 740.0m 泄流槽底板高程，未能按原计划泄流，推迟到了 7 时 8 分泄流槽开始泄流。

在开始泄流的 2 天时间里，由于泄流槽的纵比降较小，同时随着水流的冲刷在泄流槽出口处显露大量大块石，导致进入泄流槽的水流流量较小，水流下切侵蚀强度较小，下泄流量偏小，库水水位不断上涨，溃坝危险性不断增加。为了加快库水下泄速度，从 2008 年 6 月 8 日早上 8 时 30 分开始，陆续使用 82 无后坐力炮对泄流槽中的巨石进行爆破清障，并继续采取机械开挖和小规模爆破方式对泄流槽进行扩挖、加深。随着水流流量的加大，加上出口处的巨石被清除，水流下切侵蚀能力不断增强，泄流槽急剧下切，2008 年 6 月 10 日早上流量急剧增加，在短时间之内增至最大 6420m^3/s，泄流过程曲线见图 7.12。由于下泄流量的急剧增加，下泄洪水对下游区域造成了一定的影响，淹没了部分北川县城。在下切水流的侵蚀作用下，洪流携带了大量滑坡及沿途堰塞坝的松散固体物质，其含沙量极高，洪水过后，北川县城淹没区域沉积一层淤泥。

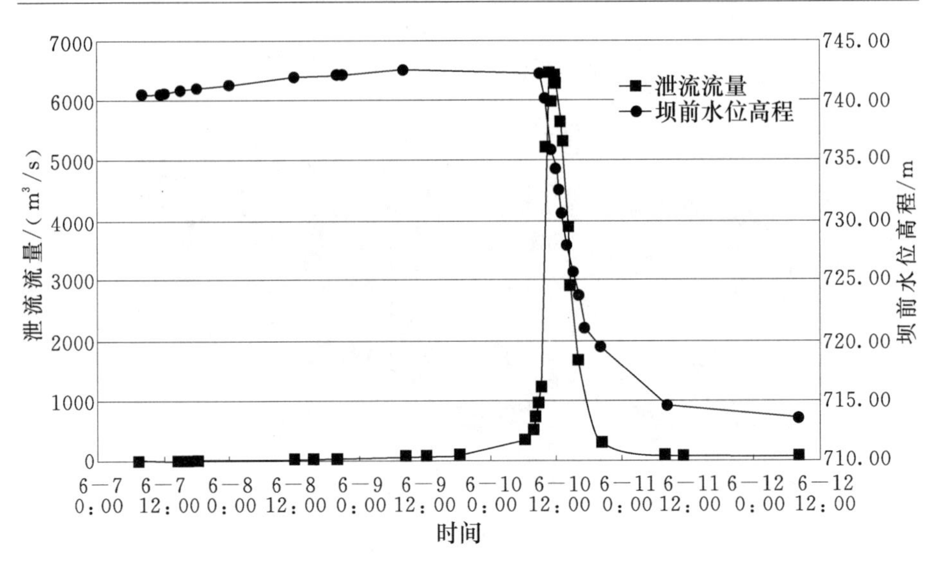

图7.12　唐家山堰塞坝泄流过程曲线

按照“安全、科学、快速”的除险原则，历时半个月，成功地排除了险情，成为成功解决堰塞湖的典型案例。经过水流的冲刷，泄流槽形成长约800m，开口宽度145～235m，底宽80～100m，进口底板高程710.00m以下、出口底板高程700.00m以下的新河道，图7.13为唐家山堰塞湖泄流之后的新河道，具备下泄湔江200年一遇洪水的能力。

图7.13　唐家山堰塞坝泄流之后的新河道

7.2.5 应急处置经验

采取主动措施降低唐家山堰塞坝形成的堰塞湖水位，减小溃坝风险，按照安全、科学、快速的要求，成功地处置了堰塞湖险情，消除了汶川“5·12”地震次生灾害中的最大威胁，确保了下游人民群众的生命安全，避免了大的损失，为国内外堰塞坝应急处置的典范。

1. 处置经验

唐家山堰塞坝下游有一系列大中城市，包括绵阳、三台、射洪、遂宁、潼南等，还有运输大动脉宝成铁路、能源大动脉兰（州）成（都）渝成品油管道等重要设施，一旦溃决，将威胁下游130多万人的生命安全。唐家山堰塞坝的成功处置，未造成新的人员伤亡，确保了人民群众生命安全，应急处置总体上是成功的。纵观整个处置过程，主要经验如下：

（1）制定了正确的处置原则，即安全、科学、快速。在有限的时间内同步实施应急工程措施和非工程措施，非工程措施主要指在风险分析的指导下的人员转移。

（2）坚持以人为本的原则，确保了灾区人民和施工人员的安全。建立了雨情预测预报体系、堰塞坝远程实时视频系统、坝区安全检测系统、坝区通信保障系统，以及专家会商机制等，确保了施工安全，一旦出现险情，快速转移下游受威胁的群众。

（3）采取开挖泄流槽的方式主动降低堰塞湖水位、减小溃决风险。基于对堰塞坝岩土结构的初步分析，充分利用坝体右侧的以碎石为主、抗冲刷能力弱的特点，引流实现泄流槽的溯源冲刷，快速排泄湖水，达到降低风险的目的。

2. 处置的不足

从应急施工的安排、泄洪过程中的处置、泄洪溢流过程曲线来看，唐家山堰塞坝应急处置还存在一些不足。从泄洪曲线来看，表现出明显的初期泄流能力不足，效率偏低，导致堰塞湖水位上涨，增加了堰塞坝溃决的风险。泄流槽开始泄流以后，水流溯源冲刷能力不足，初期下切速度较慢，后期下切过快，导致洪水排泄流量急剧增加，超出了预期设计，增大了下游的淹没风险。

针对唐家山堰塞坝的应急排泄设计和应急处置分析，主要存在的以下不足：

(1) 泄流槽的横断面设计不尽合理。从水力学角度看，泄流槽的梯形断面由于润周大、糙率大，过流初期流量会比较小，不利于初期溢流效率的提高，这是溢流初期排泄效率偏低的主要因素之一。从尽量降低堰塞湖的风险来看，应选择溢流口高程尽量低的泄流槽方式，梯形断面也不是最佳断面。在同样的开挖土体方量的前提下，从降低泄流槽泄流口高程考虑，三角形断面、复式三角形断面更优，但是三角形断面不便于快速应急施工。因此，若在应急处置过程中形成的断面的基础之上，再从下方开挖一小梯形断面，可减小过流初期的周润和糙率，提升过流能力，而且开挖工程量小，在短时间内可以完工，见图 7.14。

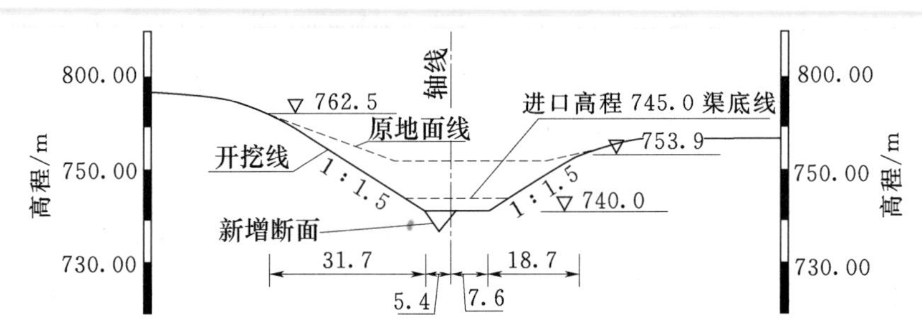

图 7.14　建议的泄流槽开挖断面（单位：m）

(2) 泄流槽纵断面的比降偏低。堰塞湖初期排泄效率较低的另一个因素是槽的纵断面比降偏小。在湔江唐家山堰塞坝处，河流的纵比降较小，约在 6%左右。应急开挖完成的 475m 进口段的 0＋025 处高程为 740.00m 高程，中间比降转折处 0＋326.0 高程为 739.00m，槽底纵比降仅为 3.3%，低于原河床比降。唐家山堰塞坝内含有大量的巨石，相应在 10 年一遇洪水作用下，达到平衡的河床纵比降应远高于原河流的纵比降，即泄流槽的纵比降不应低于原河床的纵比降。在无法短时间之内确定原河床纵比降的情况下，可以参考山区的山洪泥石流河道标准，即3%来考虑。

对于通过开挖泄流槽控制堰塞湖水位，降低堰塞湖溃决风险，保证初期下泄流量非常重要。只有通过增大泄流槽纵比降，才能有效提升溢流初期沟槽的过流能力，加快溢流下泄过程中的初期下切侵蚀能力。唐家山堰塞坝应急处置过程中开挖的泄流槽正是由于纵坡降偏低，泄流初期由于水流冲刷能力不足，下切侵蚀能力才比较弱。同时，泄流槽出口存在的巨石，大大延缓了沟槽的下切和湖水下泄流量的增加，才会在应急处置过程中采用迫击炮清除巨石。

（3）应急泄流后期缺乏下泄流量控制措施。唐家山堰塞坝为滑坡形成的松散堆积体，均一性非常差，虽然掺加部分块石，但是缺乏黏聚力，分布极为不均。块石较多的部位，坝体下切侵蚀速度较慢，过流增加缓慢。坝体块石较少的部位，坝体对下切速度的有效控制较小，以致出现强烈的下切侵蚀和侧蚀，导致泄流流量增加太快，最大达到人为无法控制的阶段，超出了下游能承受的最大洪峰流量。

为了避免类似唐家山滑坡型堰塞坝应急排险出现的“初期排泄效率低，后期排泄过快”的结果，可以参考河流泥沙输移理论和水电工程截流的相关技术内容来进行应急泄流槽设计与应急施工，让堰塞湖的排泄过程在人工可控的范围内，实现“人工可控排泄”。“人工可控排泄”可以通过三个步骤来实现：①优化排泄纵断面和横断面，设计出工程量最小、初期过流和下切能力最大的应急泄流槽形式；②在排泄中期，一旦出现巨石等影响下切侵蚀发展时，采取人工、机械清除等方式进行清理，保证泄流流量的稳定增长；③在排泄后期，一旦出现沟槽的下切侵蚀和侧蚀速度偏离设计值，流量超过设计阀值时，采取抛掷人工结构体的方式稳定河床、控制河床的下切侵蚀，人工结构体可以为混凝土块体、加糙块石、高强度铅丝石笼等。对于“人工可控泄流”的阀值根据上下游的社会、经济情况以及下游能承受的最大流量来确定。依据目前我国的防洪标准，可以按照20年一遇的洪水流量来设计，按照50年一遇洪峰流量来校核。

7.3 国外部分堰塞坝应急处置与开发利用

本节就国外地震形成的堰塞坝的应急处置进行简要介绍。至1900年以后，全世界共发生了560多次里氏6级以上的地震。一些地震引发了大面积的山体滑坡、崩塌和泥石流，出现大量的滑坡、崩塌或者泥石流型堰塞坝，形成了大量的堰塞湖。不同地区的堰塞坝因为地理位置、坝体结构、堰塞湖水位、外部环境等因素的不同而具有不同的特点，所带来的危害及应急处置也不尽相同。

7.3.1 应急处置与开发利用典型案例

为防止或减轻堰塞湖导致的灾害，首要任务是抑制堰塞湖水位上升或降低漫顶水位，避免堰塞坝的溢流发生；或是减小因堰顶溢流致使下游急速淘刷的趋势，使溃坝产生的灾害减至最低。

7.3.1.1 溢流道开挖应急处置案例

为抑制堰塞湖水位上升或降低漫顶水位，最简单常用的方法是直接在坝体上方开挖溢流道或泄流槽，若坝体体积不大，也可考虑将坝体局部或完全挖除。

(1) 美国地震湖（Quake Lake）坝体。1959年8月17日，美国蒙大拿州发生里氏7.3级大地震，强震引发了美国地震史上有记载的最大山体滑坡，致使赫布根湖（Hebgen）下游9000万m^3山体迅速滑塌，堵塞麦迪逊河（Madison）形成堰塞坝，并在不到一个月的时间内形成了水深58m、长10km的堰塞湖，目前被称为“地震湖”（Quake Lake）。由于缺少可靠的出水口，美国陆军工程师团通过爆破，在堰塞坝溃决之前抢修了一条泄流槽。1959年9月10日，洪水通过宽76.2m，深4.3m的泄流槽成功泄洪至麦迪逊河。

(2) 智利 Riñihuazo 堰塞坝。1960年5月22日，智利发生迄今为止世界上强度最大的地震，震级为里氏9.5级，地震造成特拉孔（Tralcan）山发生多次滑坡，堵塞了里尼韦湖（Riñihue）的出水口形成了名为“Riñihuazo”的堰塞坝。里尼韦湖是智利位于同一流域的7个湖泊（名为七湖—Seven Lakes）中位置最低的1个湖，恩孔河（Enco）的水源源不断地注入该湖，而作为该湖排水通道的圣佩德罗河（SanPedro）流经数座城镇和瓦尔迪维亚市，最终流入科拉尔湾（Corral Bay）。圣佩德罗河因地震引发的滑坡而堵塞，导致里尼韦湖水位快速上升，水位每升高1m，湖水水量增加2000万m^3。当湖水水位最终达到24m高的堰塞坝坝顶而发生溃决时，将有48亿m^3的水排入圣佩德罗河，而圣佩德罗河的过流能力只有400m^3/s，这样的水量将在5小时之内摧毁沿河的所有居民点，对下游影响区域内的10万人造成更加灾难性的后果。

为了避免城市遭到毁灭性的破坏，军队与数百名来自智利国家电力公司等机构的工人开始在堰塞坝上开挖泄洪沟。虽然投入了27台推土机用于抢险，但由于推土机在堰塞坝附近的泥沼中作业非常困难，因而不得不用铁锹开挖。同时，智利政府拒绝了美国军队提出的派直升机轰炸堰塞坝的建议。在进行堰塞坝应急处置的同时，为最大限度地减少流入里尼韦湖的水量，对七湖中的其他几个湖都修筑了拦水坝，减少了流入里尼韦湖的水量。除卡拉夫根湖（Calafquén）外，其他几个湖的拦水坝事后都被拆除。到7月23日，堰塞坝的泄洪沟高度从24m降到了15m，使30亿m^3的水逐渐出湖，但剩余水量仍然具有巨大的破坏力，整个应急处置工作一直持续了2个月的时间。

（3）台湾草岭堰塞坝。1999年9月21日，台湾南投县集集镇发生里氏7.3级的强烈地震，并在云林县古坑乡草岭村附近发生大规模的山崩，形成一堰塞坝，其形成的堰塞湖称之为草岭堰塞湖。堰塞湖形成后，湖水位逐日上升。为避免1979年第3次崩塌堰塞湖溃决的历史重演，决定紧急开辟溢流道。经分析地震后的勘查报告和航测地形图，并评估堰塞坝稳定性及作业时效等因素后，决定采用挖掘机、推土机等重型机械，在崩坍土体上方开辟溢流道。溢流线路主要顺崩坍土体地势并参考原河道蜿蜒而定，同时利用沿线地形的天然洼地消能及滞流池作用来减轻对溢流道的冲刷。崩塌区下游陡坡地为溯源破坏的关键，故下游陡坡段溢流线路选择S形流路，由右岸急转至左岸，延长水流流动距离，减小溢流道坡降，以延长溃决时间，减少溃决流量，降低溃坝风险。通过周密布置和紧急实施工程方案，排除了草岭堰塞坝的险情。

此外，20世纪90年代初，厄瓜多尔也曾几次发生滑坡堵江事件，形成蓄水量上千万立方米的堰塞湖，形势危急。尽管当时交通不便，经济也不够发达，但充分估计到堰塞湖的危险性而果断采取了有效措施，开挖溢流道，降低湖水位，延缓溃坝时间，使下游危险区居民和财产得以及时撤离和转移，把灾害降低到了最低程度。

7.3.1.2　水泵强排水应急处置案例

在堰塞湖蓄水量不多的情况下，可考虑设置抽水泵或虹吸管进行排水，但在水位降低后仍应与其他工程措施配合实施。

2004年10月23日，日本新潟县中越地区发生里氏6.8级强烈地震，引起山体崩塌1419处、滑坡75处，形成的堰塞坝多达50余处，主要分布在芋川（Imogawa）流域，坝体主要是泥土。其中最大的为东竹泽（Higashitakezawa）和寺野（Terano）两个堰塞坝，其堰塞坝与堰塞湖规模参数见表7.6。

表7.6　　　　东竹泽和寺野堰塞坝的规模参数

堰塞坝名称	坝高/m	坝长/m	坝宽/m	坝体体积/万 m^3	库容/万 m^3
东竹泽	31.6	321	169	65.5	256.05
寺野	31.0	260	122	30.3	38.8

1. 寺野（Terano）堰塞坝

寺野堰塞坝由芋川右岸3处滑坡和左岸一处滑坡形成，在未实施排险前，与湖水水深相比，坝体相当庞大。地震5天后的10月18日，寺野堰塞湖最大水深16m，平均水深6.2m，而堰塞坝坝高超过30m，蓄水量25.9万 m^3（距满水的43万 m^3 尚有一定的余量），蓄水面积42000 m^2，坝体方量超过30万 m^3，对坝体的压力不大，短时间内溢流引起溃坝的可能性较小。但顺着防雪崩建筑物有水从堰塞湖自流，对坝体的侵蚀有可能进一步加大，因此首要措施是紧急排水。从 11 月 5 日起，安装了排水能力为 0.033m^3/s 的水泵 16 台，24h 不间断地进行紧急排水，以最大限度地降低水位。其间，因下游的东竹泽堰塞湖水位上升较快，曾停止排水。

同时，雪季将临，为防备来年春天融雪造成次生灾害，还修建了排水渠。排水渠设计为 106m 长，呈 U 字状，分上下两部分，见图 7.15。排水渠下部填埋了两根直径为 1.2m，长 107m 的排水管，

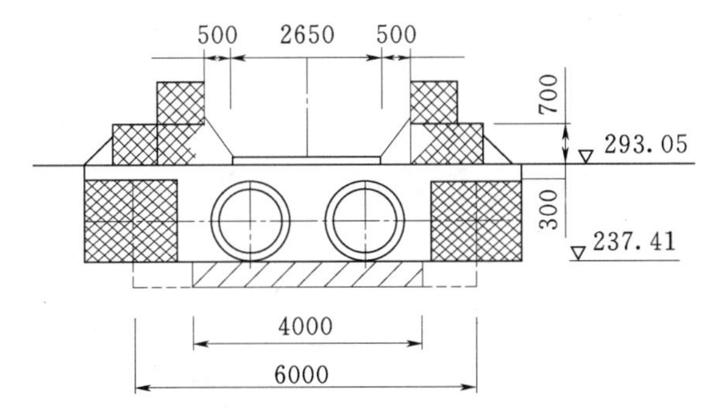

图 7.15　寺野堰塞坝排水渠断面图（高程单位：m；尺寸单位：mm）

其进水口高程为 243.00m、出水口高程为 239.00m。施工从下游向上游推进，但越靠近坝前壅水越多，不能按计划高程开挖。最后采取的方式是在浸润线上方用弯管改变布设高程，用泵抽水尽可能地降低上游水位，最终于 11 月 21 日完工。其后，水泵抽水改从排水管排出。但排水不久在排水口处出现了部分侵蚀，为安全起见，用直升机运输装入大型沙袋的预制混凝土加固排水口部位。

排水渠上部为明渠，为防渗膜、保护垫、铁板三重结构。由于回埋土不能充分碾压，安全起见选择了“水泥改良土”作为填埋材料（固化剂添加量为 100kg/m^3）。12 月 17 日明渠建成后，改由明渠自然泄流。由于整个排水渠是在不损害堰塞坝稳定性的前提下尽可能地扩容，因此可过 100 年一遇的洪水。由于寺野堰塞湖位于上游，在采取排险措施时不仅要考虑自身坝体的安全，还要考虑不能给下游 4km 处的东竹泽堰塞湖带来不必要的威胁。因此，整个排险是在与东竹泽的应急对策相协调的情况下实施的。

2. 东竹泽（Higashitakezawa）堰塞坝

东竹泽堰塞坝长250m，最大水深28m，对堰塞坝的压力不大且未出现管涌，短时间内发生溃决的可能性较小。但在该堰塞坝下游7km处是人口聚集的龙光地区，河流坡降为1/80～1/100，如果溃坝，25min即可淹没下游的民宅。因此，对东竹泽堰塞坝的排险，是在时刻观察堰塞坝动态和水位上涨情况下实施的。应急处置工程包括应急的防溢流工程、水泵排水、填埋排水管和永久性工程导流渠的开挖等，整体布局见图7.16。

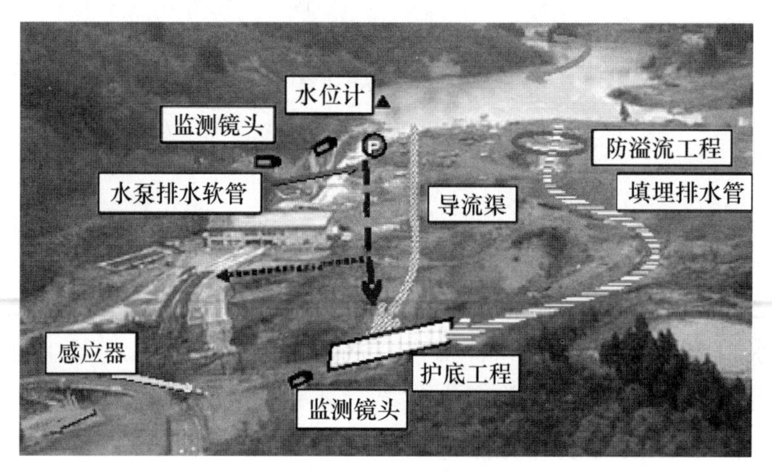

图7.16　东竹泽堰塞坝的应急处置整体布局图

11月8日，东竹泽堰塞湖的水位从10月28日时的144.00m高程上升到了150.50m高程，最大水深从9m上升到15.5m，尽管堰塞湖短期内溢流的可能性不大，但是经排查仍发现有局部地区存在溢流的危险。因此从11月6日开始，对因堰塞湖水位上升有可能有溢流危险的部分地区施以防溢流工程，即在上述地区放置大量的大型沙袋，以防止局部溢流的出现，该工程11月13日完工。同时，从11月9日开始用水泵强排水，起初安装了6台$0.5m^3/s$的大型抽水泵，随着上游来水的不断增多，11月17日水位达到最高水位157.76m高程，相对于河床高程130.00m，形成了一个250万m^3的堰塞湖。为此从11月18日起又增加了6台水泵，24h不间断地作业。但是水泵抽水产生了地基侵蚀问题，采用强排水之初，曾考虑到可能造成小范围侵蚀，强排一周后，即11月15日、16日地基侵蚀开始加剧，到17日形成了最宽40m，长25m，高20m的侵蚀。尽管马上出现危险的可能性不大，但如果持续抽水，将使侵蚀进一步扩大，危及坝体安全。为此，从18日凌晨开始进行了为期一周的防侵蚀工程，即：①临时调整水泵排水软管的位置，18日将正在进行排水作业的6台水泵和当日增加的6台水泵的排水软管调至旁边的小学校内，抢险是在不能停泵的情况下，逐一移动的；②修补复原侵蚀之处。为减轻排水对坝体的冲刷，在堰塞坝上修建了由大型沙袋、预制混凝土块组成的护底工程，工期7天，11月25日完工；③防止再侵蚀。受侵蚀的地基复原后，为防止再次侵蚀，排水软管的铺设放回原处并改为小坡度，具体见图7.17。

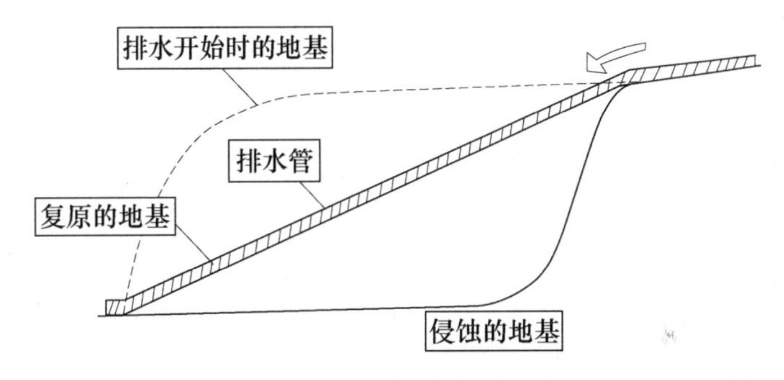

图7.17 排水口侵蚀前后与修复前后断面对比示意图

东竹泽堰塞坝短时间内出现溃决的可能性较小，可以通过抽排的措施短时间内控制水位，但是堰塞湖水位还是逐渐上涨的，随着时间的推移其溃决风险必将增加，因此必须修建相应排水渠。为此，11月初，在堰塞湖蓄水位上升较快、溢流的危险加大的情况下，为控制水位上升，必须加速排水。而开挖导流渠则需要时日，不具备短时间施工条件，经分析首先选择在原河道上挖沟并填埋5根直径1m的排水管，进水处高程为155.00m，长250m。施工中，为防止排水管不均衡下沉，对局部进行基础加固（固化剂添加量为200kg/m^3），12月4日完工。此后将水泵的排水软管与填埋的排水管相连接，改由排水管排水。截至12月20日，水位降到144.00m高程。

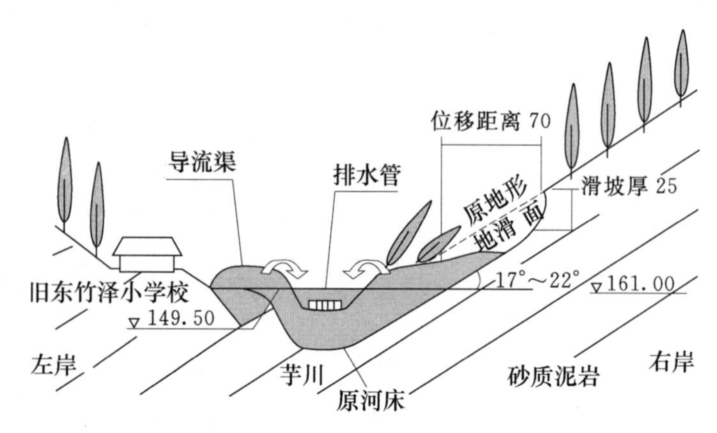

图 7.18　排水管和导流渠断面图（单位：m）

在日本，海沿岸多雪，1967 年就曾有融雪洪峰使赤秃山堰塞湖决堤的先例。因此，为了防备来年冰雪消融湖水上涨，必须采取开挖导流渠的工程措施。导流渠地点选在河流左岸的岸上，深 11.5m、长 263m，其断面可过 100 年一遇洪水，见图 7.18。对于导流渠的进水口底部高程，综合考虑滑坡体稳定性后选择的最低高程为 149.50m。该导流渠工程由于必须赶在即将来临的雪季之前完工，动用了大量的人力和物力，24h 不停地赶工期，最终于 12 月 28 日完工。最后，又对排水口处进行了基础改良（固化剂添加量为 200kg/m^3）、喷射混凝土（厚 200mm）等加固工程和放置混凝土块石（2000 个）、铺设钢板等旨在防冲刷的护底工程，于 2005 年 1 月 15 日完工。

7.3.1.3　堰塞坝的水利资源开发利用案例

堰塞坝形成，拦水形成堰塞湖，首先是采取应急处置措施，排除或解除一切可能的险情。在成功处置了堰塞坝的可能灾害后，可考虑变害为益，利用堰塞湖造福人类。

（1）电力开发。新西兰的韦克瑞莫纳湖是由 2200 年前一次滑入韦克瑞莫纳河谷的滑坡所形成。滑坡形成的堰塞坝是世界上最大的滑坡型堰塞坝之一，坝高约 400m。形成的堰塞湖面积 56km^2，最大湖深 248m，湖水容量 52 亿 m^3。新西兰成功地利用 400m 高的堰塞坝，开发了韦克瑞莫纳河的 3 个梯级电站，总装机 12.4 万

kW。这是成功运用堰塞坝水力资源的典型案例。

（2）旅游开发。美国蒙大拿州大地震后形成的堰塞湖是世界上最有特色的地质湖泊，吸引了世界无数旅客前往。该堰塞湖号称全美第一的静水钓鱼湖，为钓鱼者提供了专门采购的鲑鱼与虹鳟鱼等优良鱼种。另外在堰塞坝的顶部还建起了一座地震纪念中心，该中心定期举办研讨会介绍该地区的地震史，并研究该区域的地震发生趋势。旅游参观点还包括麦迪逊大峡谷、堰塞湖、地震纪念碑、泄洪道、山体滑坡地带、当年遇难者遗址、地震形成的绵延22.5km的断层崖景观以及上游的赫布根坝等。

7.3.2 塔吉克斯坦乌索伊堰塞坝的危险与应对分析

1911年2月18日，塔吉克斯坦东部帕米尔高原的穆尔加布河河谷发生了里氏7.4级地震，导致右岸的一座高山突然崩塌，形成了至1900年以来世界上最大的崩滑体，约20亿m^3的岩土体滑入塔吉克斯坦东南部的穆尔加布河（Murgab），形成高600m的乌索伊堰塞坝，蓄水形成长60km、宽3.3km的萨雷兹湖（Sarez）（为纪念被淹没的最大村庄萨雷兹村的村民，也将该堰塞坝命名为索伊堰塞体），库容约170亿m^3，水深约550m，为世界上最深的堰塞湖。该堰塞坝目前还存在，形成的堰塞湖以淡水蓄量丰富、风光绮丽而闻名，也因随时可能因地震引发人间灾难而令人们谈之色变。

7.3.2.1 潜在威胁

1914年，萨雷兹湖开始通过乌索伊堰塞坝渗水，逐渐生成了巴尔坦格河，湖泊变成活水，湖水位上升幅度大大减缓，一昼夜上升仅几厘米。1915年，湖泊最大水深352m，年均增长36.5m；1926年，水深477m，年均增长11.4m；1934年，水深486m，年均增长1.1m；1938年在萨雷兹湖地区建立了3个水文测站，监测湖水位和流量；1946年，水深498m，年均增长1m，1986年，水深505m，年均增长0.18m，湖泊长度达55.8km。1986年以后没有新的资料，据专家称，由于没有排水口，湖水位迄今仍以每年若干厘米的速度上涨。虽然湖水位当前仍在令人担心地上涨，但未淹没巴尔坦格河、喷赤河以及阿姆河，且坝体较宽，水位上涨缓慢，以 $70m^3/s$ 的流量向巴尔坦格河分流，因此近期堰塞坝不会有溃决的危险。若湖水位进一步上涨，100～120 年后可能会通过堰塞坝最低点溢流。

同时，乌索伊堰塞坝坐落在地震活跃带上，坝体正在不断渗水，地震学家担心，一旦发生大地震，坝体就有发生崩溃的危险。近年来因地震及其他原因引发湖岸山体崩塌的现象时有发生，所幸强度不大，没有引发大灾难。据地震学家研究，该湖所处地区在上一次地震后经过 80～130 年可能再次发生大地震，也就是说，现在已经进入再次爆发地震的危险期。

根据莫斯科大学力学研究所的研究计算，在该湖右岸，沿着穆兹科尔山脉的一个高 4000～4300m 的山坡有一条长达 2km 的构造裂缝，可能发生新的巨大滑坡，滑坡规模与乌索伊堰塞坝相当。一旦发生地震，右岸巨型滑坡体坍塌入湖，极有可能形成高 200～250m 的巨浪，水流通过北段较低的坝体垭口溢出，或冲毁堰塞坝并在巴尔坦格河、喷赤河以及阿姆河河谷中形成灾难性的巨大洪流和泥石流。坝体溃决，预计受害的不仅是塔吉克斯坦，还有下游沿岸的阿富汗、乌兹别克斯坦、土库曼斯坦三国共计约 5.5 万 km^2 的区域，受灾人口将达到 600 多万。洪流首先沿着塔吉克斯坦山谷（浪高可达 150m），而后在平原地区扩宽到 20～25km（波高约 15m），途经整个阿姆河河谷和卡拉库姆干渠，扫荡沿途所有的村庄、城市、桥梁、公路，摧毁鲁尚、铁尔梅兹、查尔朱和努库斯等大城市以及几十个区域中心和数以千计的村庄，奔袭 2000 多公里以后最终以 4m 的波高进入咸海。这将是一场 21 世纪人类的大灾难，中亚地区生态环境将遭到严重破坏，后果不堪设想。考虑到帕米尔高原每年有近千次的地震，不得不承认萨雷兹湖的危险是现实的。因此，英国《焦点》月刊 2007 年 9 月发表文章，把乌索伊堰塞坝的可能溃决列为全球十大潜伏致命自然灾难的第八位。

7.3.2.2　应对措施

萨雷兹湖形成近一个世纪以来，塔吉克斯坦等中亚国家乃至国际社会对萨雷兹湖再酿人间悲剧的担忧与日俱增。对于萨雷兹湖的危险，早在1967年，前苏联就开始投入大量的人力物力进行研究，1975年，苏联部长会议做出了“研制让萨雷兹湖保持安全状态的措施”的决定。塔吉克斯坦地质生产联合公司、南方水文地质考察队、前苏联国家水利工程建筑设计院中亚分院等十几家单位曾长期在萨雷兹湖地区进行野外考察和让萨雷兹湖保持安全状态的方法的研究，直到1991年苏联解体而中断。1967—1991年间，在前苏联对萨雷兹湖进行研究的过程中，最主要的困难在于无法到达湖岸，只有在夏季沿着极其危险的沟壑才有可能到达，唯一安全的方式是直升机。在20多年的时间里，尽管获得了大量的资料，但塔吉克斯坦萨雷兹堰塞湖和乌索伊堰塞坝的稳定问题仍存在着许多争议。1997年国际迁徙组织和塔吉克斯坦政府在杜尚别举办了萨雷兹湖问题国际会议，来自俄罗斯、中亚各国的专家学者参加了会议，但没有取得比较一致的建设性建议。

1998年夏，在第2次国际会议上，世界银行、美国国际开发署的代表及一些地质学家认为，已有的信息资料尚不够充分，建议在堰塞湖和巴尔坦格河河谷开始新的勘查工作和收集资料。为此，由联合国国际减灾十年秘书处、世界银行、联合国开发计划署、美国国际开发署、美国人道救援机构、塔吉克斯坦政府等组成联合勘查组于1998年10月和1999年6月两次对坝体及其湖泊、巴尔坦格河河谷的生态环境进行了勘查研究。根据勘查结果得出结论，尚未发现乌索伊堰塞坝有明显的不稳定标志，近期萨雷兹堰塞坝严重溃决的概率不大。但如果堰塞坝溃决，其结果对于下游河谷地区将是毁灭性的。即使不发生决坝规模的洪水，由于地震、山体滑坡和季节性洪水，当地山区居民也经常遭受危险。联合国和世界银行等机构的专家们一致认为，现在尚没有简单地解决萨雷兹湖的纯技术方案，采取以下措施是最合适的：①研制和安装向阿姆河上游居民通报洪水威胁的信息系统；②开始实施萨雷兹湖地区水情长期观测计划，以便掌握湖泊水文情况、乌索伊堰塞坝和湖泊周围山坡稳定性的长期信息；③确定下游村寨和基础设施的脆弱性，制定应对可能的洪水方案；④利用地理信息系统收集和分析信息并使之系统化；⑤加强负责紧急情况管理的当地组织。根据以上措施，结合各方资金、技术支持等，成立了隶属于塔吉克斯坦紧急事务部的“降低萨雷兹湖溃决风险”国际项目实施工作组，项目分 A、B、C、D 4 部分实施，A 部分为监测系统和预警系统，B 部分为居民培训和应急安全计划，C 部分为长期解决方案，D 部分为加强应对紧急情况的管理部门。

1. 监测系统和预警系统

为了把萨雷兹湖溃决风险降低到最低，对乌索伊堰塞坝的结构性能进行长期实时观测，设计和安装了监测系统和预警系统。利用监测系统对水文和地质主要信息数据进行收集和分析，了解和评估堰塞坝的作用及堰塞湖溃决的可能性。通过预警系统向下游居民报告其生命、土地和财产受到某种威胁，降低风险，最大限度地减少居民的生命和财产损失。

采用监测系统和预警系统在项目区内监测和收集水文地质变化资料，通过卫星和自动无线电通信把资料传送到杜尚别、包尔恰金夫和鲁尚。如果观测到水位或其他参数的急剧变化，可立即通过预警系统向上述三地发出报警信号，必要时通过安装在村寨中的报警器向当地居民发出报警信号。2000 年，“降低萨雷兹湖溃决风险”国际项目开始实施。2005 年，在乌索伊堰塞坝上安装了现代化的监测系统和预警系统，并投入使用，开始发挥功用。在堰塞坝上安装监测和预警系统，属世界性的首次实践，对于每座高 15m 以上的大坝，只要其下游居住着人群，都应该安装监测和预警系统。2005 年 7 月，监测设备记录到湖水位异常升高，立即反应到紧急事务部。后来查明，不需要向堰塞湖下游的居民发出报警信号，这很好地验证了监测系统的工作能力。

2. 居民培训和应急安全计划

居民培训和应急安全计划属于“降低萨雷兹湖溃决风险”国际项目的社会部分，主要目的是帮助居住在巴尔坦格河和喷赤河河谷山区的居民降低应对萨雷兹湖潜在溃决的脆弱性及诸如地震、雪崩、泥石流、滑坡和飞石等自然灾害的损失。灾害情况预警系统的实施基于当地居民的参与，培训当地居民对系统的操作和维护，以及应对灾害、撤离、生存技术等。最终，通过B部分的实施加强当地的搜救潜力，向关键居民点提供通信工具，建立安全岛和向撤离点提供设备。

居民培训和应急安全计划从2000年3月由美国人道救援机构执行，该机构与塔吉克斯坦紧急事务部一起在巴尔坦格河河谷建立了通信系统，该系统由几个无线电台连接成一个传输报警信号的信道。其中一个无线电台直接安装在乌索伊堰塞坝上，有两个安装在紧急事务部在杜尚别和霍罗格的办公室内，另外一些安装在地区中心鲁尚和巴尔坦格河河谷的7个大型村寨中。一旦发生紧急情况，报警器沿着整个信道发出报警信号，在听到报警信号后，经过培训的村寨居民将迅速登上专用平台——安全岛，在那里等待救援。在安全岛上备有专用仓库及紧急备用品——帐篷、保暖物品、火柴和燃料。仓库里还有药品和少量的粮食储备。截至2004年5月，已基本完成该部分工作任务，项目区内157个村寨的居民都至少受到了一次培训。

3. 长期解决方案

尽管现在乌索伊堰塞坝溃决概率很低，但有必要研究各种长期解决方案，用于提高萨雷兹湖的安全性，从而保证下游地区所有居民生命、财产和基础设施安全，这就是“降低萨雷兹湖溃决风险”项目的C部分内容，由瑞士STUCKY和Jacobs-Gibb公司进行研究，并于2003年11月提交研究报告。报告认为，外部因素使堰塞坝内部侵蚀和外部侵蚀不断加强，如遇突发事件，萨雷兹湖有溃决的风险。因此，要降低萨雷兹湖溃决风险，就应该提高堰塞坝的抗侵蚀能力，主要措施有降低湖水位、加高堰塞坝的坝高、稳定湖水位、加固堰塞坝等。以下3种方案是防止内、外侵蚀的单一或复合措施。

(1) 降低湖水位：修建长度大于60km的绕流渠或输水隧洞；

(2) 加高堰塞坝的坝高与加固坝体相结合；

（3）减轻溃决后果方案：在下游建设一座堤坝，以阻挡溢流水波或径流的突然增加，然后有控制地放水；同时采取降低巴尔坦格河河谷洪水风险的措施，即建设护栏，加固边坡，进行最危险路段的全面改造等。

从技术角度分析了三方案的经济指标，方案一的造价为1.12亿～1.21亿美元，方案二为3.67亿美元，方案三为1.05亿美元。方案一是较为低廉的方案，而且提高了对各种威胁性自然灾变的抵抗能力，方案三相比更为便宜，但是方案一还能使乌索伊堰塞坝不会因水波漫顶或内部侵蚀而破坏，更加可靠；从堰塞坝溃决的概率来说，方案一能在更大程度上降低萨雷兹湖的溃决风险；同时，绕流隧洞可以进行发电开发，更具商业潜力。任何一种方案历时都在20～30年，近年来的主要工作还是进行检测与预警、收集资料，举办专门的国际会议和寻求国际援助。

4. 加强应对紧急情况的管理部门

早在1997年2月，塔吉克斯坦政府就组建了萨雷兹湖管理局，隶属于紧急事务部。管理局的主要任务是组织和协调水文、地质、工程、地震领域内从事让萨雷兹湖保持安全、降低萨雷兹湖溃决风险的科研机构的工作，同时提出将萨雷兹湖水用于饮用、灌溉、发电，并进行旅游开发。管理局的工作富有成效，组织专家和著名学者制定了措施纲要，纲要规定的组织措施和科研工作都已实施。

2000年开始实施的“降低萨雷兹湖溃决风险”项目D部分，首先加强了萨雷兹湖管理局的管理职责，组建了乌索伊管理处。在瑞士STUCKY公司等机构的技术指导下，对乌索伊管理处进行了监测系统和预警系统的管理培训，使其完全能够保障整个系统的正常运行。2005年，将监测系统和预警系统的运行和维护工作正式移交给乌索伊管理处，该处现已能胜任整个系统的管理和协调。

参 考 文 献

[1] 柴贺军，刘汉超，张倬元．中国滑坡堵江事件目录［J］. 地质灾害与环境保护，1995，6（4）：1－9.

[2] 柴贺军，刘汉超，张倬元. 中国滑坡堵江的类型及其特点［J］. 成都理工学院学报，1998，25（3）：411－416.

[3] 程谦恭，彭建兵，胡广韬，等. 高速岩质滑坡动力学［M］. 成都：西南交通大学出版社，1999.

[4] 罗德富，等．泥石流防治指南［M］. 北京：科学出版社，1991.

[5] 匡尚富. 斜面崩塌引起的堰塞坝形成机理和形状预测［J］. 泥沙研究，1994，4：50－59.

[6] 陈德明. 泥石流与主河水流交汇机理及其河床响应特征［D］. 北京：中国水利水电科学研究院，2000.

[7] 徐永年，匡尚富，黄永键，等. 泥石流入汇的危险性判别指标［J］. 自然灾害学报，2002，11（3）：33－38.

[8] 吴积善，程尊兰，耿学勇. 西藏东南部泥石流堵塞坝的形成机理［J］. 山地学报，2005，23（4）：399－405.

[9] 张梁，张业成，罗元华，等. 地质灾害灾情评估理论与实践［M］. 北京：地质出版社，1998.

[10] 康志成，李焯芬，马蔼乃，等. 中国泥石流研究［M］. 北京：科学出版社，2004.

[11] 刘丽，王士革. 滑坡、泥石流区域危险度二级模糊综合评判初探［J］. 自然灾害学报，1996，5（3）：51－59.

[12] 陈树群. 集集地震引发之堰塞湖类型及其溃决机制［C］. 9・21 地震后坡地灾害及其对策研讨会. 台中，2000.

[13] 台湾交通大学防灾工程研究中心. 堰塞湖引致灾害防治对策之研究——总报告书［R］. 2004.

[14] 柴贺军. 滑坡堵江及其环境效应［D］. 成都：成都理工学院，1995.

[15] 徐文，郭强. 贵州印江岩口滑坡特征及其应急整治［J］. 贵州地质，1998，15（2）：160－165.

[16] 邓辉. 贵州省印江岩口滑坡形成机制分析和治理优化设计 [D]. 成都：成都理工学院硕士学位论文，1999.

[17] Costa, J. E. and R. L. Schuster. The Formation and Failure of Natural Dams [J]. Geological Society of America Bulletin, 1988, 100: 1054 -1068.

[18] Schuster, R. L. and J. E. Costa. A Perspective on Landslide Dams [R]. In: Landslide Dams, Processes, Risk and Mitigation, (Schuster ed.): 1986: 1 - 20.

[19] Costa, J. E. and R. L. Schuster. The Formation and Failure of Natural Dams [J]. Geological Society of America Bulletin, 1998, 100: 1054 - 1068.

[20] Evans, S. G. Landslide Damming in the Cordillera of western Canada [R]. In: Landslide Dams, Processes, Risk and Mitigation, (Schuster ed.): 1986, 111 - 130.

[21] Swanson, F. J. , N. Oyagi and M. Tominaga. Landslide Dams in Japan [R]. In: Landslide Dams, Processes, Risk and Mitigation, (Schuster ed.): pp. 131 - 145, 1986.

[22] Casagli N. , L. Ermini, G. Rosati. Determining grain size distribution of the material composing landslide dams I the Northern Apennines: sampling and processing methods [J]. Engineering Geology, 2003, 69: 83 - 97.

[23] L. Ermini , N. Casagli. Prediction of the behavior of landslide dams using a geomorphological dimensionless index [J]. Earth Surface Processes and Landforms , 2003, 28: 31 - 47.

[24] Korupo. Recent research on landslide dams - a literature review with special attention to New Zealand [J]. Progress in Physical Geography, 2002, 26 (2): 206 - 235.

[25] 符文熹，聂德新，任光明，等. 堵江滑坡作坝主要工程地质问题及实例 [J]. 地质灾害与环境保护，1999, 10 (1): 52 - 56.

[26] 陈祖煜. 土质边坡稳定分析——原理·方法·程序 [M]. 北京：中国水利水电出版社，2003.

[27] 林宗元. 岩土工程试验监测手册 [M]. 北京：中国建筑工业出版社，2005.

[28] 中华人民共和国水利部. 水闸设计规范 (SL 265—2001) [S]. 北京：

中国水利水电出版社，2004.

[29] 林宗元，岩土工程勘察设计手册［M］. 沈阳：辽宁科学技术出版社，1996.

[30] 何广智，林宗元. 岩土现场描述规程［M］. 北京：兵器工业部综合勘察院，1986.

[31] 台湾“国立”交通大学防灾工程研究中心. 集集地震后坝工毁损与堰塞潭之调查［R］. 1999.

[32] 郑守仁. 三峡工程三期围堰及截流设计关键技术问题［J］. 人民长江，2002，33（1）：7-9.

[33] 郭红民，宁晶，蒋文秀，等. 大型水利工程截流龙口护（垫）底的试验研究及工程实践［J］. 三峡大学学报（自然科学版），2007，29（6）：481-485.

[34] 中华人民共和国建设部. 防洪标准（GB 50201—94）［S］. 1994.

[35] 中华人民共和国水利部. 堰塞湖风险等级划分标准（SL 450—2009）［S］. 北京：中国水利水电出版社，2009.

[36] 中华人民共和国水利部. 堰塞湖应急处置技术导则（SL 451—2009）［S］. 北京：中国水利水电出版社，2009.